"十二五"普通高等教育本科国家级规划教材

数字图像处理

（第四版）

主　编　耿　楠

副主编　宁纪锋　胡少军

参　编　宋怀波　王美丽　秦立峰　龙　燕　杨蜀秦

西安电子科技大学出版社

内 容 简 介

本书系统地介绍了数字图像处理的基本理论、基本算法以及在 OpenCV 平台下进行图像处理编程的方法。全书共 11 章，首先介绍了数字图像处理的特点、应用与发展，数字图像基础知识，以及在 OpenCV 环境下进行图像编程的方法与步骤。在此基础上，详细论述了图像增强、图像的几何变换、频域处理、数学形态学处理、图像分割、图像特征与理解、图像编码、图像复原等内容。最后通过 4 个工程实例阐述了数字图像处理技术的应用。附录中给出了图像处理的数学基础。

本书内容系统，重点突出，理论与实践并重，实例分析循序渐进，可作为高等学校计算机相关专业和其他信息类专业数字图像处理课程的教材，也可作为从事数字图像处理工作的开发人员的参考书。

图书在版编目(CIP)数据

数字图像处理/耿楠主编. —4 版. —西安：西安电子科技大学出版社，2022.8(2023.11 重印)
ISBN 978 - 7 - 5606 - 6582 - 5

Ⅰ. ① 数… Ⅱ. ① 耿… Ⅲ. ① 数字图像处理－高等学校－教材 Ⅳ. ① TN911.73

中国版本图书馆 CIP 数据核字(2022)第 130622 号

策　　划	马乐惠	
责任编辑	郑一锋　南景	
出版发行	西安电子科技大学出版社(西安市太白南路 2 号)	
电　　话	(029)88202421　88201467	邮　编　710071
网　　址	www. xduph. com	电子邮箱　xdupfxb001@163.com
经　　销	新华书店	
印刷单位	陕西天意印务有限责任公司	
版　　次	2022 年 8 月第 4 版　2023 年 11 月第 3 次印刷	
开　　本	787 毫米×1092 毫米　1/16　印　张　17.5	
字　　数	414 千字	
印　　数	5001～9000 册	
定　　价	43.00 元	

ISBN 978 - 7 - 5606 - 6582 - 5/TN

XDUP 6884004 - 3

前　言

　　本书第一版是何东健教授于 2003 年按照陕西省计算机教育学会普通高等院校计算机类专业系列教材规划编写的，以适应培养"工程技术型"人才的教学要求为目的，突出理论与实际应用的有效结合，出版后受到广大同行的肯定和一致好评。2008 年，在"十一五"国家级规划教材项目的支持下，编者对全书进行了全面修订，编写了第二版。2015 年，在"十二五"国家级规划教材项目的支持下，编者在总结第一版和第二版成功经验的基础上，对第二版进一步修订，并对所有章节的大部分内容进行重新组织，使内容体系更加完备，编写了第三版。本书前 3 版累计发行近 8 万册，取得了良好的社会效益。

　　近年来，随着数字图像处理技术的不断发展和编程开发环境的不断更新，第三版的部分内容难以适应图像处理教学的要求。为此，编者结合团队多年来的教学与科研经验，再次对全书进行了全面修订，在调整部分内容的同时也修改了正文中的部分表述，更正了上一版中的印刷错误。本次修订中涉及的内容调整主要有：第 1 章概论，删除了过时的概念并添加了部分新概念的表述与插图说明；第 2 章数字图像处理基础，对原 2.5 节的 OpenCV 编程简介进行了重组，跟踪最新 OpenCV4.X 版开源库，并选择开源 C++ 编译器 GNU G++ 结合 Code∷Blocks 轻量级集成开发环境（IDE），以 Windows10 为平台讲解 OpenCV 的搭建；第 3 章图像增强，增加了双边滤波，删除了图像增强实例——同态滤波。第 5 章频域处理，增加了新一代小波技术及应用；第 6 章数学形态学处理，修订了形态学操作的部分公式和代码；第 7 章图像分割，删除了区域标记、轮廓跟踪和图像分割实例，在聚类分割中增加了超像素分割；第 8 章图像特征与理解，增加了不变矩实例，更新了模板匹配插图，增加了积分图例子；第 9 章图像编码，删除了香农-费诺编码；第 10 章图像复原，增加了逆滤波和维纳滤波对质降图像的复原实例；第 11 章工程实例，保留了细胞计数实例，增加了冬小麦种植行提取、图像去雾和熊猫运动跟踪等 3 个实例。

　　经过此次修订，本书内容由 11 章构成，包括概论、数字图像处理基础、图像增强、图像的几何变换、频域处理、数学形态学处理、图像分割、图像特征与理解、图像编码、图像复原及工程实例。附录给出了图像处理的数学基础。

　　本书继续保持前 3 版的特色，强调了图像处理的本质及其在工程中的应用技术：

　　（1）修订后内容系统、新颖，所论述的数字图像的基本理论和方法更加系统，尽可能地反映了数字图像处理新技术，使学生能了解和掌握本学科的前沿知识。

（2）在篇幅和阐述上突出数字图像处理的思想、方法和算法实现。

（3）突出实用性。最后一章给出了 4 个工程实例，通过实例分析，可使学生深刻理解图像处理理论、方法和实际应用。

（4）编程更易于实现。选择 OpenCV4.X 开源库基础库，以 GNU G＋＋结合 Code∷Blocks IDE 为开发工具，降低了程序实现难度，缩短了开发周期，使学生更易于将学过的图像处理原理与方法应用于工程实践。

（5）提供了完整的 OpenCV4.X 程序源代码，方便学生学习与分析图像处理算法，并可借鉴编写相关图像处理程序。

本书采用纸质教材与数字化资源关联的全新模式。数字化资源包括各章重点内容的微视频 31 个、拓展学习材料 17 个、全书习题答案和电子教案等。各类资源二维码印制在教材中对应的页面。读者扫描二维码，便可通过微视频、拓展学习材料深入学习。

本书第 1 章和附录由耿楠编写，第 2 章由耿楠和胡少军共同编写，第 3 章由杨蜀秦编写，第 4 章由宋怀波编写，第 5 章和第 9 章由秦立峰编写，第 6 章由胡少军编写，第 7 章由王美丽编写，第 8 章由宁纪锋编写，第 10 章由龙燕编写，第 11 章由宁纪锋和宋怀波共同编写。全书由耿楠和宁纪锋统稿，相关代码由编写对应章节的人员负责，胡少军对代码进行了审核。

在本书的编写中编者参考了大量书籍、资料和网站，同时融入了数字图像处理教学和科研中的经验。鉴于编者的学识水平，书中谬误之处在所难免，敬请读者不吝指正。

本书第四版的出版得到了西安电子科技大学出版社领导的关怀和支持，在此表示衷心的感谢。

编　者

2022 年 3 月

目　　录

第1章　概　　论

21 世纪，人类已经进入信息化时代。在信息化社会，计算机在处理各种信息的过程中发挥着重要的作用，特别是在图像处理领域。近年来，数字图像处理技术取得了飞速发展，并在国民经济的各个领域得到广泛应用。本章在介绍数字图像基本概念的基础上，较为详细地阐述了数字图像处理及其特点、数字图像处理的目的及主要内容、数字图像处理的应用，简要介绍了数字图像处理的发展动向，使读者对相关概念有基本的了解。

1.1　数字图像处理及其特点

据统计，人类从自然界获取的信息中，视觉信息占 $75\% \sim 85\%$。俗话说"百闻不如一见"，有些场景或事物，花费很多笔墨也难以表达清楚，而用一幅图像描述便可"一目了然"。大家经常会看到各种机器、仪器和家电的使用说明书。一本好的使用说明书，附有简单明了的外观图、操作示意图等，用户无需详细阅读，通过这些简图便可快速了解所用产品的基本构造和基本使用方法。可见，在高度信息化的社会中，图形和图像在信息传播中所起的作用越来越大。

1.1.1　数字图像与图像处理

图像是人类视觉的基础，是自然景物的客观反映，是人类认识世界和人类本身的重要源泉。本书所讲的图像是指三维场景在二维平面上的影像，根据其存储方式和表现形式，可以将图像分为模拟图像和数字图像两大类。

日常生活中常见的用传统照相机拍摄的照片，书籍、杂志、画册中的插图，海报、广告画，X 射线胶片，电影胶片和缩微胶片，均为模拟图像。在模拟图像中，图像信息是以连续形式存储和表现的。图 1-1、图 1-2、图 1-3 分别为传统照相机拍摄的照片、书籍中的插图和胸部 X 射线胶片，均属模拟图像（Analog Image）。

图 1-1　传统照相机拍摄的照片

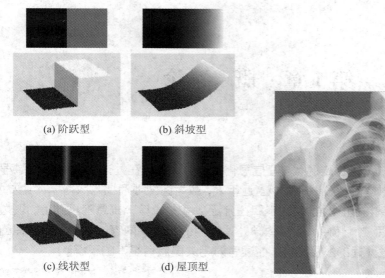

(a) 阶跃型　　　　　　(b) 斜坡型

(c) 线状型　　　　　　(d) 屋顶型

图 1-2　书籍中的插图

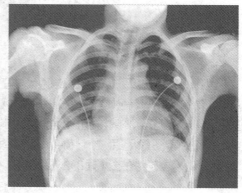

图 1-3　胸部 X 射线胶片

1. 数字图像(Digital Image)

计算机只能处理数字信号，因此，用计算机能够处理的图像也只能是数字图像。

先看一个例子。图 1-4(a) 是一幅包含简单图形的模拟图像。如果用间隔相等的栅格将图像横向、纵向均分成 8 等份，则图像被分割成许多小方格，每一个小方格称为像素(Pixel)。然后，测量每一个像素的平均灰度值，并赋以灰度级中某个整数值，便成为图 1-4(b) 所示的用数字表示的图像。最后以数字格式存储图像数据，这种图像称为数字图像。

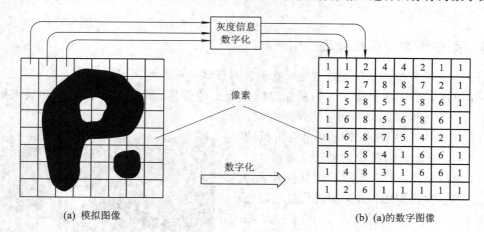

(a) 模拟图像　　　　　　　　　　　　　(b) (a)的数字图像

图 1-4　模拟图像数字化

将模拟图像数字化后生成数字图像需要利用数字化设备。可进行模拟图像数字化的主要设备是扫描仪，将视频画面进行数字化的设备有图像采集卡。当然，现在也可以利用数码照相机、手机相机等设备，这些设备可直接拍摄以数字格式存储的数字图像。对于模拟图像，也可以经扫描仪进行数字化。计算机可以方便地对这些数字图像进行各种处理，以达到所需的视觉效果、特殊效果，或对图像中的对象进行识别。

数字图像常用矩阵来描述。一幅 $M \times N$ 个像素的数字图像，其像素灰度值可以用 M 行、N 列的矩阵 G 表示：

$$G = \begin{bmatrix} g(0,0) & g(0,1) & \cdots & g(0,N-1) \\ g(1,0) & g(1,1) & \cdots & g(1,N-1) \\ \vdots & \vdots & & \vdots \\ g(M-1,0) & g(M-1,1) & \cdots & g(M-1,N-1) \end{bmatrix} \quad (1-1)$$

在存储数字图像时，一幅 M 行、N 列的数字图像（$M \times N$ 个像素），可以用一个 $M \times N$ 的二维数组 T 表示。图像的各个像素灰度值可按一定顺序存放在数组 T 中，在此，把数字图像左上角的像素坐标定为 $(0, 0)$，右下角的像素坐标定为 $(M-1, N-1)$。若用 i 表示垂直方向，j 表示水平方向，这样，从左上角开始，纵向第 i 行，横向第 j 列的第 (i, j) 个像素就存储到数组的元素 $T(i, j)$ 中。数字图像中的像素与二维数组中的每个元素便一一对应起来。应注意到，在图像位置坐标系中，x 坐标轴向右为正，y 坐标轴向下为正，y 坐标轴方向与常规的笛卡尔坐标系中的 y 坐标轴方向相反。

2. 数字图像处理（Digital Image Processing）

数字化后的图像是存储在计算机中的数据，用计算机对这些数据进行各种处理，便可实现不同的图像处理任务。例如，二维数组 T 中第 i 行、第 j 列位置的数值，可与其上、下、左、右位置的数值进行置换；对两个图像数组中对应位置的数值进行加、减操作（见图 1-5）。实际上，最基本的数字图像处理其本质就是这些简单操作的组合。

输入	1	2	3	4	5	6	7	8	9	⋯
输出	0.5	1.0	1.5	2	2.5	3	3.5	4	4.5	⋯

(a) 灰度变换　　　　　　　　　　　　(b) 局部处理

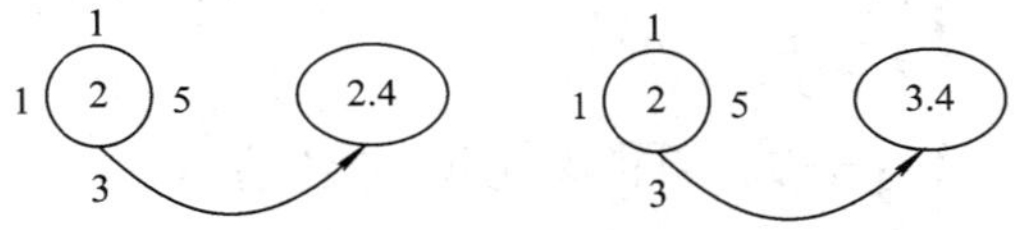

$$\begin{bmatrix} 1 & 1 & 1 \\ 1 & 2 & 5 \\ 2 & 3 & 4 \end{bmatrix} + \begin{bmatrix} 1 & 2 & 1 \\ 1 & 4 & 5 \\ 3 & 5 & 4 \end{bmatrix} = \begin{bmatrix} 2 & 3 & 2 \\ 2 & 6 & 10 \\ 5 & 8 & 8 \end{bmatrix}$$

(c) 图像运算

图 1-5　图像处理基本操作

数字图像处理所研究的就是利用计算机对图像进行去除噪声、增强、复原、分割、特征提取、识别等运算的理论、方法和技术。一般情况下，图像处理是用计算机或专用硬件实现的，因此，也称之为计算机图像处理（Computer Image Processing）。为简略起见，若无特别说明，本书将数字图像处理简称为图像处理。

1.1.2　数字图像处理的特点

数字图像处理是利用计算机的计算能力，实现与光学系统模拟处理相似的处理效果，甚至完成光学系统难以完成的处理效果的过程，它具有如下特点：

（1）处理精度高，再现性好。计算机图像处理的实质，是对图像数据进行各种运算。由于计算机技术的飞速发展，计算精度和计算的正确性毋庸置疑；另外，对同一图像用相同的方法处理多次，也可得到完全相同的效果，具有良好的再现性。

（2）易于控制处理效果。在图像处理程序中，可以任意设定或变动各种参数，能有效控制处理过程，达到预期处理效果。这一特点在改善图像质量的图像处理中表现得尤为突出。

（3）处理的多样性。由于图像处理是通过运行程序进行的，所以，通过设计不同的图像处理程序，便可实现各种不同的处理目的。

（4）图像数据量庞大。图像中包含丰富的信息，可以通过图像处理技术获取图像中的有用信息。但是，数字图像的数据量巨大。一幅数字图像是由图像矩阵中的像素组成的，通常每个像素用红、绿、蓝三种颜色表示，每种颜色用 8 位表示灰度级。那么一幅 1024×768 不经压缩的真彩色图像，数据量达 2.25 MB（$1024 \times 768 \times 8 \times 3/8$），一幅遥感图像的数据量达 30 MB（$3240 \times 2340 \times 4$）。如此庞大的数据量给存储、传输和处理都带来巨大的困难。如果再提高颜色位数及分辨率，数据量将大幅度增加。

（5）处理费时。由于图像数据量庞大，所以处理比较费时。特别是处理结果与中心像素邻域有关的处理过程（如第 4 章介绍的区处理方法）花费时间更多，这给需要实时处理的应用带来了困难。

（6）图像处理技术综合性强。数字图像处理涉及相当广泛的技术领域，如通信技术、计算机技术、电子技术、电视技术，当然，数学、物理学等领域更是数字图像处理的基础。

1.2　图像处理的目的及主要内容

1.2.1　数字图像处理的目的

一般而言，对图像进行处理和分析主要有如下三方面的目的：

（1）提高图像的视感质量，以达到赏心悦目的目的。如去除图像中的噪声，改变图像的亮度、颜色，增强或抑制图像中的某些成分，对图像进行几何变换等，从而改善图像的质量，以达到或真实的，或清晰的，或色彩丰富的，或意想不到的艺术效果，如图 1-6 所示。

(a) 曝光不足的照片　　　　　　　　　　　(b) 色阶调整后的效果

图 1-6　提高图像的视感质量的处理

（2）提取图像中所包含的某些特征或特殊信息，主要用于计算机分析，经常用作模式识别和计算机视觉的预处理。这些特征包括很多方面，如频域特性、灰度/颜色特性、边界/区域特性、纹理特性、形状/拓扑特性以及关系结构等，如图 1-7 所示。

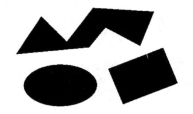 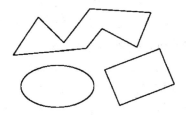

(a) 原始图像   (b) 提取出图像中对象的边界

图 1-7　提取图像边界的处理

（3）对图像数据进行变换、编码和压缩，以便图像的存储和传输。如一幅大小为 184 KB 的 BMP 格式图像，采用压缩因子为 4 的 JPEG 压缩后，其大小仅有 40 KB。

1.2.2　数字图像处理的主要内容

无论出于何种目的，进行图像处理时均需要用计算机图像处理系统对图像数据进行输入、加工和输出，因此数字图像处理研究的内容主要有以下几个方面。

1. 图像获取、表示和表现（Image Acquisition，Representation and Presentation）

图像获取、表示和表现主要是把模拟图像信号转化为计算机所能接受的数字形式，以及把数字图像显示和表现出来（如打印）。这一过程主要包括图像摄取、光电转换及数字化等几个步骤。

2. 图像复原（Image Restoration）

当造成图像退化（图像品质下降）的原因已知时，用复原技术可以对图像进行校正。图像复原最关键的是对每种退化均需要有一个合理的模型。由于不同应用领域的图像有不同的退化原因，所以对于同一幅图像，不同应用领域可以根据不同的退化模型或质量评价标准而采用不同的复原方法。因此，尽管人们对图像复原的研究不少，但应用仍有一定难度。

3. 图像增强（Image Enhancement）

图像增强是对图像质量在一般意义上的改善。当无法知道图像退化有关的定量信息时，可以使用图像增强技术较为主观地改善图像质量。所以图像增强技术是用于改善图像视感质量所采取的一种方法。因为增强技术并非针对某种退化所采取的方法，故很难预测哪一种特定技术是最好的，只能通过试验和分析误差来选择一种合适的方法。

有时可能需要彻底改变图像的视觉效果，以便突出重要特征的可观察性，使人或计算机更易观察或检测。在这种情况下，可以把增强理解为增强感兴趣特征的可检测性，而非改善视感质量。

4. 图像分割（Image Segmentation）

把图像分成区域的过程即图像分割。图像中通常包含多个对象，例如，一幅医学图像会显示出正常的或有病变的各种器官和组织。为达到识别和理解的目的，必须按照一定的规则将图像分割成区域，每个区域代表被成像的一个物体（或部分）。

图像自动分割是图像处理中最困难的问题之一。人类视觉系统能够将所观察的复杂场景中的对象分开并识别出每个物体，但对计算机来说，却非常困难。由于解决和分割有关的基本问题是特定领域中图像分析实用化的关键一步，因此，将各种方法融合在一起并使用知识来提高处理的可靠性和有效性是图像分割的研究热点。

5. 图像分析(Image Analysis)

图像处理应用的目标几乎均涉及图像分析，即对图像中的不同对象进行分割、特征提取和表示，从而有利于计算机对图像进行分类、识别和理解。

在工业产品零件无缺陷且正确装配检测中，图像分析是把图像中的像素转化成一个"合格"或"不合格"的判定。在医学图像处理中，不仅要检测出异变(如肿瘤)的存在，而且还要检查其尺寸大小。

6. 图像重建(Image Reconstruction)

图像重建与上述的图像增强、图像复原等不同，图像增强、图像复原输入的是图像，处理后输出的结果也是图像，而图像重建是从数据到图像的处理，即输入的是某种数据，而经过处理后得到的结果是图像。CT是图像重建处理的典型应用实例。目前，图像重建与计算机图形学相结合，把多个二维图像合成为三维图像，并加以光照模型和各种渲染技术，能生成各种具有强烈真实感的高质量图像。

7. 图像压缩编码(Image Compression & Coding)

数字图像的特点之一是数据量庞大，尽管现在存储器的容量越来越大，但是对图像数据(尤其是动态图像、高分辨率图像)的需求量也大大增加。因此，在实际应用中必须进行图像压缩，以减少图像数据量，便于图像的存储和传输，并节约成本。

图像编码主要是利用图像信号的统计特性及人类视觉的生理学及心理学特性，对图像信号进行高效编码，即研究数据压缩技术，目的是在保证图像质量的前提下压缩数据，便于存储和传输，以解决数据量大的矛盾。一般来说，图像编码的目的有三个：① 减少数据存储量；② 降低数据率以减少传输带宽；③ 压缩信息量，便于特征提取，为后续识别做准备。

1.3　数字图像处理的应用

20世纪20年代，图像处理首次应用于改善伦敦和纽约之间通过海底电缆传输的图片质量，但直到20世纪50年代，数字计算机发展到一定水平后，数字图像处理才真正引起人们的兴趣。

"旅行者7号"于1964年7月31日拍摄到第一张月球图像(见图1-8)，这也是美国航天器取得的第一幅月球图像。"旅行者7号"传送的图像，可作为增强和复原来自"探索者"登月飞行、"水手号"系列空间探测器等获取的图像的基础。

20世纪60年代末，数字图像处理已经形成了比较完整的体系；70年代，由于离散数学的创立和完善，数字图像处理技术得到迅猛的发展，理论和方法

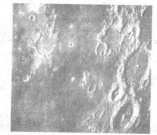

图1-8　"旅行者7号"拍摄的月球图像

进一步完善，应用范围更加广泛。这一时期，图像处理主要与模式识别和图像理解的研究相联系，如文字识别、医学图像处理、遥感图像的处理等。

20 世纪 70 年代后期至今，各个应用领域对数字图像处理提出越来越高的要求，促使数字图像处理向更高级的方向发展，特别是在景物理解和机器视觉方面，由二维处理转变成三维解释。近几年来，随着计算机和各个领域研究的迅速发展，科学计算可视化、数字媒体技术等的研究和应用，数字图像处理从一个专门领域的学科转变成了一种新型的科学研究和人机界面的工具。

概括起来，数字图像处理主要应用于如下领域：

（1）通信。包括图像传输、电视电话、电视会议，主要是进行图像压缩甚至理解基础上的压缩。

（2）宇宙探测。由于太空技术的发展，需要用数字图像处理技术处理大量的星体照片。

（3）遥感。航空遥感和卫星遥感图像需要用数字技术加工处理，并提取有用的信息，主要用于地形地质和矿藏的探查，森林、水利、海洋、农业等资源的调查，自然灾害预测预报，环境污染监测，气象卫星云图处理，以及地面军事目标的识别。图 1-9 是利用卫星遥感图像预测森林树冠密度的一个实例。

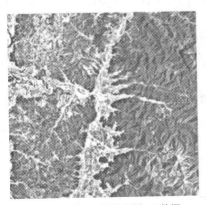 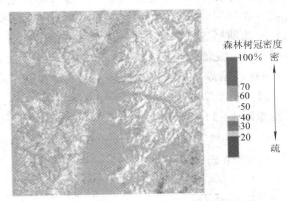

(a) LANDSAT 卫星拍摄的TM数据　　　　(b) 森林树冠密度分布图

图 1-9　卫星遥感图像预测森林树冠密度

（4）生物医学中的应用。图像处理在医学界的应用非常广泛，无论是临床诊断还是病理研究，都大量采用图像处理技术。图像处理首先应用于细胞分类、染色体分类和放射图像分析等。20 世纪 70 年代，数字图像处理在医学上的应用有了重大突破：1972 年，X 射线断层扫描（CT）得到实用；1977 年，白血球（白细胞）自动分类仪问世；1980 年，实现了 CT 的立体重建。有人认为计算机图像处理在医学上应用最成功的例子就是 X 射线断层扫描（CT），其中主要研制者 Hounsfeld（英）和 Commack（美）获得了 1979 年的诺贝尔生理医学奖。

图 1-10 所示是利用图像处理诊断乳腺癌的例子。乳腺癌辅助诊断处理利用模式识别技术分析乳房的 X 射线图像，自动检测疑似乳腺癌的部分，并在图像上做上标记。

（5）工农业生产中的应用。在生产线上对产品及部件进行无损检测是图像处理技术的重要应用。该领域的应用在 20 世纪 70 年代取得了迅速的发展，主要有产品质量检测、生产过程的自动控制、CAD/CAM 等。在产品质量检测方面，主要有食品、水果质量检查，

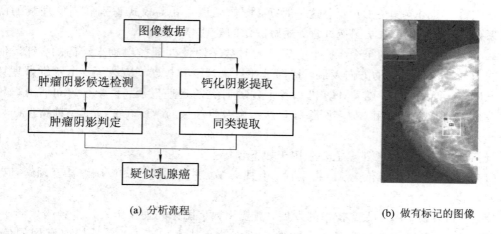

(a) 分析流程   (b) 做有标记的图像

图 1-10 乳腺癌的图像分析诊断

无损探伤，焊缝质量或表面缺陷检测，金属材料的成分和结构分析，纺织品质量检查，光测弹性力学中应力条纹的分析等。在电子工业中，图像处理技术可以用来检验印刷电路板的质量，监测零部件的装配等。在工业自动控制中，主要使用机器视觉系统对生产过程进行监视和控制，如港口的监测调度、交通管理，流水生产线的自动控制等。在计算机辅助设计和辅助制造方面，图像处理技术已获得越来越广泛的应用，并和基于图形学的模具、机械零件、服装、印染花型 CAD 结合。目前，二维图纸自动输入和理解、根据 3D 实物建立 CAD 模型等应用越来越引起人们的重视。

日本 FA 系统株式会社 Visionscape 4000 高速图像处理卡构成的超高速产品质量检测系统如图 1-11 所示。

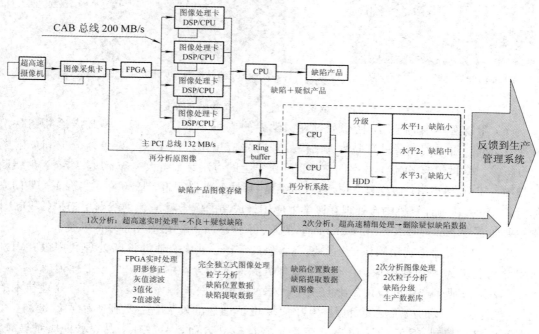

图 1-11 超高速产品质量检测系统

（6）军事、公安等方面的应用。该方面的应用有军事目标的侦察、制导和警戒系统，自动火器的控制及反伪装，公安部门的现场照片、指纹、手迹、印章、人像等的处理和辨识，历史文字和图片档案的修复和管理等。图 1-12 为 IEEE 公布的指纹图像指纹特征值提取过程。

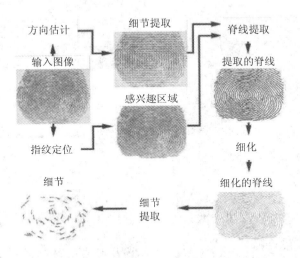

图 1-12　IEEE 公布的指纹特征值提取过程

（7）机器视觉。机器视觉作为智能机器人的重要感觉器官，主要用于三维景物的识别和理解，是目前处于研究之中的开放课题。机器视觉主要应用于军事侦察、危险环境的自主机器人，邮政、医院和家庭服务的智能机器人，装配线工件识别、定位，太空机器人的自动操作等。图像预处理是高级视觉不可分割的一部分。图 1-13 是深圳优必选科技公司研发的大型仿人服务机器人 Walker，该机器人搭载了高性能伺服关节以及多维力觉、多目立体视觉、全向听觉和惯性、测距等全方位的感知系统，能够实现平稳快速的行走和精准安全的交互，可在多种场景下提供智能化服务。

图 1-13　大型仿人服务
机器人 Walker

（8）视频和多媒体系统。如目前电视制作系统中广泛使用的图像处理、变换、合成，多媒体系统中静止图像和动态图像的采集、压缩、处理、存储和传输等。

（9）科学可视化。图像处理和图形学紧密结合，形成了科学研究各个领域新型的研究工具。

（10）电子商务。在当前迅猛发展的电子商务中，图像处理技术也大有可为，如身份认证、产品防伪、水印技术等。

（11）社交应用。图片社交应用为传统用户在移动端的拍照与 PC 端的图片处理以及上传分享之间找到了一个完美的契合点，让用户可即时轻松享受移动互联生活（见图 1-14）。例如，以前用户若想处理图片或与好友分享旅途中所拍摄景色，只能晚上回宾馆甚至旅行结束后才能实现，而图片社交应用可将旅游外拍、图像处理、分享至 SNS 三者有机结合，即拍即享，一步即可到位，让分享内容保有了第一时间的新鲜，平添了更多分享的乐趣。

图 1-14　图像的社交应用示例

国际上著名的图片社交应用以 Instagram、Twitter 和 Snapchat 等为代表。国内广受赞誉的图片社交应用有"绿洲""小红书"等终端手机软件。"绿洲"兼具图像处理和分享功能，深受用户追捧；它有多元化的呈现方式，能以照片流的方式分享生活，记录生活中有意义的瞬间。但"绿洲"目前必须通过搜索用户名才能找到并添加好友，降低了绿洲用户的互动性。相比之下，"小红书"不仅有着基数庞大的用户群体，还可以支持包括 iOS、Android 等手机平台的消息互通，同时支持新浪微博、微信朋友圈、抖音等众多主流社交网络平台的转发和分享；且"小红书"更是将个人喜好和 SEO(Search Engine Optimization)结合，使得它可以更加贴心地为用户预测隐藏的社交关系，增加了用户之间的关联度，无形中为在虚拟世界与现实世界中穿梭的用户架起了一座坚实的桥梁。

（12）嵌入式图像应用。随着数字化技术的不断发展和完善，嵌入式数字图像处理技术已广泛应用于工业、军事、生物、医疗、电信和农业等领域。嵌入式系统与通用计算机系统最主要的区别在于嵌入式系统具有特殊的应用场合和特定的使用功能，具有较强的针对性。大多数嵌入式系统都是实时系统。所谓实时系统，指的是能够及时处理外来信息，并在指定时间内做出反应的系统。

在工业上，嵌入式图像应用有零部件质量检测（见图 1-15），特别是机器视觉；军事上，嵌入式图像处理平台对视觉传感器拍摄的卫星图像进行处理后向地面传输，火星车自主识别火星上所存在的各种地况，并能够将罕见的图片记录下来并传回地球；在安防上，基于嵌入式系统的网络远程视频监控终端(见图 1-16)，基于嵌入式系统的虹膜身份识别(见图 1-17)、指纹身份识别也在门禁、考勤、考试中得到应用；在医学上，X 射线图像分析和智能诊断、无创脑水肿监护仪可实现远程多生命参数移动监护和视频图片的采集与传输；在农业上，无线局域网的多传感器田间服务器(见图 1-18)可实时采集田间、温室作物生长状态，以进行生长及缺素情况等诊断；在生活方面，日本索尼公司的"笑脸相机"可智能识别人拍照时笑容的程度，智能电视应用嵌入式图像技术可通过手势动作轻松操控电视(见图 1-19)。

图 1-15　机器视觉　　　　图 1-16　动物监控摄像机　　　　图 1-17　虹膜门禁

图 1-18　田间服务器　　　　　　图 1-19　智能电视

总之，图像处理技术的应用领域相当广泛，已在国家安全、经济发展、日常生活中充当了越来越重要的角色，对国计民生的作用不可低估。

1.4　数字图像处理的发展动向

当前，图像处理面临的主要任务是研究新的处理方法，构造新的处理系统，开拓更广泛的应用领域。需要进一步研究的问题有如下 5 个方面：

(1) 在进一步提高精度的同时着重解决处理速度问题。如在航天遥感、气象云图处理方面，巨大的数据量和处理速度仍然是主要矛盾之一。

(2) 加强软件研究，开发新的处理方法，特别要注意移植和借鉴其他学科的技术和研究成果，创造新的处理方法。

(3) 加强边缘学科的研究工作，促进图像处理技术的发展。例如，人的视觉特性、心理学特性等的研究如果有所突破，将对图像处理技术的发展起到极大的促进作用。

（4）加强理论研究，逐步形成图像处理科学自身的理论体系。

（5）图像处理领域的标准化。图像的信息量大，自然数据量也大，因而图像信息的建库、检索和交流是一个严重的问题。就现有的情况看，软件、硬件种类繁多，交流和使用极为不便，成为资源共享的严重障碍。应建立图像信息库，统一存放格式；建立标准子程序，统一检索方法。

图像处理技术的未来发展动向大致可归纳为如下4点：

（1）图像处理的发展将围绕实时图像处理的理论及技术研究，向着高速、高分辨率、立体化、多媒体化、智能化和标准化方向发展。

（2）图像、图形相结合，朝着三维成像或多维成像的方向发展。

（3）硬件芯片研究。把图像处理的众多功能固化在芯片上，使之更便于应用。如用VHDL语言设计图像处理卡和FPGA，能够根据检测对象和环境状况灵活组建硬件系统。

（4）新理论与新算法研究。近年来，以深度学习为代表的人工智能技术在数字图像处理的几乎所有领域都取得了突破性的进展。这些理论及建立在其上的算法，将会成为今后图像处理理论与技术的研究热点。

数字图像处理经过初创期、发展期、普及期及广泛应用几个阶段，如今已是各个学科竞相研究并在各个领域广泛应用的一门科学。随着科学技术的进步以及人类需求的不断增长，图像处理科学无论是在理论上还是实践上，均会取得更大的发展。

习　　题

1. 试述连续图像 $f(x，y)$ 和数字图像 $g(i，j)$ 中的变量的含义，它们有何联系与区别？

2. 什么是数字图像？数字图像处理有哪些特点？

3. 数字图像处理的目的是什么？

4. 数字图像处理的主要内容有哪些？

5. 图像处理、图像分析和图像理解各有什么特点？它们之间有何联系与区别？

6. 图像工程与哪些学科之间有关联？它们之间是如何相互联系和影响的？

7. 简述图像处理系统各组成部分的作用。

8. 试列举出新的数学工具在图像工程中应用的实例。

9. 图像处理有哪些主要应用？

10. 数字图像处理今后的发展方向是什么？

第 1 章习题答案

第 2 章　数字图像处理基础

　　计算机只能处理数字信息，因此，必须将现实世界中的模拟图像数字化，将其转换成适合计算机存储和表示的形式。为了便于信息交换和方便使用，数字图像必须以一定的格式存储，如常见的 BMP、JPEG、GIF 等图像文件格式。从颜色来看，数字图像又有线画稿、灰度图像、彩色图像、真彩色图像等种类。要表示丰富多彩的颜色信息，需要用到 RGB、HSL、CMY、Lab 等颜色模型。图像处理需要 C/C＋＋、Python 等编程平台软件，以及计算机视觉库，如开源、跨平台的 OpenCV(Open Source Computer Vision Library)。本章将对图像数字化技术、图像文件格式、数字图像类型、色度学基础与颜色模型以及 OpenCV 进行介绍。

2.1　图像数字化技术

　　我们日常生活中观测到的图像一般是连续形式的模拟图像，所以数字图像处理的一个先决条件就是将连续图像离散化，转换为数字图像。

　　图像的数字化包括采样和量化两个过程。

　　设连续图像 $f(x,y)$ 经数字化后，可以用一个离散量组成的矩阵 g（即二维数组）来表示：

$$g = \begin{bmatrix} f(0,0) & f(0,1) & \cdots & f(0,N-1) \\ f(1,0) & f(1,1) & \cdots & f(1,N-1) \\ \vdots & \vdots & & \vdots \\ f(M-1,0) & f(M-1,1) & \cdots & f(M-1,N-1) \end{bmatrix} \quad (2-1)$$

　　矩阵 g 中的每一个元素称为像元、像素或图像元素。而 $f(i,j)$ 代表 (i,j) 点的灰度值，即亮度值。对式(2-1)有如下几点说明：

　　(1) 由于 $f(i,j)$ 代表该点图像的光强度，而光是能量的一种形式，故 $f(i,j)$ 必须大于零，且为有限值，即 $0 < f(i,j) < \infty$。

　　(2) 数字化采样一般是按正方形点阵取样的，除此之外还有三角形点阵、正六边形点阵取样。图 2-1 所示为正方形和正六边形采样网格。

　　(3) 式(2-1)用 $f(i,j)$ 的数值表示 (i,j) 位置点上灰度值的大小，只反映了黑白灰度的关系，若为彩色图像，各点的数值还应当反映色彩的变化，可用 $f(i,j,\lambda)$ 表示，其中 λ 是波长。若为运动图像（视频），还应是时间 t 的函数，即可表示为 $f(i,j,\lambda,t)$。

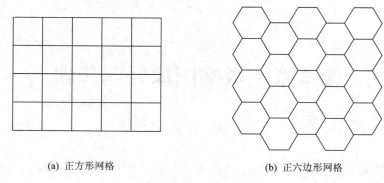

(a) 正方形网格　　　　　　　　　(b) 正六边形网格

图 2-1　采样网格

2.1.1　采样

　　图像在空间上的离散化称为采样，也就是用空间上部分点的灰度值代表图像，这些点称为采样点。由于图像是一种二维分布的信息，为进行采样操作，需要先将二维信号变为一维信号，再对一维信号完成采样。具体做法是，先沿垂直方向按一定间隔从上到下顺序地沿水平方向直线扫描，取出各水平行上灰度值的一维扫描，而后再对一维扫描线信号按一定间隔采样得到离散信号。即先沿垂直方向采样，再沿水平方向采样，分两个步骤完成采样操作。对于运动图像(即时间域上的连续图像)，需先在时间轴上采样，再沿垂直方向采样，最后再沿水平方向采样，分三个步骤完成采样操作。

　　对一幅图像采样时，若每行(即横向)像素为 M 个，每列(即纵向)像素为 N 个，则图像大小为 $M \times N$ 个像素。

　　在采样时，采样点间隔的选取非常重要，它决定了采样后图像的质量，即忠实于原图像的程度。采样间隔的大小选取要依据原图像中包含的细微变化程度来决定。一般，图像中细节越多，采样间隔应越小。根据一维采样定理，若一维信号 $g(t)$ 的最大频率为 ω，以 $T \leqslant 1/(2\omega)$ 为间隔进行采样，则能够根据采样结果 $g(iT)$ ($i = \cdots, -1, 0, 1, \cdots$) 完全恢复 $g(t)$，即

$$g(t) = \sum_{i=-\infty}^{\infty} g(iT) s(t - iT)$$

式中

$$s(t) = \frac{\sin(2\pi\omega t)}{2\omega t}$$

采样示意图如图 2-2 所示。

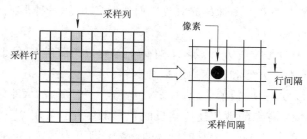

图 2-2　采样示意图

2.1.2　量化

模拟图像经过采样后，在空间上离散化为像素。但采样所得的像素值（即灰度值）仍是连续量。把采样得到的各像素的灰度值从模拟量到离散量的转换称为图像灰度的量化。图 2-3(a)说明了量化过程。若连续灰度值用 z 来表示，对于满足 $z_i \leqslant z \leqslant z_{i+1}$ 的 z 值，都量化为整数 q_i。q_i 称为像素的灰度值。z 与 q_i 的差称为量化误差。像素值量化后一般用一个字节（8 位）来表示。如图 2-3(b)所示，把黑—灰—白的连续变化的灰度值，量化为 0～255 共 256 级。

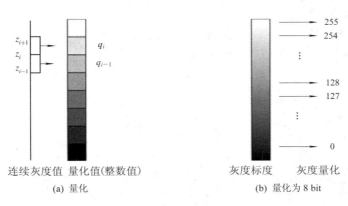

(a) 量化　　　　　　　　　(b) 量化为 8 bit

图 2-3　量化示意图

灰度值的范围为 0～255，表示亮度从暗到明，对应图像中的颜色为从黑到白。

将连续灰度值量化为灰度级有两种方法，一种是等间隔量化（也叫均匀量化或线性量化），另一种是非等间隔量化（也叫非均匀量化）。等间隔量化就是简单地把采样值的灰度范围等间隔地分割并进行量化。对于像素灰度值在黑—白范围较均匀分布的图像，其量化误差较小。

若用均匀量化方法对像素灰度值分布不均匀的图像进行量化，则量化误差较大。为了减小量化误差，可采用非均匀量化方法。非均匀量化是指依据一幅图像灰度值分布的概率密度函数，按总量化误差最小的原则来进行量化。具体做法是对图像中像素灰度值频繁出现的灰度值范围，取小的量化间隔，而对像素灰度值极少出现的范围，取较大的量化间隔。

由于图像灰度值的概率分布密度函数因图像不同而异，故不可能找到适用于各种不同图像的最佳非等间隔量化方案，因此，实用上多采用等间隔量化。

2.1.3　采样与量化参数的选择

在对一幅图像进行采样时，行、列的采样点与量化时每个像素量化的级数，既影响数字图像的质量，也影响数据量的大小。假定图像取 $M \times N$ 个样点，每个像素量化后的灰度级为 Q（一般 Q 总是取为 2 的整数幂，即 $Q = 2^k$），则存储一幅数字图像所需的二进制位数 b 为

$$b = M \times N \times Q \qquad (2-2)$$

字节数为

$$B = \frac{M \times N \times Q}{8} \quad （字节） \qquad (2-3)$$

　　对于一幅图像，当量化级数 Q 一定时，采样点数 $M×N$ 对图像质量有显著的影响。如图 2-4 所示，采样点数越多，图像质量越好；当采样点数减少时，图中的块状效应逐渐明显。同理，当图像采样点数一定时，采用不同量化级数的图像质量也不同。如图 2-5 所示，量化级数越多，图像质量越好；量化级数越少，图像质量越差。量化级数最小的极端情况就是二值图像，此时图像出现假轮廓。

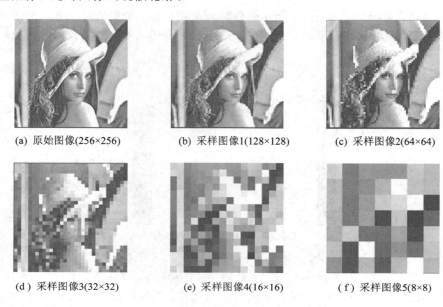

(a) 原始图像(256×256)　　　(b) 采样图像1(128×128)　　　(c) 采样图像2(64×64)

(d) 采样图像3(32×32)　　　(e) 采样图像4(16×16)　　　(f) 采样图像5(8×8)

图 2-4　不同采样点数对图像质量的影响

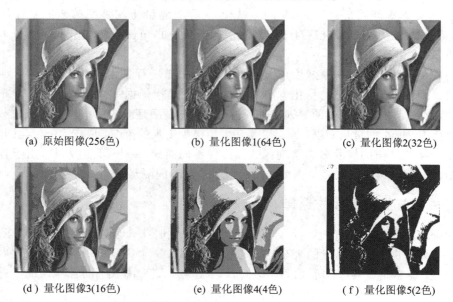

(a) 原始图像(256色)　　　(b) 量化图像1(64色)　　　(c) 量化图像2(32色)

(d) 量化图像3(16色)　　　(e) 量化图像4(4色)　　　(f) 量化图像5(2色)

图 2-5　不同量化级数对图像质量的影响

　　一般，当限定数字图像的大小时，采用如下原则，可得到质量较好的图像：

(1) 对缓变的图像，应该细量化、粗采样，以避免出现假轮廓；

（2）对细节丰富的图像，应细采样、粗量化，以避免出现模糊（混叠）。

对于彩色图像，则按照颜色成分——红（R）、绿（G）、蓝（B）分别采样和量化，并存储在 3 个位平面中。若各颜色成分均按 8 bit 量化，即每种颜色量级别都为 256，则可以处理 $256 \times 256 \times 256 = 16\ 777\ 216$ 种颜色。

2.1.4　图像数字化设备

将模拟图像数字化为数字图像，需要数码相机、扫描仪等图像数字化设备。

1. 图像数字化设备的组成

如前所述，采样和量化是数字化图像的两个基本过程。即把图像划分为若干图像元素（像素）并给出它们的地址（采样）；度量每一像素的灰度，并把连续的度量结果量化为整数（量化）；最后将这些整数结果写入存储设备。为完成这些功能，图像数字化设备必须包含以下五个部分：

（1）采样孔：使数字化设备实现对特定图像元素的观测，不受图像其他部分的影响。

（2）图像扫描机构：使采样孔按照预先定义的方式在图像上移动，从而按顺序观测每一个像素。

（3）光传感器：通过采样检测图像的每一个像素的亮度，通常采用 CCD 阵列。

（4）量化器：将光传感器输出的连续量转化为整数值。典型的量化器是 A/D 转换电路，它产生一个与输入电压或电流成比例的数值。

（5）输出存储装置：将量化器产生的颜色值（灰度或彩色）按某种格式存储。

2. 图像数字化设备的性能

虽然各种图像数字化设备的组成各不相同，但可从如下几个方面比较和评价其性能：

（1）像素大小。采样孔的大小和相邻像素的间距是两个重要的性能指标。如果数字化设备是在一个放大率可变的光学系统上，则采样点大小和采样间距也是可变的。

（2）量化级数（颜色数）。量化级数即将图像量化为多少级灰度，它也是重要的参数。图像的量化级数经历了早期的黑白二值图像、灰度图像、彩色及真彩色图像。显然，量化级数越高，存储像素信息需要的字节数越多。

（3）图像大小。图像大小即数字化设备所允许的最大输入图像尺寸。

（4）线性度。对光强进行数字化时，灰度正比于图像亮度的精确程度用线性度表示。非线性的数字化设备会影响数字图像的质量。

（5）噪声。数字化设备产生的噪声是图像质量下降的根源之一。例如，数字化一幅灰度值恒定的图像，虽然输入亮度是一个常量，但是数字化设备中的固有噪声却会使图像的灰度发生变化。因此，应当使噪声小于图像内的反差点（即对比度）。

2.2　色度学基础与颜色模型

颜色是通过眼、脑和生活经验所产生的一种对光的视觉效应，对色彩的辨认是肉眼受到电磁波辐射能刺激后所引起的一种视觉神经的感觉。色彩在图像中提供了多个测度值，利用颜色信息常常可以简化目标物的识别及从场景中提取目标。为了提供图像处理编程所需的颜色基本知识，本节在阐述色度学基础和颜色模型的基础上，对彩色图像的颜色变换、平滑与锐化、分割等常用方法进行论述。

2.2.1　色度学基础

灰度图像的像素值是光强，即二维空间变量的函数 $f(x, y)$。如果把灰度值看成是二维空间变量和光谱变量的函数 $f(x, y, \lambda)$，即多光谱图像，那么它也就是通常所说的彩色图像。计算机显示一幅彩色图像时，每一个像素的颜色是通过 3 种基本颜色(即红、绿、蓝)合成的，即最常见的 RGB 颜色模型。要理解颜色模型，首先应了解人的视觉系统。

1. 三色原理

在人的视觉系统中存在着杆状细胞和锥状细胞两种感光细胞。杆状细胞为暗视器官，主要功能是辨别亮度信息；锥状细胞是明视器官，在照度足够高时起作用，其功能是分辨颜色。锥状细胞将电磁光谱的可见部分分为 3 个波段：红、绿、蓝。故这 3 种颜色被称为三基色，图 2-6 表示了人类视觉系统 3 类锥状细胞的光谱敏感曲线。

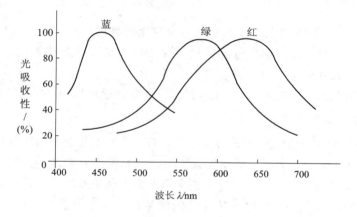

图 2-6　人类感光细胞的敏感曲线

根据人眼的结构，所有颜色都可看作是 3 种基本颜色——红(R, red)、绿(G, green)和蓝(B, blue)按照不同的比例组合而成的。1931 年，国际照明委员会(CIE)规定 3 种基本色的波长分别为 R：700 nm，G：546.1 nm，B：435.8 nm。

一幅彩色图像的像素值可看作是光强和波长的函数值 $f(x, y, \lambda)$，但实际使用时，将其看作是一幅普通二维图像，且每个像素有红、绿、蓝 3 个灰度值会更直观些。

2. 颜色的 3 个属性

颜色是外界光刺激作用于人的视觉器官而产生的主观感觉。颜色分两大类：非彩色和彩色。非彩色是指黑色、白色和介于这二者之间深浅不同的灰色，也称为无色系列。彩色是指除了非彩色以外的各种颜色。颜色有 3 个基本属性，分别是色调、饱和度和亮度。基于这 3 个基本属性，人们提出了一种重要的颜色模型 HSI(Hue, Saturation, Intensity)。在 HSI 颜色模型部分，将详细介绍这 3 个基本属性。

2.2.2　颜色模型

为了科学地定量描述和使用颜色，人们提出了各种颜色模型。目前常用的颜色模型按用途可分为 3 类：计算颜色模型、视觉颜色模型和工业颜色模型。

计算颜色模型用于进行有关颜色的理论研究。常见的 RGB 模型、CIE XYZ 模型、Lab 模型等均属此类。

视觉颜色模型是指与人眼对颜色感知的视觉模型相似的模型，它主要用于色彩的理解。常见的 HSI 模型、HSV 模型和 HSL 模型均属此类。

工业颜色模型侧重于实际应用，包括彩色显示系统、彩色传输系统及电视传输系统等。工业颜色模型有如印刷中用的 CMYK 模型、电视系统用的 YUV 模型、用于彩色图像压缩的 YCbCr 模型等。

1. RGB 模型

RGB 模型采用 CIE 规定的三基色构成表色系统。自然界的任一颜色都可通过这三基色按不同比例混合而成。由于 RGB 模型将三基色同时加入产生新的颜色，所以它是一个加色系统。

设颜色传感器把数字图像上的一个像素编码成 (R, G, B)，每个分量量化范围为 $[0, 255]$ 共 256 级。因此，RGB 模型可以表示 $2^8 \times 2^8 \times 2^8 = 2^{24} = 256 \times 256 \times 256 = 16\ 777\ 216 \approx 1670$ 万种颜色。这足以表示自然界的任一颜色，故又称其为 24 位真彩色。

一幅图像中的每一个像素点均被赋予不同的 RGB 值，便可以形成真彩色图像，如红色 $(255, 0, 0)$、绿色 $(0, 255, 0)$、蓝色 $(0, 0, 255)$、青色 $(0, 255, 255)$、品红 $(255, 0, 255)$、黄色 $(255, 255, 0)$、白色 $(255, 255, 255)$、黑色 $(0, 0, 0)$ 等，等比例混合三基色产生的是灰色。

RGB 颜色模型可用一个三维空间中的单位立方体来表示，如图 2-7 所示。

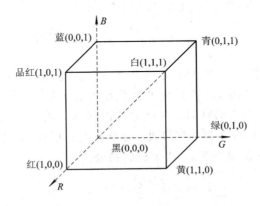

图 2-7　RGB 颜色模型单位立方体

在 RGB 立方体中，所有数据都进行了标准化，其取值范围为 $[0, 1]$。原点所对应的颜色为黑色，它的 3 个分量值都为零。距离原点最远的顶点对应的颜色为白色，它的 3 个分量值都为 1。从黑到白的灰色分布在这两个点的连线上，该线称为灰色线。立方体内其余各点对应不同的颜色。彩色立方体中有 3 个角对应于三基色红、绿、蓝，剩下的 3 个角对应于三基色的补色，即青色 (Cyan)、品红 (Magenta) 和黄色 (Yellow)。

　　RGB 模型与显示器等设备有着很好的对应关系，例如，在彩色液晶显示屏中每个像素分成三个单元，或称子像素，分别为其附加红色、绿色和蓝色滤光片。3 个子像素可独立进行控制，根据电压的大小来改变亮度。RGB 模型可以方便地实现三个子像素电压的控制，即可显示出相应的颜色。

2. CIE XYZ 模型

　　采用 RGB 模型表示各种不同颜色时，存在有负值表示颜色的情况。为此，CIE 在 1931 年制定了 XYZ 模型，其中，X、Y、Z 分别表示 3 种标准原色。对于可见光中的任一种颜色 F，可以找到一组权值，使得下式成立：

$$F = x \cdot X + y \cdot Y + z \cdot Z \qquad (2-4)$$

式中：x、y、z 称为标准计色系统下的色度坐标，可表示为

$$x = \frac{X}{X+Y+Z}, \quad y = \frac{Y}{X+Y+Z}, \quad z = \frac{Z}{X+Y+Z} \qquad (2-5)$$

显然，$x+y+z \equiv 1$。

　　x、y、z 中，只有两个是相互独立的，因此，表示某种颜色只需两个坐标即可。据此，CIE 制定了如图 2-8 所示的色度图。图中横轴代表标准红色分量 x，纵轴代表标准绿色分量 y，标准蓝色分量 $z = 1 - (x+y)$。

　　CIE XYZ 模型与 RGB 模型之间可以相互转换，其转换公式为

$$\begin{bmatrix} X \\ Y \\ Z \end{bmatrix} = \begin{bmatrix} 0.4340 & 0.3762 & 0.1898 \\ 0.2127 & 0.7152 & 0.0721 \\ 0.0178 & 0.1095 & 0.8727 \end{bmatrix} \begin{bmatrix} R \\ G \\ B \end{bmatrix}$$

$$\begin{bmatrix} R \\ G \\ B \end{bmatrix} = \begin{bmatrix} 3.0796 & -1.5368 & -0.5428 \\ -0.9212 & 1.8758 & 0.0454 \\ 0.0528 & -0.2040 & 1.1512 \end{bmatrix} \begin{bmatrix} X \\ Y \\ Z \end{bmatrix}$$

$$(2-6)$$

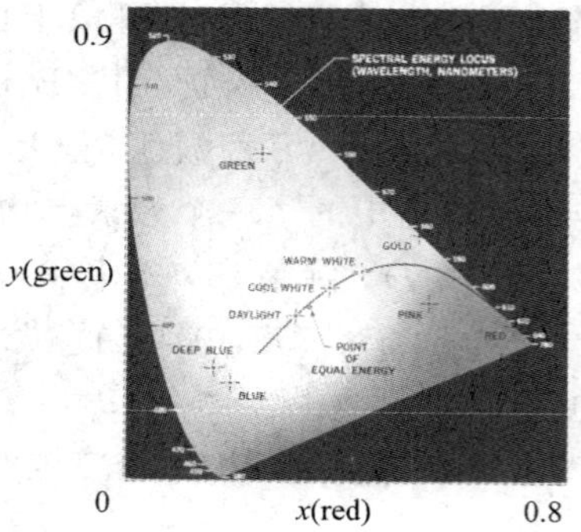

图 2-8　CIE XYZ 色度图

3. Lab 颜色模型

　　Lab 颜色模型是 CIE 于 1976 年制定的等色空间。Lab 颜色由亮度或光亮度分量 L 和 a、b 两个色度分量组成。其中，a 在正向的数值越大表示越红，在负向的数值越大则表示越绿；b 在正向的数值越大表示越黄，在负向的数值越大则表示越蓝。Lab 颜色与设备无关，无论使用何种设备(如显示器、打印机、计算机或扫描仪)创建或输出图像，该模型均能生成一致的颜色。Lab 模型与 XYZ 模型的转换公式为

$$\begin{cases} L = 25\left(\dfrac{100Y}{Y_0}\right)^{\frac{1}{3}} - 16 \\[2mm] a = 500\left[\left(\dfrac{X}{X_0}\right)^{\frac{1}{3}} - \left(\dfrac{Y}{Y_0}\right)^{\frac{1}{3}}\right] \\[2mm] b = 500\left[\left(\dfrac{Y}{Y_0}\right)^{\frac{1}{3}} - \left(\dfrac{Z}{Z_0}\right)^{\frac{1}{3}}\right] \end{cases} \qquad (2-7)$$

式中：X_0、Y_0、Z_0 为标准白色对应的 X、Y、Z 值。

4. HSI 颜色模型

HSI 颜色模型由美国色彩学家孟塞尔(H. A. Munseu)于 1915 年提出，它反映了人的视觉系统感知色彩的方式，即以色调、饱和度和强度 3 种基本特征量来感知颜色。

色调 H(Hue)：与光波的波长有关，它表示人的感官对不同颜色的感受，如红色、绿色、蓝色等，它也可表示一定范围的颜色，如暖色、冷色等。

饱和度 S(Saturation)：表示颜色的纯度。纯光谱色是完全饱和的，加入白光会稀释饱和度。饱和度越大，颜色看起来就会越鲜艳，反之亦然。

强度 I(Intensity)：对应成像亮度和图像灰度，是颜色的明亮程度。

HSI 模型的建立基于两个重要的事实：

(1) I 分量与图像的彩色信息无关；

(2) H 和 S 分量与人感受颜色的方式是紧密相连的。

这些特点使得 HSI 模型非常适合彩色特性检测与分析。

若将 RGB 单位立方体沿主对角线进行投影，则可得到图 2-9(a)所示的六边形。投影后原来沿主对角线的灰色都投影到中心白色点，而红色点(1，0，0)则位于右边的角上，绿色点(0，1，0)则位于左上角，蓝色点(0，0，1)则位于左下角。

图 2-9(b)是 HSI 颜色模型的双六棱锥表示，I 是强度轴，色调 H 的角度范围为 $[0，2\pi]$，其中，纯红色的角度为 0，纯绿色的角度为 $2\pi/3$，纯蓝色的角度为 $4\pi/3$。饱和度 S 是颜色空间任一点距 I 轴的距离。当然，若用圆表示 RGB 模型的投影，则 HSI 色度空间为双圆锥 3D 表示。

注意：当强度 $I=0$ 时，色调 H、饱和度 S 无定义；当 $S=0$ 时，色调 H 无定义。

(a) RGB色度立方体沿对角线的投影

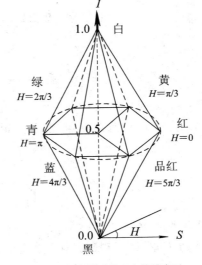

(b) HSI颜色模型的双六棱锥表示

图 2-9   HSI 颜色模型

HSI 模型也可用如图 2-10 所示的圆柱来表示。若将其展开，并按图 2-11 进行定义，可得到 HSI 调色板。

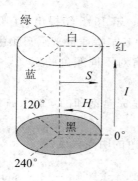

图 2-10　圆柱 HSI 模型

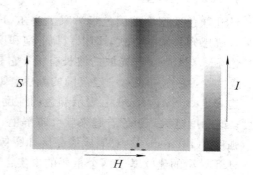

图 2-11　HSI 调色板

HSI 模型与 RGB 模型之间可按下述方法相互转换。

1) RGB 转换到 HSI

首先，对取值范围为[0, 255]的 R、G、B 值按式(2-8)进行归一化处理，得到 3 个[0, 1]范围内的 r、g、b 值：

$$r = \frac{R}{R+G+B}, \quad g = \frac{G}{R+G+B}, \quad b = \frac{B}{R+G+B} \tag{2-8}$$

则对应 HSI 模型中的 H、S、I 分量的计算公式为

$$h = \begin{cases} \theta, & g \geqslant b \\ 2\pi - \theta, & g < b \end{cases} \quad h \in [0, 2\pi] \tag{2-9}$$

$$s = 1 - 3 \cdot \min(r, g, b), \quad s \in [0, 1] \tag{2-10}$$

$$i = \frac{R+G+B}{3 \times 255}, \quad i \in [0, 1] \tag{2-11}$$

式中

$$\theta = \arccos\left\{ \frac{[(r-g)+(r-b)]/2}{[(r-g)^2+(r-b)(g-b)]^{1/2}} \right\}$$

由式(2-9)~式(2-11)计算出的 h 值的范围为[0, 2π]，s 值的范围为[0, 1]，i 值的范围为[0, 1]，为便于理解，常将其转换为[0°, 360°]，[0, 100]，[0, 255]：

$$\begin{cases} H = h \times \dfrac{180}{\pi} \\ S = s \times 100 \\ I = i \times 255 \end{cases} \tag{2-12}$$

2) HSI 转换到 RGB

利用 h、s、i 将 HSI 转换为 RGB 的公式为

$$\begin{cases} b = i(1-s) \\ r = i\left[1 + \dfrac{s\cos h}{\cos\left(\dfrac{\pi}{3}-h\right)} \right], & 0 \leqslant h < 2\pi/3 \\ g = 3i - (r+b) \end{cases} \tag{2-13}$$

$$\begin{cases} r = i(1-s) \\ g = i\left[1 + \dfrac{s\,\cos h}{\cos\left(\dfrac{\pi}{3}-h\right)}\right], \quad 2\pi/3 \leqslant h < 4\pi/3 \\ b = 3i - (r+g) \end{cases} \qquad (2-14)$$

$$\begin{cases} g = i(1-s) \\ b = i\left[1 + \dfrac{s\,\cos h}{\cos\left(\dfrac{\pi}{3}-h\right)}\right], \quad 4\pi/3 \leqslant h < 2\pi \\ r = 3i - (g+b) \end{cases} \qquad (2-15)$$

由式(2-13)～式(2-15)计算出的 r、g、b 值的范围为 $[0,1]$，为便于理解与显示，常将其转换为 $[0,255]$：

$$\begin{cases} R = r \times 255 \\ G = g \times 255 \\ B = b \times 255 \end{cases} \qquad (2-16)$$

例如，有一像素的颜色为 RGB(100，150，200)，求其对应 H、S、I 值的步骤如下：

(1) 归一化处理：

$$r = \frac{R}{R+G+B} = 0.222, \quad g = \frac{G}{R+G+B} = 0.333, \quad b = \frac{B}{R+G+B} = 0.444$$

(2) 用式(2-9)计算 h，由于 $b>g$，故

$$h = 2\pi - \arccos\left\{\frac{[(r-g)+(r-b)]/2}{[(r-g)^2+(r-b)(g-b)]^{1/2}}\right\} = 1.167\pi$$

(3) 计算 s：

$$s = 1 - 3 \cdot \min(r, g, b) = 0.333$$

(4) 计算 H，S，I：

$$\begin{cases} H = h \times \dfrac{180}{\pi} = 210° \\ S = s \times 100 = 33.3 \\ I = \dfrac{R+G+B}{3} = 150 \end{cases}$$

再如，若一像素的颜色为 HSI(210°，33.3，150)，求其对应 R、G、B 值的步骤如下：

(1) 计算 h，s，i：

$$h = H \times \frac{\pi}{180} = \frac{7\pi}{6}, \quad s = \frac{S}{100} = 0.333, \quad i = \frac{I}{255} = 0.588$$

(2) 由于 $h \in [2\pi/3, 4\pi/3]$，故

$$\begin{cases} r = i(1-s) = 0.392 \\ g = i\left[1 + \dfrac{s\,\cos h}{\cos\left(\dfrac{\pi}{3}-h\right)}\right] = 0.588 \\ b = 3i - (r+g) = 0.784 \end{cases}$$

(3) 计算 R,G,B：

$$\begin{cases} R = 255 \times r = 100 \\ G = 255 \times g = 150 \\ B = 255 \times b = 200 \end{cases}$$

与 HSI 相似的颜色模型还有 HSV 模型和 HLS 模型。HSV 和 HLS 模型中的 H、S 与 HSI 模型中的 H、S 含义相同，V、L 含义与 I 基本一致。但应注意，HSV 模型和 HLS 模型与 RGB 模型的转换方式不同于 HSI 与 RGB 的转换方式。在此不再讨论，请参阅出版社网站提供的代码。

不同应用系统采用的 HSI、HSV、HLS 模型不完全一样，表 2-1 是这三种模型在常见系统中的应用。

表 2-1　HSI、HSV、HLS 模型在常见系统中的应用

应用系统	颜色模型	H 范围	S 范围	$I/V/L$	范围
Paint Shop Pro	HLS	0°～255°	0～255	L	0～255
Gimp	HSV	0°～360°	0～100	V	0～100
Photoshop	HSV	0°～360°	0～100%	I	0～100%
Windows	HSL	0°～240°	0～240	L	0～240
Linux/KDE	HSV	0°～360°	0～255	V	0～255
GTK	HSV	0°～360°	0～1.0	V	0～1.0
Java(awt.Color)	HSI	0～1.0	0～1.0	I	0～1.0
Apple	HSV	0°～360°	0～100%	L	0～100%

5. CMY 颜色模型

CMY 模型也是一种常用的颜色表示方式。印刷工业常采用 CMY 色彩系统，它是通过颜色相减来产生其他颜色的，所以，称这种方式为减色合成法(Subtractive Color Synthesis)。

CMY 模式的原色为青色(Cyan)、品红色(Magenta)、黄色(Yellow)。青色 C、品红色 M、黄色 Y 是该表色系统的三基色，它们分别对应 3 种墨水。青色吸收红光，品红色吸收绿光，黄色吸收蓝光，印刷好的图像被白光照射时会产生合适的反射，从而形成不同的色彩。部分颜色的 CMY 编码为：白色(0,0,0)，因为入射白色光不会被吸收；黑色(255,255,255)，因为入射白光的所有成分都会被吸收；黄色(0,0,255)，因为入射白光中的蓝色成分容易被墨水吸收，从而留下了红色和绿色成分，使人感觉到黄色。

CMY 与 RGB 的转换关系为

$$\begin{bmatrix} C \\ M \\ Y \end{bmatrix} = \begin{bmatrix} 1 \\ 1 \\ 1 \end{bmatrix} - \begin{bmatrix} R \\ G \\ B \end{bmatrix} \tag{2-17}$$

式中：C、M、Y，R、G、B 均归一化到 $[0,1]$ 范围。

在实际应用中，由于黑色(Black)用量较大，印刷中往往直接用黑色墨水来产生黑色，从而节约青色、品红色、黄色 3 种墨水的用量。因此，常常用 CMYK 来表示 CMY 模型。

6. YUV 电视信号彩色坐标系统

彩色电视信号传输时，将 RGB 改组成亮度信号和色度信号。PAL 制式将 RGB 三色信号改组成 YUV 信号，其中，Y 表示亮度信号，U、V 表示色差信号。

RGB 与 YUV 之间的对应关系如下：

$$\begin{bmatrix} Y \\ U \\ V \end{bmatrix} = \begin{bmatrix} 0.299 & 0.587 & 0.114 \\ -0.148 & -0.289 & -0.437 \\ 0.615 & 0.515 & -0.100 \end{bmatrix} \cdot \begin{bmatrix} R \\ G \\ B \end{bmatrix} \tag{2-18}$$

$$\begin{bmatrix} R \\ G \\ B \end{bmatrix} = \begin{bmatrix} 1 & 0 & 1.140 \\ 1 & -0.395 & -0.581 \\ 1 & 2.032 & 0 \end{bmatrix} \cdot \begin{bmatrix} Y \\ U \\ V \end{bmatrix} \tag{2-19}$$

7. YCbCr 模型

YCbCr 模型充分考虑了人眼视觉特性，可降低彩色数字图像存储量，是一种适合于彩色图像压缩的模型。

YCbCr 模型与 YUV 模型一样，由亮度 Y、色差 Cb、色差 Cr 构成。与 YUV 模型不同的是，在构造色差信号时，YCbCr 充分考虑了 RGB 3 个分量在视觉感受中的不同重要性。

YCbCr 与 RGB 之间的对应关系如下：

$$\begin{bmatrix} Y \\ Cb \\ Cr \end{bmatrix} = \begin{bmatrix} 0.299 & 0.587 & 0.114 \\ -0.1687 & -0.3313 & 0.5 \\ 0.5 & -0.4187 & -0.0813 \end{bmatrix} \cdot \begin{bmatrix} R \\ G \\ B \end{bmatrix} + \begin{bmatrix} 0 \\ 128 \\ 128 \end{bmatrix} \tag{2-20}$$

$$\begin{bmatrix} R \\ G \\ B \end{bmatrix} = \begin{bmatrix} 1 & 0 & 1.402 \\ 1 & -0.344\,14 & -0.714\,14 \\ 1 & 1.772 & 0 \end{bmatrix} \cdot \begin{bmatrix} Y \\ Cb - 128 \\ Cr - 128 \end{bmatrix} \tag{2-21}$$

2.2.3　颜色变换

对彩色图像进行颜色变换，可实现对彩色图像的增强处理，改善其视觉效果，为进一步处理奠定基础。

1. 基本变换

颜色变换模型为

$$g(x, y) = T[f(x, y)] \tag{2-22}$$

式中：$f(x, y)$ 是彩色输入图像，$g(x, y)$ 是变换或处理后的彩色图像，T 是在空间域上对 f 的操作。这里，像素值是从彩色空间选择的 3 元组或 4 元组。

颜色变换关系可用下式表示：

$$s_i = T_i[r_1, r_2, \cdots, r_n], \quad i = 1, 2, \cdots, n \tag{2-23}$$

式中：r_i、s_i 为 $f(x, y)$ 和 $g(x, y)$ 在图像中任一点的彩色分量值；$\{T_1, T_2, \cdots, T_n\}$ 为变换函数集。n 的值由颜色模型而定，若选择 RGB 模型，则 $n=3$；r_1、r_2、r_3 分别表示输入图像的红、绿、蓝分量；若选择 CMYK 模型，则 $n=4$。

例如，要改进图像的亮度，可使用

$$g(x, y) = k[f(x, y)] \tag{2-24}$$

式中：k 为改进亮度的常数，且 $0 < k < 1$。

在 HSI 模型中，其变换为

$$s_3 = kr_3 \tag{2-25}$$

在 RGB 模型中，其变换为

$$s_i = kr_i, \quad i = 1, 2, 3 \tag{2-26}$$

式(2-25)和式(2-26)中定义的每一类变换，仅依赖于其彩色模型中的一个分量。例如，红色的输出分量 S 在式(2-26)中独立于绿色和蓝色输入分量。此类变换是最简单和最常用的彩色处理方法，可对每个彩色分量进行变换处理。但有些变换函数会依赖所有的输入图像分量，因此，不能以单独彩色分量为基础进行变换。

理论上，式(2-23)可用于任何颜色模型，然而某一特定变换对特定的颜色模型会比较适用。图 2-12 为直方图均衡化处理效果，若采用 HSI 模型，通过对 I 进行处理，其结果正常，而若采用 RGB 模型分别对 3 通道进行处理，会产生颜色畸变(偏色)现象。

(a) 原图像　　　　　　　　　(b) HSI 模型　　　　　　　　　(c) RGB 模型

图 2-12　彩色图像直方图均衡化处理效果

2. 彩色切片

彩色切片是指通过识别图像中感兴趣的颜色，然后将其作为一个整体从图像中分离出来。图 2-13(a)的图像中包含了不同颜色的区域，利用彩色切片技术可将黄色区域分离出来，如图 2-13(b)所示，其余部分均被设置成灰色。

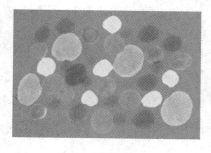 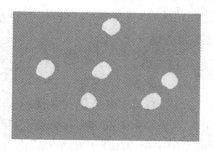

(a) 原图像　　　　　　　　　　　　　(b) 提取黄色区域

图 2-13　彩色切片效果

彩色切片类似于伪彩色处理中的灰度分层法。由于一个彩色像素具有 n 维参量，每个像素变换后的彩色分量是所有 n 个原始像素彩色分量的函数，故彩色变换函数比灰度变换函数要复杂得多。对一幅彩色图像分层最简单的方法，是将感兴趣区域以外的区域变换为不突出的颜色(如背景色)。

如果感兴趣的颜色由宽为 W、中心在平均值点，且由分量$(a_1, a_2, \cdots, a_n)$构成的立方体(或超立方体，$n>3$)所包围，则完成彩色切片的变换函数为

$$s_i = \begin{cases} 0.5, & \left[|r_i - a_j| > \dfrac{W}{2} \right]_{1 \leqslant j \leqslant n}, \quad i, j = 1, 2, \cdots, n \\ r_i, & \text{其他} \end{cases} \tag{2-27}$$

式(2-27)使立方体范围内的颜色保持为指定的颜色，从而突出了感兴趣的颜色。图2-13(b)即为用式(2-27)进行颜色切片处理得到的效果。

当然，也可以采用球体实现彩色切片变换：

$$s_i = \begin{cases} 0.5, & \sum\limits_{j=1}^{n}(r_i - a_j)^2 > R_0^2, \quad i, j = 1, 2, \cdots, n \\ r_i, & \text{其他} \end{cases} \tag{2-28}$$

式(2-28)中，颜色范围由半径为 R_0 的球体(或超球体，$n>3$)所包围。

2.3　数字图像类型

数字图像以位图(Bitmap)的方式进行存储，位图也称为栅格图像。

位图用许多像素点来表示一幅图像。每个像素具有颜色属性和位置属性。

位图又可分成线画稿(LineArt)、灰度图像 (GrayScale)、索引颜色图像(Index Color)和真彩色图像(True Color)。

2.3.1　位图

1. 线画稿

线画稿只有黑白两种颜色。用扫描仪扫描图像，当设置成 LineArt 格式时，扫描仪用一位颜色模式表示图像。若样点颜色为黑，则扫描仪将相应的像素位元置为 0，否则置为 1。线画稿适合于由黑白两色构成而没有灰度阴影的图像。图 2-14 是一幅线画稿图。

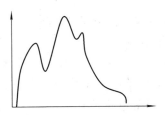

图 2-14　线画稿图

2. 灰度图像

灰度图像像素的灰度级用 8 位表示，每个像素都是介于黑白之间的 $256(2^8 = 256)$ 种灰度中的一种。灰度图像只有浓淡不同的灰色而没有彩色。常见的黑白照片便包含了黑白之

间的所有灰度色调，其实就是具有 256 种灰度色域的单色图像。

3. 索引颜色图像

在 24 位真彩色出现以前，由于技术和价格的原因，计算机并未达到处理每像素 24 位的水平。为此，人们创造了索引颜色(也称为映射颜色、调色板)。在这种模式下，预先定义好每种颜色，且可供选用的一组颜色数最多为 256 种。一幅索引颜色图像在图像文件里定义，当打开该文件时，构成该图像具体颜色的索引值被读入程序，然后根据索引值在调色板中找到对应的颜色。

4. 真彩色图像

"真彩色"是 RGB 颜色的另一种叫法。从技术角度考虑，真彩色是指写到磁盘上的图像类型，而 RGB 颜色是指显示器的显示模式。RGB 图像的颜色是非映射的，它可以从系统的"颜色表"里自由获取所需的颜色，这种图像文件里的颜色直接与 PC 机上的显示颜色相对应。在真彩色图像中，每一个像素由红、绿和蓝 3 个字节组成，每个字节为 8 位，表示 0 到 255 之间的不同的亮度值，这 3 个字节组合，可以产生 1670 万种不同的颜色。

2.3.2　位图的有关术语

1. 像素(Pixel)、点(Dot)和样点(Sample)

在计算机中，图像是由显示器上的许多光点组成的，将显示在显示器上的这些点(光的单元)称为像素。像素的分割常采用正方形网格点阵分割方案，这是因为其像素网格点阵规范，并易于在图像输入、输出设备上实现。像素并不像"克"和"厘米"那样是绝对的度量单位，而是可大可小的。如果获取图像时的分辨率较低，如 50 dpi，则显示该图像时，每英寸所显示的像素个数很少，而像素变得较大。

在数字图像处理中还常用到样点和点的概念。扫描图像时需设置扫描仪的分辨率(Resolution)，分辨率决定了扫描仪从源图像里每英寸取多少个样点。扫描仪将源图像看成是由大量的网格组成的，然后在每个网格里取出一点，用该点的值代表该网格里所有点的颜色值，这些被选中的点就是样点。

2. 分辨率

分辨率是指数字图像在单位长度内所含有的像素数。与数字图像有关的分辨率有以下几种类型：

(1) 图像分辨率。图像分辨率指每英寸图像含有多少个点或像素，分辨率的单位为 dpi，例如 250 dpi 表示该图像每英寸含有 250 个点或像素。

分辨率的大小直接影响到数字图像的质量。分辨率越高，图像细节越清晰，但产生的文件尺寸越大，同时处理同一尺寸的图像所需时间也越长。故应根据需要选择图像的分辨率。

图像文件大小与图像尺寸和分辨率密切相关。图像尺寸越大、图像分辨率越高，则图像文件也就越大。所以，调整图像尺寸和分辨率即可改变图像文件的大小。

（2）屏幕分辨率。显示器上每单位长度显示的像素或点的数量称为屏幕分辨率，通常以点/英寸（dpi）来表示。屏幕分辨率由计算机的显示卡决定，高性能显示卡可支持 1920×1080 点以上的分辨率。

（3）打印机分辨率。打印机分辨率是指打印机输出图像时每英寸的点数（dpi）。打印机分辨率也决定了输出图像的质量。打印机分辨率高，可以减少打印的锯齿边缘，在灰度的半色调表现上也会较为平滑。由于超微细碳粉技术的成熟，新的激光打印机分辨率可达 600～1200 dpi。

（4）扫描仪分辨率。扫描仪分辨率是指通过扫描元件将扫描对象以每英寸多少点来表示，也用 dpi 表示，不过这里的点是样点。一般扫描仪水平分辨率要比垂直分辨率高，如 600×1200 dpi。台式扫描仪的分辨率可以分为光学分辨率和输出分辨率。光学分辨率是指扫描仪硬件所真正扫描到的图像分辨率，目前市场上产品的光学分辨率可达 800～1200 dpi 以上。输出分辨率是通过软件强化以及内插补点之后产生的分辨率，大约为光学分辨率的 3～4 倍。

2.4　图像文件格式

数字图像有多种存储格式，每种格式一般由不同的软件商支持。随着信息技术的发展和图像应用领域的不断拓宽，还会出现新的图像格式。因此要进行图像处理，必须了解图像文件的格式，即图像文件的数据结构。

每一种图像文件均有一个文件头，在文件头之后才是图像数据。文件头的内容由制作该图像文件的公司决定，一般包括文件类型、文件制作者、制作时间、版本号和文件大小等内容。各种图像文件的制作还涉及图像文件的压缩方式和存储效率。下面介绍几种常见的图像文件格式。

2.4.1　BMP 图像文件格式

BMP（BitMap Picture）文件格式是 Windows 系统交换图形、图像数据的一种标准格式。BMP 图像的数据由 4 部分组成，如表 2 - 2 所示。

第 1 部分为位图文件头（BITMAPFILEHEADER），它由如下结构体定义：

```
typedef struct tagBITMAPFILEHEADER{
    WORD bfType；
    DWORD bfSize；
    WORD bfReserved1；
    WORD bfReserved2；
    DWORD bfOffBits；
} BITMAPFILEHEADER；
```

该部分结构的固定长度是 14 个字节（其中：WORD 为无符号 16 位二进制整数，DWORD 为无符号 32 位二进制整数）。

表 2－2　BMP 图像文件结构

文件部分	属性	说　　　明
BITMAPFILEHEADER （位图文件头）	bfType	文件类型，必须是 0x424D，即字符串"BM"
	bfSize	指定文件大小，包括这 14 个字节
	bfReserved1	保留字，不用考虑
	bfReserved2	保留字，不用考虑
	bfOffBits	从文件头到实际位图数据的偏移字节数
BITMAPINFOHEADER （位图信息头）	biSize	该结构的长度，为 40 个字节
	biWidth	图像的宽度，单位是像素
	biHeight	图像的高度，单位是像素
	biPlanes	位平面数，必须是 1，不用考虑
	biBitCount	指定颜色位数，1 为二值，4 为 16 色，8 为 256 色，16、24、32 为真彩色
	biCompression	指定是否压缩，有效的值为 BI_RGB、BI_RLE8、BI_RLE4、BI_BITFIELDS
	biSizeImage	实际的位图数据占用的字节数
	biXPelsPerMeter	目标设备水平分辨率，单位是每米的像素数
	biYPelsPerMeter	目标设备垂直分辨率，单位是每米的像素数
	biClrUsed	实际使用的颜色数，若该值为 0，则使用颜色数为 2 的 biBitCount 次方
	biClrImportant	图像中重要的颜色数，若该值为 0，则所有的颜色都是重要的
Palette （调色板）	rgbBlue	蓝色分量
	rgbGreen	绿色分量
	rgbRed	红色分量
	rgbReserved	保留值
ImageData （图像数据）	图像数据	像素按行优先顺序排序，每一行的字节数必须是 4 的整倍数

第 2 部分为位图信息头(BITMAPINFOHEADER)，它也是由结构体定义的：
typedef struct tagBITMAPINFOHEADER{
　　DWORD biSize；
　　LONG biWidth；
　　LONG biHeight；
　　WORD biPlanes；
　　WORD biBitCount；

```
    DWORD biCompression；
    DWORD biSizeImage；
    LONG biXPelsPerMeter；
    LONG biYPelsPerMeter；
    DWORD biClrUsed；
    DWORD biClrImportant；
} BITMAPINFOHEADER；
```

这部分结构的长度是 40 个字节（其中：LONG 为 32 位二进制整数），也是固定不变的。其中，biCompression 有效的值为 BI_RGB、BI_RLE8、BI_RLE4、BI_BITFIELDS，这都是一些 Windows 定义好的常量。由于 RLE4 和 RLE8 的压缩格式用得不多，此后仅讨论 biCompression 为 BI_RGB，即图像不压缩的情况。

第 3 部分为调色板（Palette）。调色板仅供灰度图像或索引图像使用，真彩色图像并不需要调色板，位图信息头部分后直接是位图数据。

调色板实际上是一个数组，共有 biClrUsed 个元素（如果该值为零，则有 2 的 biBit-Count 次方个元素）。数组中每个元素的类型是一个 RGBQUAD 结构，占 4 个字节，其定义如下：

```
typedef struct tagRGBQUAD{
    BYTE    rgbBlue；
    BYTE    rgbGreen；
    BYTE    rgbRed；
    BYTE    rgbReserved；
} RGBQUAD；
```

第 4 部分是图像数据（ImageData）。对于用到调色板的位图，图像数据就是该像素颜色在调色板中的索引值；对于真彩色图像，图像数据就是实际的 R、G、B 值。

下面两点需特别注意：

（1）图像数据每一行的字节数必须是 4 的整倍数，否则需要补齐。

（2）BMP 文件的数据存放是从下到上、从左到右的。也就是说，图像数据是倒置的，读取 BMP 文件时，先读取最下面的数据，然后依次从下往上读取数据。

DIB（Device Independent Bitmap）图像格式是设备无关位图文件格式，其描述图像的能力基本与 BMP 相同，并且能运行于多种硬件平台，只是文件较大。

2.4.2　其他文件格式

1. TIF 图像文件格式

标记图像文件格式（Tag Image File Format，TIF）提供存储各种信息的完备手段，可以存储专门的信息而不违反格式宗旨，是目前流行的图像文件交换标准之一。TIF 文件格式是图像文件格式中最复杂的一种，要求用更多的代码来控制它，会导致文件读写速度慢。TIF 文件由文件头结构、参数指针表、参数块结构和图像数据 4 部分组成，其中前 3 部分的说明如表 2-3～表 2-5 所示。

表 2-3   TIF 文件文件头结构

字　节	说　明
0~1 字节	说明字节顺序，合法值是： 　　0X4949，表示字节顺序由低到高 　　0X4D4D，表示字节顺序由高到低
2~3 字节	TIFF 版本号，总为 0X0042
4~7 字节	指向第一个参数指针表的指针

表 2-4   TIF 文件参数指针表

字　节	说　明
0~1 字节	参数域的个数 n
2~13 字节	第一个参数块
14~25 字节	第二个参数块
…	…
$2+n\times12$~$6+n\times12$ 字节	为 0 或指向下个参数指针表的偏移

参数指针表由一个 2 字节的整数和其后的一系列 12 字节参数域构成，最后以一个长整型数结束。若最后的长整型数为 0，表示文件的参数指针表到此为止，否则该长整数为指向下一个参数指针表的偏移。

表 2-5   TIF 文件参数块结构

字　节	说　明
0~1 字节	参数码，为 254~321 间的整数
2~3 字节	参数类型： 　　1 为 BYTE 　　2 为 CHAR 　　3 为 SORT 　　4 为 LONG 　　5 为 RATIOAL(4B 分母，4B 分子)
4~7 字节	参数长度或参数项个数
8~11 字节	参数数据，或指向参数数据的指针

2. GIF 图像文件格式

CompuServe 开发的图形交换文件格式 GIF(Graphics Interchange Format)，可在不同的系统平台上交流和传输。GIF 图像文件采取 LZW 压缩算法，存储效率高，支持多幅图像定序或覆盖、交错多屏幕绘图以及文本覆盖。它也是 Web 上常用的文件格式之一，用于超文本标记语言(HTML)文档中的索引颜色图像，但图像最大不能超过 64M，颜色最多为 256 色。

GIF 主要是为数据流设计的一种传输格式。换句话说，它具有顺序的组织形式。GIF 有 5 个主要部分以固定顺序出现，所有部分均由一个或多个块(Block)组成。每个块第 1 个字节中存放标识码或特征码标识。这些部分的顺序为：文件标志块、逻辑屏幕描述块、可选的"全局"色彩表块(调色板)、各图像数据块(或专用的块)以及尾块(结束码)。GIF 图像文件格式如表 2-6 所示。

表 2－6　GIF 图像文件格式

块	名　　称	说　　明
文件标志块	Header	识别标识符"GIF"和版本号（"87a"或"89a"）
逻辑屏幕描述块	Logical Screen Descriptor	定义了图像显示区域的参数，包括背景颜色信息、显示区域的大小、纵横尺寸及颜色深度，以及是否存在全局色彩表
全局色彩表块	Global Color Table	色彩表的大小由该图像使用的颜色数决定，若表示颜色的二进制数为 111（即 7），则图像用到的颜色数为 2^{7+1}
图像数据块	Image Descriptor	图像描述块
	Local Color Table	局部色彩表（可重复 n 次）
	Table Based Image Data	表示压缩图像数据
	Graphic Control Extension	图像控制扩展块
	Plain Text Extension	无格式文本扩展块
	Comment Extension	注释扩展块
	Application Extension	应用程序扩展块
尾块	GIF Trailer	值为 3B（十六进制数），表示数据流已结束

（图像数据块一列右侧另有"可重复 n 个"标注，跨 Image Descriptor 至 Application Extension 各行）

GIF 图像文件格式中可能没有图像数据块及尾块，这时 GIF 只需要传输全局色彩表块，作为无自己调色板的后续数据流的缺省调色板。

3. PBM、PGM、PPM 文件

PBM(Portable BitMap)、PGM (Portable GreyMap)、PPM (Portable PixMap)是可交换式位图（灰度、像素）映射文件格式，通常作为各种图像格式文件之间的转换平台。PBM、PGM、PPM 和 BMP 文件一样，图像数据均不压缩，但前 3 者的文件头信息非常简单，文件头以 ASCII 方式编码，图像数据以 ASCII 码或字节形式编码。第 4 项的第 1 项是格式标识符（Magic Identifier），表示图像的类型及存储格式；第 2 至第 4 项分别为图像的宽度和高度、图像颜色可能的最大值和注释。第 4 项之后为图像数据。表 2－7 是 PBM、PGM、PPM 图像文件格式的详细描述。

表 2－7　PBM、PGM、PPM 图像文件格式

项　目	名　　称	说　　明
格式标识符	Magic Identifier	P1：PBM 格式，表示二值图像 P2、P5：PGM 格式，表示灰度图像 P3、P6：PPM 格式，表示真彩色图像
图像宽度和高度	Image Width and Height	—
图像颜色最大值	Maximum Value of Color	对于 PBM（二值图像）格式，无此项
注释	Comment	以"#"开始，对图像进行说明，易于读者阅读
图像数据	Image Data	P1、P2、P3：图像数据以 ASCII 码形式表示 P5、P6：图像数据以字节形式表示

图 2 - 15 是一个实际的 PGM 图像文件,可以看出,PGM 格式简单,用户读写非常容易。

```
P2 # grey image
24 7 # the image width and height
# maximum color
15
0  0  0  0  0  0  0  0  0  0  0  0  0  0  0  0  0  0  0  0  0  0  0  0
0  3  3  3  3  0  0  7  7  7  7  0  0  11 11 11 11 0  0  15 15 15 15 0
0  3  0  0  0  0  0  7  0  0  0  0  0  11 0  0  0  0  0  15 0  0  15 0
0  3  3  3  0  0  0  7  7  7  0  0  0  11 11 11 0  0  0  15 15 15 15 0
0  3  0  0  0  0  0  7  0  0  0  0  0  11 0  0  0  0  0  15 0  0  0  0
0  3  0  0  0  0  0  7  7  7  7  0  0  11 11 11 11 0  0  15 0  0  0  0
0  0  0  0  0  0  0  0  0  0  0  0  0  0  0  0  0  0  0  0  0  0  0  0
```

图 2 - 15 一个实际的 PGM 图像文件

4. PCX 文件

PCX 文件格式由 ZSoft 公司设计。各种扫描仪扫描得到的图像均能保存成 PCX 格式。PCX 格式支持 256 种颜色,不如 TIF 等格式功能强,但结构较简单,存取速度快,压缩比适中,适合于一般软件的使用。

PCX 格式支持 RGB、索引颜色、灰度和位图颜色模式,但不支持 alpha 通道。PCX 格式支持 RLE 压缩方法,图像颜色位数可为 1、4、8 或 24。

PCX 图像文件由 3 个部分组成:文件头、图像数据和 256 色调色板。PCX 的文件头有128 个字节,它包括版本号,被打印或扫描图像的分辨率(dpi)、大小(单位为像素),每个扫描行的字节数,每个像素包含的位数据和彩色平面数。位图数据用行程长度压缩算法(RLE)记录数据。

5. JPEG 图像格式

JPEG(Joint Photographer's Experts Group,联合图像专家组)格式,是由 ISO 和CCITT 为静态图像所建立的第一个国际数字图像压缩标准。由于 JPEG 具有高压缩比和良好的图像质量,被广泛应用于多媒体和网络程序中。JPEG 和 GIF 成为 HTML 语法选用的图像格式。

JPEG 格式支持 24 位颜色,并保留照片和其他连续色调图像中存在的亮度和色相的显著和细微变化。

JPEG 一般基于 DCT 变换的顺序型模式压缩图像。JPEG 通过有选择地减少数据来压缩文件大小。因为它会弃用数据,故 JPEG 压缩为有损压缩。

2.5 OpenCV 编程简介

OpenCV(Open Source Computer Vision Library)是一个开源、跨平台的计算机视觉库,可以运行在 Linux、Windows 和 Mac OS 桌面操作平台或 Android 和 iOS 移动操作平台上。OpenCV 提供了 C++、Python、Matlab 和 Java 等接口,采用优化的 C/C++编写,

实现了图像处理和计算机视觉的 2500 种优化后的通用算法。

2.5.1　OpenCV 简介

　　OpenCV 的第一个预览版本于 2000 年在 IEEE Conference on Computer Vision and Pattern Recognition 公开，并且后续提供了 5 个测试版本。2006 年发布 OpenCV 1.0 版，2009 年 10 月发布 OpenCV 2.0 版，2015 年 6 月发布 OpenCV 3.0 版，2018 年 11 月发布 OpenCV 4.0 版。主要的更新是增加了 C++接口并对现有实现进行了优化（特别是多核心特征），提供了使用更容易、类型更安全的新函数。目前最新版本是 OpenCV 4.5.5。2012 年 8 月，OpenCV 由一个非营利性组织（OpenCV.org）来维护，并保留了一个开发者网站（https://github.com/opencv）和用户网站（https://opencv.org/）。

　　OpenCV 的内建模块功能强大且灵活多样，这些模块能够解决计算机视觉系统中的大多数问题。可以实现人机互动、物体识别、图像分割、人脸识别、动作识别、运动跟踪、机器人视觉、运动分析、机器视觉、结构分析等各种应用领域的需求。OpenCV 提供了合理的编程架构、内存管理及 GPU 支持。

　　OpenCV 的内建模块经过高度优化，以实现多平台下实时处理应用系统。OpenCV 提供的内建模块可粗略分类，如表 2-8 所示。

表 2-8　OpenCV 提供的内建模块

编号	模　块	主　要　功　能
1	Core	核心模块，定义了基本数据结构、数据类型和内存管理等
2	Imgproc	图像处理函数模块，包括图像滤波、图像几何变换、色彩空间转换、结构和形状分析等
3	Imgcodecs	不同格式图像文件读写
4	VideoIO	视频文件读写
5	Highgui	GUI 模块，定义了视频捕捉、图像和视频的编码解码、图形交互界面的接口等
6	Video	运动分析和目标跟踪模块，包括光流计算、运动模板训练、背景分离等
7	Calib3d	相机标定与 3D 重建模块，包括基本的多视角几何算法、单个立体摄像头标定、物体姿态估计、立体相似性算法、3D 信息的重建等
8	Features2d	2D 特征检测模块，包括 SURF、FAST 算子，特征匹配等
9	Objdetect	目标检测模块，包括物体检测和预定义好的分类器等
10	DNN	深度神经网络模块
11	ML	机器学习模块（SVM、决策树、Boosting 等）
12	Flann	Fast Library for Approximate Nearest Neighbors（FLANN）算法库
13	Photo	计算摄影模块，包括图像修复、去噪、非真实感渲染等
14	Stitching	图像拼接模块，包括图像的变形、曝光补偿和图像融合等
15	GAPI	基于图像的应用程序接口
16	Extra modules	扩展模块，包括相机校正 ccalib、GPU 加速算法 cudaarithm 和光流算法 optflow 等

2.5.2 OpenCV 的安装与配置

1. OpenCV 的安装

鉴于 Code::Blocks 为轻量级跨平台集成开发环境(IDE),本书以 64 位 Windows 10 操作平台为例,Code::Blocks 为 IDE(对于其他诸如 Visual Studio 开发环境的安装与配置,可参考 https://docs.opencv.org 给出的安装指南进行安装)进行 OpenCV 的配置。用户首先需从 Code::Blocks 官网 http://www.codeblocks.org/downloads/binaries/下载自带 GCC/G++编译器和 GDB 调试器的 mingw 安装版 codeblocks-20.03mingw—setup.exe,并安装到本地磁盘如 C:\Program Files\;然后从官网 https://cmake.org/download/下载跨平台构建工具 CMake(安装文件对应为 cmake-3.23.0-rc4-windows-x86_64.msi)并完成安装;最后从 OpenCV 网站下载最新版 OpenCV4.5.5 releases Windows 版文件 opencv-4.5.5-vc14_vc15.exe,双击该文件,将其解压到本地磁盘如 C:\OpenCV\,如图 2-16 所示。

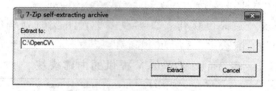

图 2-16 解压 OpenCV 文件

解压后,OpenCV 目录下包含 build 和 sources 两个文件夹,其中 build 文件夹是已编译好的 VC++版 OpenCV 库文件,sources 文件夹是 OpenCV 源代码文件,因为本书采用跨平台编译器 GCC/G++,需在 Code::Blocks 环境下结合 CMake 用 GCC/G++编译链接以生成需要的静态库文件(.a 文件)和动态链接库文件(.dll 文件)。编译步骤如下:

(1) 设置 GCC/G++环境变量。如图 2-17 所示,右键单击"我的电脑"→"属性"→

图 2-17 添加目录至系统变量 Path

"高级"→"环境变量"→"系统变量"，将 Code::Blocks 安装目录下 mingw 的 bin 目录 C:\
Program Files\CodeBlocks\MinGW\bin 添加到系统变量 Path。

（2）运行 CMake 生成 Code::Blocks 环境下的 OpenCV 库项目文件。如图 2-18 所示，
在 CMake 中设置 OpenCV 源文件目录为先前设定的 C:\opencv\sources，自定义编译生成
的库文件目录名如 C:\opencv\build\x64\mingw，点击"Configure"选择目标项目文件类型
为"Code::Blocks Makefiles"，然后选择"Specify native compilers"，在新窗口中指定 C/C
++对应的编译器 GCC/G++的位置，如 C:\Program Files\CodeBlocks\MinGW\bin\
gcc.exe 和 C:\Program Files\CodeBlocks\MinGW\bin\g++.exe。设定完毕后，再次点
击"Configure"，配置结束后点击"Generate"将在 C:\opencv\build\x64\mingw 目录下生成
Code::Blocks 环境下的 OpenCV 库项目文件 OpenCV.cbp。

图 2-18　配置生成 Code::Blocks 环境下的 OpenCV 库工程文件

（3）在 Code::Blocks 环境下编译 OpenCV 库文件。如图 2-19 所示，双击 OpenCV.cbp
或在Code::Blocks 下直接载入 OpenCV.cbp 项目文件，然后选择"Build"→"Build and
run"对 OpenCV 源代码进行编译生成库文件。产生的静态库文件和动态链接库文件将分别
存储在 C:\opencv\build\x64\mingw 目录下的 lib 和 bin 目录。

经过上述 3 个步骤将产生 C:\opencv\build\x64\mingw\lib 和 C:\opencv\build\x64\
mingw\bin 两个目录下 G++编译的 C++版 OpenCV 库文件，结合 C:\opencv\build\
include 目录下的 OpenCV 头文件，即可在 Code::Blocks 中完成 OpenCV 库的配置。

典型 C++代码中加载 OpenCV 模块的 #include 形式建议如下：

#include <opencv2/core.hpp>

#include <opencv2/imgproc.hpp>

图 2-19　编译 OpenCV 库文件

#include <opencv2/imgcodecs.hpp>

#include <opencv2/highgui.hpp>

生成的 OpenCV 动态链接库文件需设置环境变量，否则在 Code∷Blocks 下运行链接 OpenCV 库的 C++ 程序将提示缺少动态链接库的错误。右键单击"我的电脑"→"属性"→"高级"→"环境变量"→"系统变量"，选中 Path，单击"编辑"添加路径：C:\opencv\build\x64\mingw\bin。

除了可以从源代码直接编译链接生成 OpenCV 静态库文件和动态链接库文件外，也可以通过网络直接下载第三方针对不同操作平台和开发工具链以构建完整的 OpenCV 静态库文件和动态链接库文件，如 github 开源仓库 http://github.com/huihut/OpenCV-MinGW-Build 就提供了在 Windows 平台下用 MinGW 构建的 32 位和 64 位，从 OpenCV3.3.1 到 OpenCV4.5.5(目前最新版)的 OpenCV 二进制库文件的打包下载。但在使用时，需要单击其"Configuration"打开其构建的 log 日志，以查看该版本库文件使用的工具链及操作平台，如图 2-20 所示。由图 2-20 可知，该仓库中的 OpenCV-4.5.2-x64 版是与 Code∷Blocks20.03 所匹配的版本。

2. Code∷Blocks 开发环境配置

Code∷Blocks 20.03 开发环境配置的目的是告诉 Code∷Blocks 去什么地方寻找 OpenCV 的头文件和库文件。

打开 Code∷Blocks，选择菜单"File"→"New"→"Project"→"Console application"，选择开发语言为"C++"，然后设置项目名为"OpenCVTest"及项目保存路径后，将自动生成 main.cpp 源文件，删掉 main.cpp 中的示例代码，在 main.cpp 中添加如下 OpenCV 测试

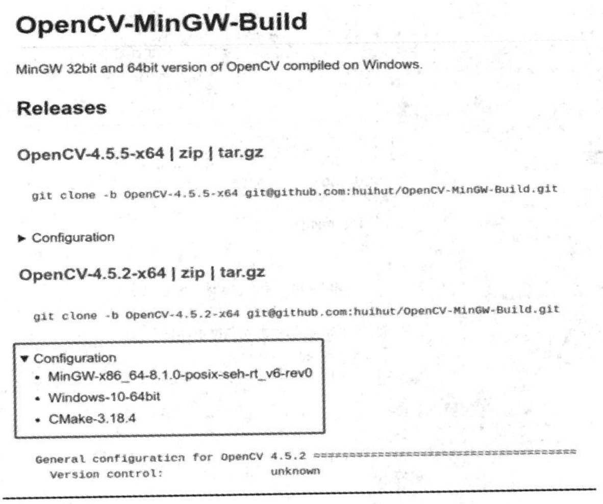

图 2 - 20　OpenCV-MinGW 构建日志

代码：

```
#include <opencv2/core.hpp>
#include <opencv2/highgui.hpp>
using namespace cv;

int main()
{
    // read an image
    Mat image=imread("tiger.jpg");
    // create image window named "My Image"
    namedWindow("My Image");
    // show the image on window
    imshow("My Image", image);
    // wait key for 5000 ms
    waitKey(5000);

    return 1;
}
```

若直接编译，将提示头文件或库文件不存在等编译错误，因为当前还未完成 OpenCV 头文件和库文件的配置。具体配置步骤如下：

（1）右键单击新建项目"OpenCVTest"→"Build options"设置编译选项，如图 2 - 21 所示。

（2）在对话框中，选择"OpenCVTest"→"Search directories"→"Compiler"→"Add"设置 OpenCV 包含文件 include 路径名为 C:\opencv\build\include，再选择"Search directories"→"Linker"→"Add"设置 OpenCV 库文件 lib 路径名为 C:\opencv\build\x64\mingw

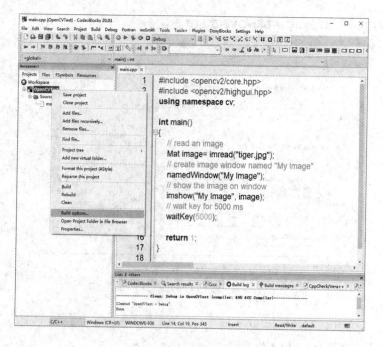

图 2 - 21　编译选项设置

\lib，如图 2 - 22 所示。

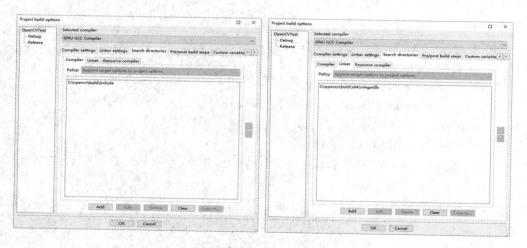

图 2 - 22　设置 OpenCV 包含文件 include 和库文件 lib 对应路径

（3）如图 2 - 23 所示，点击"Linker settings"，在"Other linker options"中添加 C:\ opencv\build\x64\mingw\lib 文件夹下的所有库文件名：

-lopencv_calib3d455. dll，-lopencv_core455. dll，-lopencv_dnn455. dll

-lopencv_features2d455. dll，-lopencv_flann455. dll，-lopencv_highgui455. dll

-lopencv_imgcodecs455. dll，-lopencv_imgproc455. dll，-lopencv_ml455. dll

-lopencv_objdetect455. dll，-lopencv_photo455. dll，-lopencv_stitching455. dll

-lopencv_ts455，-lopencv_video455. dll，-lopencv_videoio455. dll

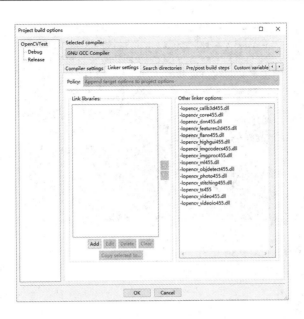

图 2 - 23　设置链接库文件名

说明：上面的库文件名原名以 lib 开头，为便于设置库文件路径名，在 Code∷Blocks 中将 lib 替换为 l，例如 lopencv_core455. dll 对应为库文件 libopencv_core455. dll，末尾的数字 455 表示库文件版本号。另外，也可以针对性地仅添加需要的链接库文件，对于基本操作，参考表 2 - 8 中的 OpenCV 功能模块说明，添加-lopencv_core455. dll、-lopencv_highgui455. dll、-lopencv_imgcodecs455. dll、-lopencv_imgproc455. dll 这几个链接库文件即可。

（4）完成配置后，为便于创建新的 OpenCV 项目，可将当前配置好的项目设为模板。选择菜单"File"→"Save project as template"，下次新建项目时直接选择"File"→"New"→"From template"即可跳过上述步骤（1）～（3），完成 OpenCV 项目的配置。

3. 测试程序

将测试图像文件"tiger. jpg"拷贝到 OpenCVTest 项目文件夹下，在 Code∷Blocks 中选择"Build"→"Build and run"编译运行，正确的情况下，可以出现如图 2 - 24 所示的窗口。

2.5.3　OpenCV 的数据结构

OpenCV4. x 中设计并定义了大量的基本数据结构，利用这些数据结构，可以很方便地实现相应的算法。这些数据结构主要采用类模板来实现，并提供了基本的数据属性和基本的操作。

1. 2 维点 Point_类模板

2 维点 Point_类模板定义了公有数据成员 x 和 y，重载了＋、－、＝＝、！＝ 4 个基本的操作，还定义了点乘、叉乘等操作。特别的，这个类还提供了 inside 函数来判断一个点是否在矩形区域内。为了方便使用，OpenCV 又对常用的类型进行了类型重定义：

typedef Point_<int> Point2i；

typedef Point2i Point；

图 2-24　OpenCV 运行环境的测试

```
typedef Point_<float> Point2f;
typedef Point_<double> Point2d;
例如：
#include <iostream>
#include <opencv2/core.hpp>
#include <opencv2/highgui.hpp>

using namespace std;
using namespace cv;

int main()
{
    Point2fa(0.3f, 0.f), b(0.f, 0.4f);

    Point pt = (a + b) * 10.f;

    cout << pt.x << "," << pt.y << endl;

    return 0;
}
```

输出的结果：

3,4

2. 3 维点 Point3_类模板

类似于 2 维点，OpenCV 同时提供了 Point3_类模板，只不过它是一个 3 维点(x,y,z)。它的常用类型是：

```
typedef Point3_<int> Point3i;
typedef Point3_<float> Point3f;
```

typedef Point3_＜double＞ Point3d；

3. 尺寸 Size_类模板

Size 类模板能够访问的成员变量是 height 和 width，还定义了 area 函数来求面积，其他的操作基本都是类型转化函数。它的常用类型是：

typedef Size_＜int＞ Size2i；

typedef Size2i Size；

typedef Size_＜float＞ Size2f

4. 矩形 Rect_类模板

Rect_类模板的示例为矩形区域（x,y,width,height），其中（x,y）为左上角坐标，范围为[x, x + width)，[y, y + height)。其常见的操作包括：

rect ＝ rect± point //矩形偏移

rect ＝ rect± size //改变大小

rect ＋= point，rect －= point，rect ＋= size，rect －= size

rect ＝ rect1 & rect2 //矩形交集

rect ＝ rect1 | rect2 //包含 rect1 rect2 的最小矩形

rect &= rect1，rect |= rect1

rect ＝＝ rect1，rect !＝ rect1

5. 旋转矩形 RotatedRect 类模板

除了基本的矩形类模板之外，OpenCV 还提供了一个可以旋转的矩形 RotatedRect 类模板，它是由中心、边长、旋转角度 3 个成员决定的，用户可以访问这 3 个成员，也可以使用 points 函数返回它的 4 个顶点，使用 boundingRect 求出它的外接矩形（非旋转）。例如：

RotatedRect rRect ＝RotatedRect(Point2f(100,100)，Size2f(100,50)，30)；

6. 小矩阵 Matx 类模板

该类模板用来记录一些小的矩阵，这些矩阵在编译前大小就固定了。其常用类型包括：

typedef Matx＜float，1，2＞ Matx12f；

typedef Matx＜double，1，2＞ Matx12d；

…

typedef Matx＜float，1，6＞ Matx16f；

typedef Matx＜double，1，6＞ Matx16d；

typedef Matx＜float，2，1＞ Matx21f；

typedef Matx＜double，2，1＞ Matx21d；

…

typedef Matx＜float，6，1＞ Matx61f；

typedef Matx＜double，6，1＞ Matx61d；

typedef Matx＜float，2，2＞ Matx22f；

typedef Matx＜double，2，2＞ Matx22d；

…

```
typedef Matx<float，6，6> Matx66f；
typedef Matx<double，6，6> Matx66d；
```
如：
```
Matx33fm(1，2，3，
4，5，6，
7，8，9)；
```

7. 短向量 Vec 类模板

该类模板支持加、减、数乘、相等、不等、求范数等运算。其常用类型包括：
```
typedef Vec<uchar，2> Vec2b；
typedef Vec<uchar，3> Vec3b；
typedef Vec<uchar，4> Vec4b；
typedef Vec<short，2> Vec2s；
typedef Vec<short，3> Vec3s；
typedef Vec<short，4> Vec4s；
typedef Vec<int，2> Vec2i；
typedef Vec<int，3> Vec3i；
typedef Vec<int，4> Vec4i；
typedef Vec<float，2> Vec2f；
typedef Vec<float，3> Vec3f；
typedef Vec<float，4> Vec4f；
typedef Vec<float，6> Vec6f；
typedef Vec<double，2> Vec2d；
typedef Vec<double，3> Vec3d；
typedef Vec<double，4> Vec4d；
typedef Vec<double，6> Vec6d；
```

8. 四维向量 Scalar_ 类模板

Scalar_类模板其实是 Vec<tp,4>派生下来的，也就是说，它是一个 4 元组，通常用来传递像素，例如：
```
typedef Scalar_<double> Scalar；
```

9. Range 类模板

Range 类模板用来指定连续的子序列，比如矩阵的一部分。

10. cv∷Mat 类模板

cv∷Mat 类模板可用于保存其他 n 维数组，主要用于保存图像数据，默认情况下，定义 cv∷Mat 类对象时，其大小为 0×0。当然，也可以给其构造函数提供合适的实参，以定义需要的数据。如：
```
cv∷Mat ima(240,320,CV_8U,cv∷Scalar(100))；
```
其中，CV_8U 表示每个图像像素用 1 字节表示，U 表示无符号数。也可以用 S 表示有符号数。对于彩色图像，应该使用 3 个通道来表示，即 CV_8UC3。也可以是 16 位或 32 位整型

CV_8SC3。也可以是 32 位或 64 位浮点型 CV_32F。

cv::Mat 类对象离开作用域后，会自动销毁，因此使用中非常方便，避免了内存泄漏的问题。cv::Mat 类提供了一个引用计数器和浅复制机制以便将一个图像复制给另一个图像，而不用复制其数据，这两个图像会使用同一个数据区，特别是当参数是值传递和函数返回的是图像时。一个引用计数器会保证只有当所有图像的引用都销毁后才会真正销毁数据。若需要保留原图像的新的备份，可以采用 copyTo() 函数来实现深复制。如：

cv::Mat image2，image3；

image2＝ result；// the two images refer to the same data

result. copyTo(image3)；// a new copy is created

此时，image2 和 result 使用的是同一个数据，而 image3 是原图像的复制品。这种 cv::Mat 类对象分配机制使得写一个返回图像的函数或类方法更加安全。例如：

cv::Mat function() {

// create image

cv::Mat ima(240,320,CV_8U,cv::Scalar(100));

// return it

return ima；

}

在 main 函数中可以调用：

// get a gray-level image

cv::Mat gray＝ function()；

gray 对象保存了函数创建的图像数据，不需要分配另外的内存。实质上，保存的是图像的一个影子备份，当 ima 离开作用域后，会被销毁，但由于引用计数器不为零，此时说明其内部的图像数据仍被其他的实例引用，所以其内存不会释放。

表 2－9～表 2－11 是常见的 cv::Mat 类的操作。

表 2－9　创建 cv::Mat 类对象

语　　法	描　　述
double m[2][2] = {{1.0, 2.0}, {3.0, 4.0}}; 　　　Mat M(2, 2, CV_32F, m);	根据 2 维数组创建 2×2 矩阵
Mat M(100, 100, CV_32FC2, Scalar(1, 3));	创建一个 100×100 的 2 通道矩阵，第 1 个通道用 1 填充，第 2 个通道用 3 填充
M. create(300, 300, CV_8UC(15));	创建一个 300×300 的 15 通道矩阵
int sizes[3] = {7, 8, 9}; Mat M(3, sizes, CV_8U, Scalar::all(0));	创建多维数据，其维数为 3，每一维的尺度由 sizes 数组指定
Mat M = Mat::eye(7, 7, CV_32F);	创建一个 7×7 的单位矩阵，每个元素是 32 位浮点数
Mat M = Mat::zeros(7, 7, CV_64F);	创建一个 7×7 的零矩阵，每个元素是 64 位浮点数
Mat M = Mat::ones(7, 7, CV_64F);	创建一个 7×7 的 1 矩阵，每个元素是 64 位浮点数

表 2 - 10　访问 cv::Mat 类对象的元素

语　　法	描　　述
M. at<double>(i, j)	访问第 i 行，第 j 列的元素，元素类型为 double，注意计数从 0 开始
M. row(1)	访问第 1 行
M. col(3)	访问第 3 列
M. rowRange(1, 4)	访问第 1 行到第 4 行
M. colRange(1, 4)	访问第 1 列到第 4 列
M. rowRange(2, 5). colRange(1, 3)	访问第 2 行到第 5 行，第 1 列到第 3 列
M. diag()	访问对角线

表 2 - 11　cv::Mat 类对象的表达式

语　　法	描　　述
Mat M2 = M1. clone();	创建 M1 的复制数据 M2
Mat M2; M1. copyTo(M2);	将 M1 的数据复制到 M2
Mat M1 = Mat::zeros(9, 3, CV_32FC3); Mat M2 = M1. reshape(0, 3);	对 M1 的数据进行调整后生成 M2
Mat M2 = M1. t();	M1 的转置
Mat M2 = M1. inv();	M1 的逆
Mat M3 = M1 * M2;	M1 乘 M2
Mat M2 = M1 + s;	M1＋标量

2.5.4　读入、显示和存储图像

首先需要定义一个用于存储图像的变量，在 OpenCV 中，可通过定义 cv::Mat 类的对象来实现。定义图像变量的代码为：

cv::Mat image;

然后定义一个 0×0 的图像 image，可通过调用 cv::Mat 类的方法 size() 获得 image 的大小，它返回一个包含该图像高度和宽度的结构。代码如下：

std::cout << "size：" << image. size(). height << "，" << image. size(). width << std::endl;

调用 imread() 函数可以读取图像文件，该函数可用于读入图像文件并对其进行解码、分配内存。代码如下：

image= cv::imread("tiger. jpg");

在使用这个图像之前，应该先检查图像是否被正确读取(如是否找到该文件，该文件是否已损坏或是否为可识别的格式)。图像的有效性测试代码为：

if (! image. data)

{

```
// no image has been created...
```
　　}

cv∷Mat 类的成员变量 data 是一个指向包含图像数据的内存的指针。若读取成功，则不为 0。

　　为了显示图像，需要调用 cv∷namedWindow() 创建一个显示窗口：

cv∷namedWindow("Original Image");

　　然后调用 cv∷ imshow() 来显示图像：

cv∷imshow("Original Image", image);

　　定义另一个图像变量，用于存储处理后的结果：

cv∷Mat result;

　　调用 cv∷flip() 函数对 image 进行处理，其功能是翻转图像，并将结果存储在 result 中：

cv∷flip(image, result, 1); //正值表示水平翻转

// 0 表示垂直翻转

//负值表示两个方向同时翻转

　　创建显示处理后图像的窗口：

cv∷namedWindow("Output Image");

　　显示处理后的图像 result：

cv∷imshow("Output Image", result);

　　调用 cv∷imwrite() 函数存储处理后的图像 result：

cv∷imwrite("output. bmp", result);

　　在 cv∷imwrite() 函数调用中，实参中的扩展名决定了保存图像所使用的编码方式。

　　注意：所有 OpenCV 的 C++API 函数和类都定义在名字空间 cv 中，可用两种方式来引用函数和类，一种是用 using namespace cv;引入名字空间 cv。另一种是使用域运算符∷限定来使用名字空间 cv 中的名称。

　　完整的代码为：

```
# include <iostream>
# include <opencv2/core. hpp>
# include <opencv2/highgui. hpp>

using namespace std;
using namespace cv;

int main()
{
    Mat image, result;

    cout << "size：" << image. size(). height << " , "<< image. size(). width
<< endl;
```

```
image= imread("tiger. jpg");

if (! image. data)
{
    cout << "read image file fail!" << endl;
}

namedWindow("Original Image");
imshow("Original Image", image);

flip(image,result,1);

namedWindow("Output Image");
imshow("Output Image", result);

imwrite("output. bmp", result);

waitKey(0);

return 0;
}
```

2.5.5　操作图像像素

任何图像处理算法都是从操作每个像素开始的。OpenCV 提供了 3 种访问像素的方法：at 方法、使用迭代器、使用指针。

下面，以减少图像中颜色数量的操作为例，说明像素操作方法。设原图像为 256 种颜色，希望将它变成 64 种颜色，则只需要将原来的颜色除以 4(整除)以后再乘以 4 就可以实现该操作。

1. at 方法

cv::Mat 提供了一个 at(int y, int x)函数模板来操作指定位置的矩阵元素，在使用时需要指定函数返回的数据类型，如：

image. at<uchar>(j,i)= 255;

image. at<cv::Vec3b>(j,i)[channel]= value;

采用 at 方法实现减少图像中颜色数量操作的函数可设计为：

```
void colorReduce(Mat& inputImage, Mat& outputImage, int div)
{
    outputImage = inputImage. clone();
    int rows = outputImage. rows;
    int cols = outputImage. cols;
```

```
for(int i = 0;i < rows;i++)
{
    for(int j = 0;j < cols;j++)
    {
        outputImage. at<Vec3b>(i,j)[0] = outputImage. at<Vec3b>(i,j)[0]/
div * div + div/2;
        outputImage. at<Vec3b>(i,j)[1] = outputImage. at<Vec3b>(i,j)[1]/
div * div + div/2;
        outputImage. at<Vec3b>(i,j)[2] = outputImage. at<Vec3b>(i,j)[2]/
div * div + div/2;
    }
}
}
```

2. 使用迭代器

类似于 STL 库的用法，OpenCV 可以采用迭代器实现像素的操作。同样，在使用迭代器时需要指定返回的数据类型，如：

cv∷MatIterator_<cv∷Vec3b> it;

cv∷Mat_<cv∷Vec3b>∷iterator it;

采用迭代器实现减少图像中颜色数量操作的函数可设计为：

```
void colorReduce(Mat& inputImage，Mat& outputImage，int div)
{
    outputImage = inputImage. clone();
    //模板必须指明数据类型
    Mat_<Vec3b>∷iterator it = inputImage. begin<Vec3b>();
    Mat_<Vec3b>∷iterator itend = inputImage. end<Vec3b>();
    //也可以通过指明 cimage 类型的方法不写 begin 和 end 的类型
    Mat_<Vec3b> cimage= outputImage;
    Mat_<Vec3b>∷iterator itout = cimage. begin();
    Mat_<Vec3b>∷iterator itoutend = cimage. end();
    for(;it != itend;it++,itout++)
    {
        ( * itout)[0] = ( * it)[0]/div * div + div/2;
        ( * itout)[1] = ( * it)[1]/div * div + div/2;
        ( * itout)[2] = ( * it)[2]/div * div + div/2;
    }
}
```

3. 使用指针

cv∷Mat 提供了一个 ptr(int i)函数模板以获取指定行数据的首地址。利用这一地址即可实现像素的操作。同样，在使用 ptr(int i)函数时需要指定返回的数据类型，如：

image. ptr<uchar>(i)；

采用 ptr 函数实现减少图像中颜色数量操作的函数可设计为：

```
void colorReduce(Mat& inputImage，Mat& outputImage，int div)
{
    outputImage = inputImage. clone()；
    int rows = outputImage. rows；
    int cols = outputImage. cols * outputImage. channels()；
    for(int i = 0；i < rows；i++)
    {
        uchar * data = inputImage. ptr<uchar>(i)；
        uchar * dataout = outputImage. ptr<uchar>(i)；
        for(int j = 0；j < cols；j++)
        {
            dataout[j] = dataout[j]/div * div + div/2；
        }
    }
}
```

通常若图像宽度占有的字节数不是 4 或 8 的整数倍时，会在每行进行数据补齐。然而，若图像在行上不需要进行数据补齐时，则一幅图像可以看作是一个一维数组，cv∷Mat 类提供了一个 isContinuous 函数以检测图像是否采用了数据补齐，若没有采用补齐数据，则该函数返回 true。

对于上述连续图像，可以使用单层循环以提高程序运行的效率。代码如下：

```
void colorReduce(Mat& inputImage，Mat& outputImage，int div)
{
    outputImage = inputImage. clone()；
    int rows = outputImage. rows；
    int cols = outputImage. cols * outputImage. channels()；
    if (outputImage. isContinuous())
    {
        cols = cols * rows；
        rows = 1； //1 维数组
    }

    for(int i = 0；i < rows；i++)
    {
        uchar * data = inputImage. ptr<uchar>(i)；
        uchar * dataout = outputImage. ptr<uchar>(i)；
        for(int j = 0；j < cols；j++)
```

```
        {
            dataout[j] = dataout[j]/div * div + div/2;
        }
    }
}
```

另外，作为 cv::Mat 类底层的指针操作接口，cv::Mat 类 data 属性是一个指向数据区的无符号字符型指针，因此，可以采用如下代码实现指向数据区的操作：

uchar * data= image. data;

将指针移动至下一行可利用 cv::Mat 类 step 属性，代码如下：

data+= image. step;

因此，对于第 j 行，第 i 列的像素，可以采用如下代码获取其地址：

data= image. data+j * image. step+i * image. elemSize();

采用 data 指针实现减少图像中颜色数量操作的函数可设计为：

```
void colorReduce(Mat& inputImage, Mat& outputImage, int div)
{
    outputImage = inputImage. clone();
    int rows = outputImage. rows;
    int cols = outputImage. cols;

    uchar * dataout = outputImage. data;
    for(int i = 0; i < rows; i++)
    {
        for(int j = 0; j < cols; j++)
        {
            * dataout = * dataout/div * div + div/2;
            dataout++;
        }
    }
}
```

注意：OpenCV 中的彩色图像不是以 RGB 的顺序存放，而是以 BGR 顺序存放的，所以程序中的 outputImage. at<Vec3b>(i,j)[0]代表的是该点的 B 分量。同理还有(* it)[0]。

4. 整行整列像素值的赋值

对于整行或者整列的数据，可以考虑如下方式处理：

img. row(i). setTo(Scalar(255));

img. col(j). setTo(Scalar(255));

2.5.6　图形交互和媒体接口 HighGUI

OpenCV 提供了功能强大的 UI 接口，可以在 MFC、Qt、WinForms、Cocoa 等平台下使用。新版本的 HighGUI 接口功能包括：

（1）创建并控制窗口，用于显示图片并记录其内容；

（2）为窗口添加了滑杆控件（trackbars 控件），可以方便地利用鼠标、键盘进行控制。

UI 接口函数主要包括 createTrackbar、getTrackbarPos、setTrackbarPos、imshow、namedWindow、destroyWindow、destroyAllWindows、MoveWindow、ResizeWindow、SetMouseCallback、waitKey。这些函数提供了图像的显示、tarckbar 的控制和鼠标键盘的响应功能。

1. 回调函数

回调函数是指当一个事件（如滑杆控件的滑块滑动、鼠标操作、键盘操作等）发生时自动调用的函数。

2. 滑杆控件 trackbars

创建滑杆控件的函数原型是：

int createTrackbar（const string& trackbarname, const string& winname, int * value, int count，TrackbarCallback onChange＝0, void * userdata＝0）

其中：

trackbarname 是控件标签；

winname 是要添加滑杆控件的窗口名称；

value 是存储滑杆位置的变量地址，其范围是 0～alpha_slider_max；

count 是滑杆的最大值，其最小值总为 0；

onChange 是移动滑杆时调用的回调函数，应具备 void Foo(int,void *)；的形式，其中，第 1 个参数是滑块当前的位置，第 2 个参数是用户的数据；

userdata 是需要传递给回调函数的数据。

使用滑杆控件进行操作的代码如下：

```cpp
#include <iostream>
#include <opencv2/core.hpp>
#include <opencv2/highgui.hpp>

using namespace std;
using namespace cv;

//全局变量
const int slider_max = 64;
int slider;
Mat image;
Mat result;

void colorReduce(Mat& inputImage, Mat& outputImage, int div);
void on_trackbar(int pos, void * );
```

```
int main()
{
    image = imread("tiger.jpg");

    namedWindow("源图像");
    namedWindow("显示结果");

    slider = 0;
    createTrackbar("ColorReduce", "显示结果", &slider, slider_max, on_trackbar);

    imshow("源图像", image);
    imshow("显示结果", image);

    waitKey(0);
}

void colorReduce(Mat& inputImage, Mat& outputImage, int div)
{
    outputImage = inputImage.clone();
    int rows = outputImage.rows;
    int cols = outputImage.cols * outputImage.channels();
    if (outputImage.isContinuous())
    {
        cols = cols * rows;
        rows = 1;  // 1 维数组
    }

    for(int i = 0; i < rows; i++)
    {
        //uchar * data = inputImage.ptr<uchar>(i);
        uchar * dataout = outputImage.ptr<uchar>(i);
        for(int j = 0; j < cols; j++)
        {
            dataout[j] = dataout[j]/div * div + div/2;
        }
    }
}

// trackbar 事件的回调函数
```

```
void on_trackbar(int pos, void * )
{

    if(pos <= 0)
        result = image;
    else
        colorReduce(image, result, pos);

    imshow("显示结果", result);
}
```

执行结果如图 2-25 所示。

2-25　滑杆控件

3. 鼠标操作回调函数

设置鼠标操作回调函数的函数原型为：

void setMouseCallback(const string& winname, MouseCallback onMouse, void * userdata=0)

其中：

winname 是拟添加回调函数窗口的名称；

onMouse 是鼠标操作回调函数，该函数的原型为：

void Foo(int event, int x, int y, int flags, void * param);

其中：event 是 EVENT_ * 变量之一；x 和 y 是鼠标指针在图像坐标系(不是窗口坐标系)的坐标；flags 是 EVENT_FLAG 的组合；param 是用户定义的传递到 setMouseCallback 函数调用的参数。

userdata 是需要传递给回调函数的数据。

例如，使用鼠标在原图像上选取感兴趣区域(Region of Interest in an Image，ROI)的代码为：

#include <iostream>

```cpp
#include <opencv2/highgui.hpp>
#include <opencv2/imgproc.hpp>

using namespace std;
using namespace cv;


//全局变量
//鼠标按键标志
bool ldown = false, lup = false;
//原始图像
Mat img;
//矩形起始点和终点坐标
Point corner1, corner2;
//感兴趣区域
Rect box;

//鼠标事件回调函数
static void mouse_callback(int event, int x, int y, int, void * )
{
    //当鼠标左键按下时，记录其状态和坐标
    if(event == EVENT_LBUTTONDOWN)
    {
        ldown = true;
        corner1.x = x;
        corner1.y = y;
        cout << "Corner 1 recorded at " << corner1 << endl;
    }


    //当鼠标左键放开时，记录其状态和坐标
    if(event == EVENT_LBUTTONUP)
    {
        //判断选取的 ROI 区域是否大于 20 个像素
        if(abs(x - corner1.x) > 20 && abs(y - corner1.y) > 20)
        {
            lup = true;
            corner2.x = x;
            corner2.y = y;
            cout << "Corner 2 recorded at " << corner2 << endl << endl;
        }
    }
```

```
        else
        {
            cout << "Please select a bigger region" << endl;
            ldown = false;
        }
    }


    //当移动鼠标时，更新选择区域，并绘制矩形选择区域图形
    if(ldown == true && lup == false)
    {
        Point pt;
        pt. x = x;
        pt. y = y;
        Mat local_img = img. clone();
        rectangle(local_img, corner1, pt, Scalar(0, 0, 255));
        imshow("Cropping app", local_img);
    }


    //定义 ROI 区域，并对原图像进行裁减
    if(ldown == true && lup == true)
    {
        box. width =abs(corner1. x — corner2. x);
        box. height =abs(corner1. y — corner2. y);
        box. x =min(corner1. x, corner2. x);
        box. y =min(corner1. y, corner2. y);

        //对原图像进行裁减，并生成新图像
        Matcrop(img, box);
        namedWindow("Crop");
        imshow("Crop", crop);

        ldown = false;
        lup = false;
    }
}


int main()
{
    img = imread("tiger. jpg");
```

```
namedWindow("Cropping app");
imshow("Cropping app", img);

//设置鼠标事件回调函数
setMouseCallback("Cropping app", mouse_callback);

// Exit by pressing 'q'
while(char(waitKey(1)) != 'q')
{
}

return 0;
}
```

4. 键盘响应函数

设置键盘响应操作的函数原型为：

int waitKey(int delay=0);

当 delay≤0 时，会永久等待；当 delay>0 时表示等待 delay 毫秒，返回所按下键的扫描码；若未按下任何键，则返回-1。

习　　题

1. 试述模拟图像 $f(x, y)$ 和数字图像 $g(i, j)$ 中变量的含义，它们有何联系与区别？

2. 在数字化一幅图像时，应注意哪方面的问题？

3. 在学习和生活中，你见过哪些数字化设备？它们的主要用途是什么？

4. 常见的图像文件格式有哪些？它们各有何特点？

5. 扫描或用数码相机拍摄一幅照片保存在计算机中，用 GIMP 等软件将其分别保存为 BMP、GIF 和 JPG 格式，比较图像质量和图像文件大小。

6. 简述图像文件的一般结构。

7. 试述 BMP 图像格式文件中调色板的作用。

8. 试用你掌握的程序设计语言，编写读取 BMP 图像文件的程序。

9. 试编程读取一幅 PGM 图像格式文件。

10. 试比较 BMP 文件与 PBM、PGM、PPM 图像文件格式的异同。

第 2 章习题答案

第3章　图　像　增　强

　　图像增强的目的是改善图像的视觉效果或使图像更适合于人或机器的分析处理。通过图像增强,可以减少图像噪声,提高目标与背景的对比度,也可以强调或抑制图像中的某些细节。例如,消除照片中的划痕,改善光照不均匀的图像,突出目标的边缘等。根据处理的空间可以将图像增强分为空域增强和频域增强,前者直接在图像的空间域(或称图像空间)对像素进行处理,后者在图像的变换域内(即频域内)间接处理,然后经逆变换获得增强图像。空域增强可以分为点处理和区处理,频域增强可以分为低通滤波、高通滤波、带通/带阻滤波和同态滤波。本章将介绍灰度变换、直方图修正、图像平滑、图像锐化和伪彩色处理等内容。

3.1　灰　度　变　换

灰度变换

　　空域增强是指在由像素组成的空间直接对像素进行增强的方法,可表示为

$$g(x, y) = T[f(x, y)] \qquad (3-1)$$

式中:$f(x, y)$是增强前的图像;$g(x, y)$是增强后的图像;T是对f的增强操作,可以作用于(x, y)处的单个像素,也可以作用于该像素的邻域,还可以作用于一系列图像在该点处的像素集合。

　　若操作是在像素的某个邻域内进行的,即某个像素的输出与该像素及其邻域的输入有关,则称为区处理。区处理一般是基于模板卷积实现的,因此又称为模板操作或空域滤波。若操作是在单个像素上进行的,即某个像素的输出只与该像素的输入有关,则称其为点处理。若输入输出均为灰度值,则称这种点处理为灰度变换。

　　灰度变换就是把原图像的像素灰度经过某个函数变换成新图像的灰度。常见的灰度变换法有直接灰度变换法和直方图修正法。直接灰度变换法可以分为线性变换、分段线性变换以及非线性变换。直方图修正法可以分为直方图均衡化和直方图规定化。

3.1.1　线性变换

　　假定原图像 $f(x, y)$ 的灰度范围为 $[a, b]$,希望变换后图像 $g(x, y)$ 的灰度范围扩展至 $[c, d]$,则灰度线性变换可表示为

$$g(x, y) = \frac{d-c}{b-a}[f(x, y) - a] + c \qquad (3-2)$$

增强图像对比度实际是增强图像中各部分之间的反差，通常通过改变图像中两个灰度值间的动态范围来实现，有时也称其为对比度拉伸。如图 3-1 所示，若变换后的灰度范围大于变换前的灰度范围，尽管变换前后像素个数不变，但不同像素间的灰度差变大，因而对比度增强，图像更加清晰。对于 8 位灰度图像，若 $a=d=255$ 且 $b=c=0$，则使图像负像，即黑变白，白变黑。当感兴趣的目标处于低灰度范围时，则可以利用负像增强图像效果。若图像总的灰度级数为 L，其中大部分像素的灰度级分布在 $[a,b]$，小部分像素的灰度级超出了此区间，则可以在 $[a,b]$ 区间内作线性变换，超出此区间的灰度可以变换为常数或保持不变。在图 3-2 中，图(a)是输入图像，图(b)是图(a)的负像，图(c)和图(d)将输入图像的灰度范围 $[0,128]$ 分别拉伸到 $[0,255]$ 和 $[64,255]$，由图可见，该方法增强了低灰度像素的视觉效果。

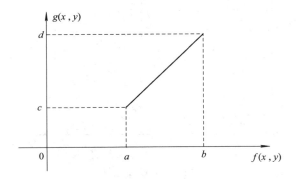

图 3-1　灰度线性变换

(a) 原始图像　　　　　　　　　　　　(b) [2, 255]→[255, 0]

(c) [0, 128]→[0, 255]　　　　　　　　(d) [0, 128]→[64, 255]

图 3-2　灰度线性变换示例

3.1.2　分段线性变换

为了突出感兴趣的灰度区间，相对抑制那些不感兴趣的灰度区间，可采用分段线性变

换。常用的 3 段线性变换如图 3-3 所示，L 表示图像总的灰度级数，其数学表达式为

$$g(x, y) = \begin{cases} \dfrac{c}{a}f(x, y), & 0 \leqslant f(x, y) < a \\ \dfrac{d-c}{b-a}[f(x, y) - a] + c, & a \leqslant f(x, y) < b \\ \dfrac{L-1-d}{L-1-b}[f(x, y) - b] + d, & b \leqslant f(x, y) < L \end{cases} \quad (3-3)$$

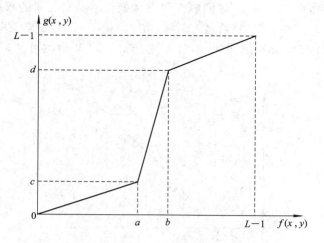

图 3-3 分段线性变换

通过调整折线拐点的位置以及控制分段直线的斜率可对任一灰度区间进行扩展或压缩。例如，当$[a, b]$之间的变换直线斜率大于 1 时，该灰度区间的动态范围增加，即增强了对比度，而另外两个区间的动态范围则被压缩了。当$a=b$，$c=0$，$d=L-1$ 时，式(3-3)就变成一个阈值函数，变换后将会产生一个二值图像。在图 3-4 中，图(c)是经由图(b)的分段线性变换对图(a)的变换结果，它保持低灰度像素不变，增强了中间灰度的对比度，并压缩了高灰度的动态范围。

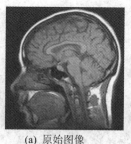
(a) 原始图像

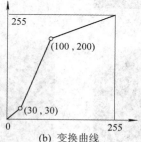
(b) 变换曲线

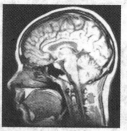
(c) 输出图像

图 3-4 分段线性变换示例

3.1.3 非线性变换

非线性变换采用非线性变换函数，以满足图像获取、显示和打印等特殊的处理需求。典型的非线性变换函数有幂函数、对数函数、指数函数、阈值函数、多值量化函数和窗口

函数等。阈值函数、多值量化函数、窗口函数如图 3-5 所示，r 和 s 分别为变换前后图像的灰度，实际上它们都可以归为阈值函数，即把某个灰度范围映射为一个固定的灰度值，其目的是为了突出感兴趣的区域。

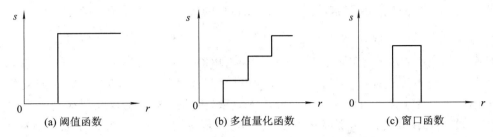

(a) 阈值函数　　　　　　　(b) 多值量化函数　　　　　　　(c) 窗口函数

图 3-5　突出感兴趣区域的非线性变换函数

　　图 3-6 是增强图像视觉效果的非线性变换函数。图 3-6(a) 是对数函数、指数函数与幂函数的变换曲线，图 3-6(b) 则是根据用户指定的控制点而拟合出的样条曲线，它为增强图像的视觉效果提供了更加灵活的控制方式。图 3-6(b) 中的曲线扩展了暗像素与亮像素的灰度范围，压缩了中间灰度范围。

　　对数变换一般可表示为

$$g(x,\ y) = a + \frac{\lg[f(x,\ y) + 1]}{c \cdot \lg b} \qquad (3-4)$$

式中：a、b、c 是为调整变换曲线的位置和形状而引入的参数。对数变换使得图像的低灰度范围得以扩展而高灰度范围得以压缩，变换后的图像更加符合人的视觉效果，因为人眼对高亮度的分辨率要高于对低亮度的分辨率。指数变换的效果则与之相反，一般可表示为

$$g(x,\ y) = b^{c[f(x,\ y)-a]} - 1 \qquad (3-5)$$

　　幂律变换一般可表示为

$$g(x,\ y) = c[f(x,\ y)]^{\gamma} \qquad (3-6)$$

式中：c、γ 是正常数。不同的 γ 系数对灰度变换具有不同的响应。若 γ 小于 1，它对灰度进行非线性放大，使得图像的整体亮度提高，且对低灰度的放大程度大于高灰度的放大程度，这样就导致图像的低灰度范围得以扩展而高灰度范围得以压缩。若 γ 大于 1，则相反。

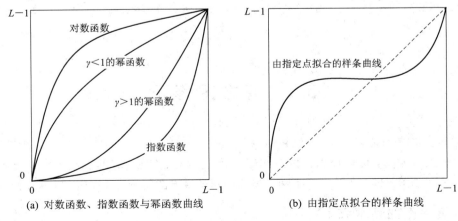

(a) 对数函数、指数函数与幂函数曲线　　　　　(b) 由指定点拟合的样条曲线

图 3-6　增强视觉效果的非线性变换函数

图像获取、打印和显示等设备的输入、输出响应通常为非线性的，满足幂律关系。为了得到正确的输出结果而对这种幂律关系进行校正的过程称之为 γ 校正。例如，阴极射线管显示器的输入强度与输出电压之间具有幂律关系，其 γ 值约为 $1.8 \sim 2.5$，它显示的图像往往比期望的图像更暗。为了消除这种非线性转换的影响，可以在显示之前对输入图像进行相反的幂律变换，即若 $\gamma = 2.5$ 且 $c = 1$，则以 $\hat{g}(x, y) = f(x, y)^{1/2.5}$ 进行校正。于是，校正后的输入图像经显示器显示后其输出与期望输出相符，即 $g(x, y) = \hat{g}(x, y)^{2.5} = f(x, y)$。

幂律变换与对数变换都可以扩展或压缩图像的动态范围。相比而言，幂律变换灵活性更强，它只需改变 γ 值就可以达到不同的增强效果。但是，对数变换在压缩动态范围方面更有效。例如，图像的傅里叶频谱的动态范围太大(可达到 10^6)，且频谱系数大小悬殊，需要压缩动态范围才能显示。若按比例压缩到 $[0, 255]$，则只有部分低频系数显示为高灰度，绝大部分高频系数显示为低灰度。若经对数变换再进行比例缩放，则可以缩小频谱系数差距，以显示出更多的高频系数。

灰度变换曲线一般都是单调的，保证了变换前后从黑到白的顺序不变。有时为了特殊需要，也可使用非单调曲线，但在某些领域，如放射学，则必须谨慎，不能改变有意义的灰度。

图 3-7(a)中的图像较暗，且中间稍暗的部分对比度较低。通过对数变换和 γ 小于 1 的幂律变换，均可增强低亮度像素的对比度，使整体亮度也得到提高，如图 3-7(b)和图 3-7(c)所示。图 3-7(d)是 $\gamma = 2.0$ 的幂律变换结果，虽然图像的整体亮度降低了，但高亮度部分的对比度得到了增强，突出了右上部分的边缘。

 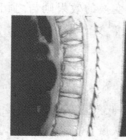  

(a) 原始图像　　　　(b) 对数变换结果　　　　(c) $\gamma = 0.4$ 的幂律变换　　　　(d) $\gamma = 2.0$ 的幂律变换

图 3-7　非线性变换示例

3.2　直方图修正

图像直方图是对像素的某种属性(如灰度、颜色、梯度等)分布进行统计分析的重要手段。通过修正直方图，可以增强图像对比度；通过分析直方图，有助于确定图像分割阈值；直方图还可用于图像匹配等操作。下面主要介绍灰度直方图的概念、性质、计算和修正方法。

3.2.1　直方图的基本概念

灰度直方图是灰度级的函数，它反映了图像中每一灰度级出现的次数或频率。对于数字图像，灰度直方图是一维离散函数 $H(r_k)=n_k$，除以图像像素总数可以得到归一化直方图：

$$p_r(r_k)=\frac{n_k}{n}, \quad k=0, 1, 2, \cdots, L-1 \qquad (3-7)$$

式中：n 是图像的像素总数；L 是灰度级的总数；r_k 表示第 k 个灰度级；n_k 为第 k 级灰度的像素数；$p_r(r_k)$ 表示该灰度级出现的频率，它是对该灰度级出现可能的统计。

从灰度直方图可以看出图像的灰度分布特性。例如，在图 3-8 中，图(a)的像素灰度集中于低灰度级，对应偏暗的图像，可能是成像过程中曝光不足所致；图(b)的像素灰度集中于高灰度级，对应偏亮的图像，可能是成像过程中曝光过度所致；图(c)的像素灰度分布范围较小，即动态范围较窄，图像对比度不明显；图(d)的像素灰度分布范围较大，即动态范围较宽，图像对比度较好。直方图修正以概率统计理论为基础，通过改变直方图的形状可以达到增强图像对比度的效果，常用的方法有直方图均衡化和直方图规定化。

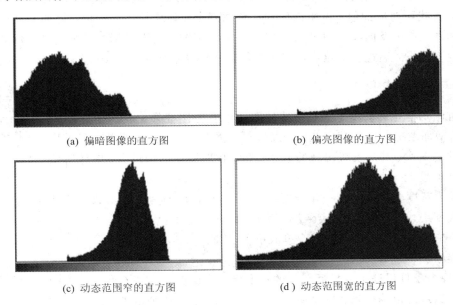

(a) 偏暗图像的直方图　　　　　　　　(b) 偏亮图像的直方图

(c) 动态范围窄的直方图　　　　　　　(d) 动态范围宽的直方图

图 3-8　不同灰度分布的直方图

3.2.2　直方图的性质

由定义可知，灰度直方图具有以下 3 个重要性质：

(1) 灰度直方图是一幅图像中各灰度级出现频率的统计结果，未反映某一灰度级像素所在位置，即丢失了位置信息。也就是说，图像的灰度直方图与图像的旋转、平移等操作无关。

(2) 一幅图像对应一个灰度直方图，但不同的图像可能有相同的直方图。也就是说，图像与灰度直方图之间是一种多对一的映射关系。

(3) 灰度直方图具有可加性，即整幅图像的直方图等于所有不重叠子区域的直方图之和。

3.2.3　直方图的计算

设大小为 $M \times N$ 的图像灰度级为 L，则其灰度直方图 pHist 可用如下算法得到：

(1) 初始化：pHist$[k]=0$；$k=0,\cdots,L-1$。

(2) 统计：pHist$[f(i,j)]++$；$i=0,\cdots,M-1$；$j=0,\cdots,N-1$。

(3) 归一化：pHist$[f(i,j)]/M \times N$。

其中，$f(i,j)$ 表示 (i,j) 处像素的灰度值。直方图的归一化是一个可选项，若不需要特殊处理可以不进行此项操作。

在直方图匹配等操作中，有时为了简化计算，常将像素值(如灰度、颜色等)沿水平轴划分为若干个子区间，每个子区间称为直方图的一个箱格(bin)，bin 的值是落入该子区间的像素总数或频率。在 OpenCV 中，可用 calcHist() 函数计算直方图，可用 calcBackProject() 函数实现反向投影。图像的反向投影(Back Projection)是指根据像素点或像素块的特征在指定直方图上查找所对应的值，再用该值替代该像素点或像素块中心的值，得到一个单通道的反向投影图，这个反向投影图可以看作是一个概率图，用于目标或区域检测。例如，给定一个肤色直方图，通过反向投影可以寻找图像中的肤色区域。

3.2.4　直方图均衡化

直方图均衡化

直方图均衡化的基本思想是把原始图像的直方图变换为均匀分布的形式，从而增加图像灰度的动态范围，以达到增强图像对比度的效果。经过均衡化处理的图像，其灰度级出现的概率相同，此时图像的熵最大，图像所包含的信息量最大。

设 r 为灰度变换前的归一化灰度级($0 \leqslant r \leqslant 1$)，$T(r)$ 为变换函数，$s=T(r)$ 为变换后的归一化灰度级($0 \leqslant s \leqslant 1$)，变换函数 $T(r)$ 满足下列条件：

(1) 在 $0 \leqslant r \leqslant 1$ 区间内，$T(r)$ 单值单调增加；

(2) 对于 $0 \leqslant r \leqslant 1$，有 $0 \leqslant T(r) \leqslant 1$。

第(1)个条件保证了变换后图像的灰度级从黑到白的次序不变。第(2)个条件保证了变换前后图像灰度范围一致。反变换 $r=T^{-1}(s)$ 也应满足类似的条件。

由概率论知识可知，如果已知随机变量 ξ 的概率密度函数为 $p_r(r)$，而随机变量 η 是 ξ 的函数，即 $\eta=T(\xi)$，η 的概率密度为 $p_s(s)$，则可由 $p_r(r)$ 求出 $p_s(s)$。因为 $s=T(r)$ 是单调增加的，因而它的反函数 $r=T^{-1}(s)$ 也是单调增加函数。可以求得随机变量 η 的分布函数为

$$F_\eta(s) = P(\eta < s) = P(\xi < r) = \int_{-\infty}^{r} p_r(x) \, \mathrm{d}x \tag{3-8}$$

对(3-8)式两边求导，即可得到随机变量 η 的概率密度函数 $p_s(s)$ 为

$$p_s(s) = \left[p_r(r) \cdot \frac{\mathrm{d}r}{\mathrm{d}s} \right]_{r=T^{-1}(s)} \tag{3-9}$$

若要使变换后的图像灰度 s 为均匀分布，即有 $p_s(s)=1$，代入(3-9)式可得 $\mathrm{d}s = p_r(r) \, \mathrm{d}r$，对其两边积分可得到变换函数 $T(r)$ 为

$$T(r) = s = \int_{0}^{r} p_r(\omega) \, \mathrm{d}\omega \tag{3-10}$$

式中：ω 是积分变量；$\int_0^r p_r(\omega)\,\mathrm{d}\omega$ 是 r 的累积分布函数(Cumulative Distribution Function, CDF)。

容易证明，以 CDF 为灰度变换函数，可得到灰度分布均匀的图像，即变换后的概率密度为 1。利用式(3-10)对 r 求导得到 $\mathrm{d}s/\mathrm{d}r = p_r(r)$，代入(3-9)式即可得：

$$
\begin{aligned}
p_s(s) &= \left[p_r(r) \cdot \frac{\mathrm{d}r}{\mathrm{d}s} \right]_{r=T^{-1}(s)} \\
&= \left[p_r(r) \cdot \frac{1}{\mathrm{d}s/\mathrm{d}r} \right]_{r=T^{-1}(s)} \\
&= \left[p_r(r) \cdot \frac{1}{p_r(r)} \right] = 1
\end{aligned} \tag{3-11}
$$

直方图均衡化以 CDF 作为变换函数来修正直方图，其结果扩展了灰度的动态范围。

例如，设一幅图像的概率密度函数为

$$
p_r(r) = \begin{cases} -2r+2, & 0 \leqslant r \leqslant 1 \\ 0, & \text{其他} \end{cases}
$$

用式(3-10)求其变换函数，即其 CDF 为

$$
s = T(r) = \int_0^r p_r(\omega)\,\mathrm{d}\omega = \int_0^r (-2\omega+2)\,\mathrm{d}\omega = -r^2 + 2r
$$

按照上面的关系变换后得到的灰度是均匀分布的，其灰度层次较为适中，比原始图像清晰，变换前后的概率密度以及累积分布函数如图 3-9 所示。

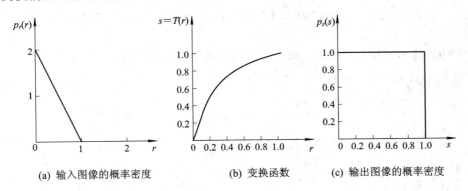

(a) 输入图像的概率密度　　(b) 变换函数　　(c) 输出图像的概率密度

图 3-9 连续图像的直方图均衡化

在离散情况下，可用频率 $p_r(r_k)$（见式(3-7)）近似代替概率。式(3-10)的离散形式（有时称之为累积直方图）可以表示为

$$
s_k = T(r_k) = \sum_{j=0}^{k} \frac{n_j}{n} = \sum_{j=0}^{k} p_r(r_j), \quad 0 \leqslant r_j \leqslant 1;\ k=0,1,\cdots,L-1 \tag{3-12}
$$

当然，在对实际的数字图像进行处理时，变换前后的灰度 r_k 和 s_k 均为整数，需要用 $s_k = \mathrm{int}[(L-1)s_k + 0.5]$ 将式(3-12)的变换结果 s_k 扩展到 $[0, L-1]$ 并取整。

例如，假定一幅大小为 64×64、灰度级为 8 个的图像，其灰度分布及均衡化结果如表 3-1 所示，均衡化前后的直方图及变换用的累积直方图如图 3-10 所示，则其直方图均衡化的处理过程如下。

表 3 - 1　　数字图像的直方图均衡化

k	r_k	n_k	$p_r(r_k)$	$s_k = T(r_k)$	$s_k = \text{int}[(L-1)s_k + 0.5]$	$r_k \rightarrow s_k$	$p_s(s_k)$
0	0	790	0.19	0.19	0.19→1	0→1	—
1	1	1023	0.25	0.44	0.44→3	1→3	0.19
2	2	850	0.21	0.65	0.65→5	2→5	—
3	3	656	0.16	0.81	0.81→6	3→6	0.25
4	4	329	0.08	0.89	0.89→6	4→6	—
5	5	245	0.06	0.95	0.95→7	5→7	0.21
6	6	122	0.03	0.98	0.98→7	6→7	0.24
7	7	81	0.02	1	1→7	7→7	0.11

由式(3-12)可得到一组变换函数：

$$\begin{cases} s_0 = T(r_0) = \sum_{j=0}^{0} p_r(r_j) = p_r(r_0) = 0.19 \\[2mm] s_1 = T(r_1) = \sum_{j=0}^{1} p_r(r_j) = p_r(r_0) + p_r(r_1) = 0.44 \\[2mm] s_2 = T(r_2) = \sum_{j=0}^{2} p_r(r_j) = p_r(r_0) + p_r(r_1) + p_r(r_2) = 0.65 \end{cases}$$

依此类推：$s_3 = 0.81$，$s_4 = 0.89$，$s_5 = 0.95$，$s_6 = 0.98$，$s_7 = 1.0$。变换函数如图 3 - 10(b)所示。

由于输入输出灰度均为整数，因此将上述变换结果扩展至[0,7]并取整，可得：

$$s_0 \approx 1, \quad s_1 \approx 3, \quad s_2 \approx 5, \quad s_3 \approx 6, \quad s_4 \approx 6, \quad s_5 \approx 7, \quad s_6 \approx 7, \quad s_7 \approx 7$$

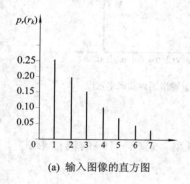

(a) 输入图像的直方图

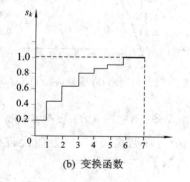

(b) 变换函数

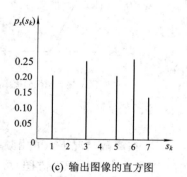

(c) 输出图像的直方图

图 3 - 10　数字图像的直方图均衡化

由图 3 - 10(c)可见，变换后的图像只有 5 个灰度级，分别是 1、3、5、6、7。原直方图中几个相对频数较低的灰度级被归并到一个新的灰度级上，变换后的灰度级减少了，这种现象叫做"简并"。虽然存在简并现象，但灰度级间隔增大了，因而增加了图像对比度，即图像有较大反差，许多细节可以看得更加清晰，有利于图像的分析和识别。

理论上，直方图均衡化后的直方图应该是平坦的，但由于不能将同一灰度级的像素映射到不同的灰度级，因而实际结果只是近似均衡。图 3 - 11(a)和 3 - 11(b)分别是一幅对比度较低的人脸图像及其直方图，其灰度分布的动态范围很窄。图 3 - 11(c)和(d)分别是直方图均衡化处理后的图像及其直方图，其灰度分布的动态范围变大，图像清晰。因此直方图均衡化对于对比度较弱的灰度图像增强效果明显。

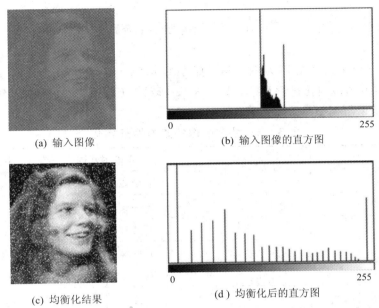

(a) 输入图像   (b) 输入图像的直方图

(c) 均衡化结果   (d) 均衡化后的直方图

图 3 - 11 直方图均衡化实例

3.2.5 直方图规定化

直方图均衡化能自动增强整个图像的对比度，但增强效果不易控制，处理得到的是全局均衡化的直方图。然而，实际应用中可能希望将直方图变换为某个特定的形状（规定的直方图），从而有选择地增强某个灰度范围内的图像对比度，这种方法就称为直方图规定化。直方图规定化可以借助直方图均衡化来实现。

设 $p_r(r_k)$ 和 $p_z(z_l)$ 分别表示原始直方图与规定直方图，灰度级数分别为 L_1 和 L_2（假定 $L_1 \geqslant L_2$），规定化处理后的直方图为 $p_s(s_k)$，则直方图规定化的步骤如下：

(1) 对原始直方图进行均衡化处理，得到映射关系 $r_k \rightarrow s_k$：

$$s_k = T(r_k) = \sum_{i=0}^{k} \frac{n_i}{n} = \sum_{i=0}^{k} p_r(r_i), \quad 0 \leqslant r_i \leqslant 1, \ k = 0, 1, \cdots, L_1 - 1$$

(2) 对规定直方图进行均衡化处理，得到映射关系 $z_l \rightarrow v_l$：

$$v_l = G(z_l) = \sum_{j=0}^{l} \frac{n_j}{n} = \sum_{j=0}^{l} p_z(z_j), \quad 0 \leqslant z_j \leqslant 1, \ l = 0, 1, \cdots, L_2 - 1$$

(3) 按照某种规则（如单映射规则和组映射规则）得到映射关系 $s_k \rightarrow v_l$，再由 $r_k \rightarrow s_k$ 得到 $r_k \rightarrow v_l$，最后由 $z_l \rightarrow v_l$ 的逆变换 $v_l \rightarrow z_l$ 求出 $r_k \rightarrow z_l$ 的变换。

单映射规则：对于每个 s_k，找出使下式最小的 l，将 r_k 映射到 z_l：

$$|s_k - v_l| = \left| \sum_{i=0}^{k} p_r(r_i) - \sum_{j=0}^{l} p_z(z_j) \right|, \quad k = 0, 1, \cdots, L_1 - 1; \ l = 0, 1, \cdots, L_2 - 1$$

$$(3 - 13)$$

组映射规则：设有单调递增的整数函数 $I(l)$，对于每个 v_l，求出使下式最小的 $I(l)$：

$$|s_k - v_l| = \left| \sum_{i=0}^{I(l)} p_r(r_i) - \sum_{j=0}^{l} p_z(z_j) \right|, \quad k = 0, 1, \cdots, L_1 - 1; l = 0, 1, \cdots, L_2 - 1$$

$$(3-14)$$

若 $l=0$，则将 $k \in [0, I(0)]$ 范围内的 r_k 映射到 z_l；否则将 $k \in [I(l-1)+1, I(l)]$ 范围内的 r_k 映射到 z_l。

以图 3-10(a) 中的直方图为例，规定直方图 $p_z(z_l)$ 为：$p_z(3)=0.2$、$p_z(5)=0.5$、$p_z(7)=0.3$，直方图规定化过程及结果如表 3-2 所示。相对于单映射规则，组映射规则的直方图规定化结果与期望结果更接近。

表 3-2　数字图像的直方图规定化

r_k, z_l	$p_r(r_k)$	$p_z(z_l)$	$s_k = T(r_k)$	$v_l = G(z_l)$	单映射规则		组映射规则	
					$r_k \rightarrow z_l$	$p_s(s_k)$	$r_k \rightarrow z_l$	$p_s(s_k)$
0	0.19	—	0.19	—	$r_0 \rightarrow z_3$	0	$r_0 \rightarrow z_3$	0
1	0.25	—	0.44	—	$r_1 \rightarrow z_3$	0	$r_1 \rightarrow z_5$	0
2	0.21	—	0.65	—	$r_2 \rightarrow z_5$	0	$r_2 \rightarrow z_5$	0
3	0.16	0.2	0.81	0.2	$r_3 \rightarrow z_5$	0.44	$r_3 \rightarrow z_7$	0.19
4	0.08		0.89		$r_4 \rightarrow z_7$	0	$r_4 \rightarrow z_7$	
5	0.06	0.5	0.95	0.7	$r_5 \rightarrow z_7$	0.37	$r_5 \rightarrow z_7$	0.46
6	0.03		0.98		$r_6 \rightarrow z_7$	0	$r_6 \rightarrow z_7$	0
7	0.02	0.3	1	1	$r_7 \rightarrow z_7$	0.19	$r_7 \rightarrow z_7$	0.35

单映射规则的第(3)步计算过程如下：

对于 $k=0$，当 $l=3$ 时，使得 $|s_0 - v_3| = |0.19 - 0.2| = 0.01$ 最小，于是有 $r_0 \rightarrow z_3$；

对于 $k=1$，当 $l=3$ 时，使得 $|s_1 - v_3| = |0.44 - 0.2| = 0.24$ 最小，于是有 $r_1 \rightarrow z_3$；

对于 $k=2$，当 $l=5$ 时，使得 $|s_2 - v_5| = |0.65 - 0.7| = 0.05$ 最小，于是有 $r_2 \rightarrow z_5$；

同理，可以得到映射关系 $r_3 \rightarrow z_5$ 和 $r_4, r_5, r_6, r_7 \rightarrow z_7$。

组映射规则的第(3)步计算过程如下：

对于 v_3，当 $I(l)=0$ 时，使得 $|s_0 - v_3| = |0.19 - 0.2| = 0.01$ 最小，于是有 $r_0 \rightarrow z_3$；

对于 v_5，当 $I(l)=2$ 时，使得 $|s_2 - v_5| = |0.65 - 0.7| = 0.05$ 最小，于是有 $r_1, r_2 \rightarrow z_5$；

对于 v_7，当 $I(l)=7$ 时，使得 $|s_7 - v_7| = 0$ 最小，于是有 $r_3, r_4, r_5, r_6, r_7 \rightarrow z_7$。

3.3　图 像 平 滑

图像平滑的主要目的是消除噪声或模糊图像，去除小的细节或弥合目标间的缝隙。从信号频谱角度来看，信号缓慢变化的部分在频率域表现为低频，而迅速变化的部分表现为高频。如图像的边缘、跳跃以及噪声等灰度变化剧烈的部分代表图像的高频分量，而灰度变化缓慢的区域代表图像的低频分量。因此，可以在空间域或频率域通过低通滤波来减弱或消除高频分量而不影响低频分量以实现图像平滑。

3.3.1 图像噪声

噪声可以理解为"妨碍人们感觉器官对所接收的信源信息理解的因素"。图像在获取、存储、处理和传输过程中,会受到电气系统和外界干扰而存在一定程度的噪声。图像噪声使得图像模糊,甚至淹没图像特征,造成分析困难。噪声也可以理解为不可预测的随机误差,可以看作是随机过程,因而可以借用概率论与数理统计的方法来描述,如概率分布函数,概率密度函数,均值、方差和相关函数等。

1. 图像噪声的分类

(1)按照产生原因,图像噪声可分为外部噪声和内部噪声。由外部干扰引起的噪声为外部噪声,如外部电气设备产生的电磁波干扰、天体放电产生的脉冲干扰等。由系统电气设备内部引起的噪声为内部噪声,如内部电路的相互干扰。

(2)按照统计特性,图像噪声可分为平稳噪声和非平稳噪声。统计特性不随时间变化的噪声称为平稳噪声,统计特性随时间变化的噪声称为非平稳噪声。

(3)按照幅度分布,图像噪声可以分为高斯噪声、椒盐噪声等。幅度分布服从高斯分布的噪声称为高斯噪声。椒盐噪声也称为脉冲噪声,由随机分布的白点(盐噪声)和黑点(胡椒噪声)组成。

(4)按照噪声频谱,图像噪声可以分为白噪声和 $1/f$ 噪声等。功率谱密度在频域内均匀分布的噪声称为白噪声。功率谱密度与频率成反比的噪声称为 $1/f$ 噪声或粉红噪声。

(5)按噪声和信号之间的关系,图像噪声可分为加性噪声和乘性噪声。假定信号为 $S(t)$,噪声为 $n(t)$,如果混合叠加波形是 $S(t)+n(t)$ 形式,则称其为加性噪声;如果叠加波形为 $S(t)[1+n(t)]$ 形式,则称其为乘性噪声。加性噪声与信号强度不相关,而乘性噪声则与信号强度有关。为了分析处理方便,往往将乘性噪声近似认为是加性噪声,而且总是假定信号和噪声是互相独立的。

2. 图像噪声的特点

(1)噪声在图像中的分布和大小不规则,即具有随机性。

(2)噪声与图像之间一般具有相关性。例如,摄像机的信号和噪声相关,黑暗部分噪声大,明亮部分噪声小。又如,数字图像中的量化噪声与图像相位相关,图像内容接近平坦时,量化噪声呈现伪轮廓,但图像中的随机噪声会因为颤噪效应反而使量化噪声变得不是很明显。

(3)噪声具有叠加性。在串联图像传输系统中,各个串联部件引起的噪声叠加起来,会造成信噪比下降。

图像噪声会使得图像质量退化,使图像分析更加困难,因此,图像去噪是图像预处理的重要内容之一。常用邻域平均、中值滤波和图像平均等方法去除图像中的噪声,这些方法中将涉及模板卷积,故首先对其进行介绍。

3.3.2 模板卷积

模板操作是数字图像处理中常用的一种邻域运算方式,主要有卷积和

模板操作(卷积)

相关两种,可以实现图像平滑、图像锐化、边缘检测等功能。模板常用矩阵表示,可以是一幅图像、一个滤波器或一个窗口,定义了参与运算的中心元素和邻域元素的相对位置及相关系数。模板的中心元素(或称原点)表示将要处理的元素,一般取模板中心点,也可根据需要选取非中心点。

模板卷积(或相关)是指模板与图像进行卷积(或相关)运算,是一种线性滤波,其输出像素是输入邻域像素的线性加权和。模板卷积和相关分别定义为

$$g = f * h \Rightarrow g(i, j) = \sum_k \sum_l f(i-k, j-l)h(k, l) = \sum_k \sum_l f(k, l)h(i-k, j-l)$$

$$(3-15)$$

$$g = f \otimes h \Rightarrow g(i, j) = \sum_k \sum_l f(i+k, j+l)h(k, l) = \sum_k \sum_l f(k, l)h(i+k, j+l)$$

$$(3-16)$$

式中:f 为输入图像;h 为模板;g 为输出图像。

卷积与相关运算的主要区别在于卷积运算前需要将模板绕模板中心旋转180°,因其余运算过程一致而统称为模板卷积。模板卷积中的模板又称为卷积核,其元素称为卷积系数、模板系数或加权系数,其大小及排列顺序决定了对图像进行邻域处理的类型。模板卷积可以看作是对邻域像素进行加权求和的过程,基本步骤如下:

(1) 模板在输入图像上移动,让模板原点与某个输入像素 $f(i, j)$ 重合;

(2) 模板系数与模板下对应的输入像素相乘,再将乘积相加求和;

(3) 将第(2)步的运算结果赋予与模板原点对应像素的输出 $g(i, j)$。

图 3-12 是一个模板卷积示例,模板原点在模板中心。当模板原点移至输入图像的圆圈处时,卷积核与被其覆盖的区域(如图 3-12(a)中的内部实线矩形框)做点积,即 $0 \times 5 + (-1) \times 5 + 0 \times 8 + (-1) \times 5 + 0 \times 1 + 1 \times 7 + 0 \times 5 + 1 \times 6 + 0 \times 8 = 3$,将此结果赋予输出图像的对应像素(如图 3-12(c)的圆圈处)。模板在输入图像中逐像素移动并进行类似运算,即可得模板卷积结果(如图 3-12(c)所示)。

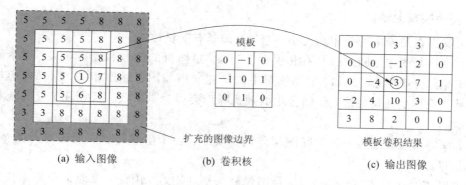

(a) 输入图像　　扩充的图像边界　　(b) 卷积核　　模板卷积结果　　(c) 输出图像

图 3-12　模板卷积示例

在模板操作中,需注意两个问题:

(1) 图像边界问题。当模板原点移至图像边界时,部分模板系数可能在原图像中找不到与之对应的像素。解决这个问题可以采用两种简单方法:一种方法是当模板超出图像边界时不作处理;另一种方法是扩充图像,可以复制原图像边界像素(如图 3-12(a)中的内部虚线部分)或利用常数来填充扩充的图像边界,使得在图像边界处也可计算。

(2) 计算结果可能超出灰度范围。例如，对于8位灰度图像，当计算结果超出 $[0,255]$ 时，可以简单地将其值置为0或255。

模板卷积是一种非常耗时的运算，尤其是当模板尺寸较大时。以 3×3 模板为例，每次模板运算需要9次乘法、8次加法和1次除法。与一幅 $n\times n$ 的图像进模板卷积时，就需要 $9n^2$ 个乘法，$8n^2$ 个加法和 n^2 个除法，算法复杂度为 $O(n^2)$。当模板尺寸增大且图像较大时，运算量急剧增加。因此，模板卷积时模板不宜太大，一般用 3×3 或 5×5 即可。另外，可以设法将二维模板分解为多个一维模板，可有效减少运算量。例如，下面的 3×3 高斯模板可以分解为一个水平模板和一个垂直模板（星号表示模板中心），即

$$\frac{1}{16}\begin{bmatrix} 1 & 2 & 1 \\ 2 & 4* & 2 \\ 1 & 2 & 1 \end{bmatrix} = \frac{1}{4}\begin{bmatrix} 1 \\ 2* \\ 1 \end{bmatrix} \times \frac{1}{4}\begin{bmatrix} 1 & 2* & 1 \end{bmatrix} = \frac{1}{16}\begin{bmatrix} 1 \\ 2* \\ 1 \end{bmatrix} \times \begin{bmatrix} 1 & 2* & 1 \end{bmatrix}$$

分解为两个模板后，完成一次模板运算需要6次乘法、4次加法、1次除法，乘法和加法运算量分别减少 $\frac{1}{3}$ 和 $\frac{1}{2}$。由此可见，当图像较大时，模板分解将使运算大为简化。

3.3.3 邻域平均

邻域平均法是一种线性低通滤波器，其思想是用与滤波器模板对应的邻域像素平均值或加权平均值作为中心像素的输出结果，以便去除突变的像素点，从而滤除一定的噪声。为了保证输出像素值不越界，邻域平均的卷积核系数之和为1。

图3-13是邻域平均法中常用的两个模板，图(a)为一个 3×3 Box模板，图(b)为一个 3×3 高斯模板。Box模板中加权系数均相同，邻域中各像素对平滑结果的影响相同。高斯模板是通过对二维高斯函数进行采样、量化并归一化得到的，它考虑了邻域像素位置的影响，距离当前被平滑像素越近的点，加权系数越大。加权的目的在于减轻平滑过程中造成的图像模糊。从平滑效果看，高斯模板比同尺寸的Box模板要清晰一些。通常所说的均值平滑（或均值滤波）是指使用Box模板的图像平滑，而高斯平滑则是指使用高斯模板的图像平滑。

$$\frac{1}{9}\begin{bmatrix} 1 & 1 & 1 \\ 1 & 1* & 1 \\ 1 & 1 & 1 \end{bmatrix} \qquad \frac{1}{16}\begin{bmatrix} 1 & 2 & 1 \\ 2 & 4* & 2 \\ 1 & 2 & 1 \end{bmatrix}$$

图3-13 常用的两个邻域平均模板

邻域平均法的主要优点是算法简单，但它在降低噪声的同时会使图像产生模糊，特别是在边缘和细节处。模板尺寸越大，则图像模糊程度越大。由于邻域平均法取邻域平均值，因而噪声也被平均到平滑图像中，它对椒盐噪声的平滑效果并不理想。

为解决邻域平均法造成图像模糊的问题，可采用阈值法、K邻点平均法、梯度倒数加权平滑法、最大均匀性平滑法、小斜面模型平滑法等，它们讨论的重点都在于如何选择邻域的大小、形状和方向，如何选择参加平均的点数以及邻域各点的权重系数等。

3.3.4 中值滤波

中值滤波是一种非线性滤波，它能在滤除噪声的同时很好地保持图像边缘。中值滤波的原理很简单，它把以某像素为中心的小窗口内的所有像

中值滤波

素的灰度按从小到大排序,取排序结果的中间值作为该像素的灰度值。为方便操作,中值滤波通常取含奇数个像素的窗口。例如,假设窗口内有 9 个像素的值为:65、60、70、75、210、30、55、100 和 140,从小到大排序后为:30、55、60、65、70、75、100、140、210,则取中值 70 作为输出结果。

中值滤波是统计排序滤波器(Order-Statistics Filters)的一种。统计排序滤波器先对被模板覆盖的像素按灰度排序,然后取排序结果中的某个值作为输出结果。若取最大值,则为最大值滤波器,可用于检测图像中最亮的点。若取最小值则为最小值滤波器,用于检测最暗点。

中值滤波具有许多重要性质,如:

(1) 不影响阶跃信号、斜坡信号,连续个数小于窗口长度一半的脉冲受到抑制,三角函数顶部变平。图 3-14 是使用宽度为 5 的窗口对离散阶跃函数、斜坡函数、脉冲函数以及三角形函数进行中值滤波和均值滤波的示例,左边一列为原波形,中间一列为均值滤波结果,右边一列为中值滤波结果。

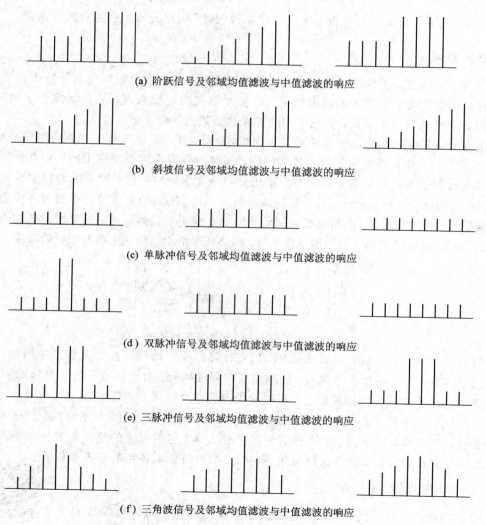

(a) 阶跃信号及邻域均值滤波与中值滤波的响应

(b) 斜坡信号及邻域均值滤波与中值滤波的响应

(c) 单脉冲信号及邻域均值滤波与中值滤波的响应

(d) 双脉冲信号及邻域均值滤波与中值滤波的响应

(e) 三脉冲信号及邻域均值滤波与中值滤波的响应

(f) 三角波信号及邻域均值滤波与中值滤波的响应

图 3-14 均值滤波和中值滤波对不同信号的响应

（2）中值滤波的输出与输入噪声的密度分布有关。对于高斯噪声，中值滤波效果不如均值滤波。对于脉冲噪声，特别是脉冲宽度小于窗口宽度的一半时，中值滤波效果较好。

（3）中值滤波频谱特性起伏不大，可以认为中值滤波后，信号频谱基本不变。

中值滤波的窗口形状和尺寸对滤波效果影响较大，往往根据不同的图像内容和不同的要求加以选择。常用的中值滤波窗口有线状、方形、圆形、十字形等。窗口尺寸选择时可以先试用小尺寸窗口，再逐渐增大窗口尺寸，直到滤波效果较好为止。就一般经验来讲，对于有缓变的较长轮廓线物体的图像，采用方形或圆形窗口为宜。对于包含有尖顶角物体的图像，用十字形窗口。窗口大小则以不超过图像中最小有效物体的尺寸为宜。如果图像中点、线、尖角细节较多，则不宜采用中值滤波。

图 3 - 15(a)和(e)分别是添加了椒盐噪声和高斯噪声的 Lena 图像，图(b)和(c)分别是用 5×5 窗口对图(a)的均值滤波（Box 模板）和中值滤波结果，图(f)和(g)分别是用 5×5 窗口对图(e)的均值滤波和中值滤波结果，图(d)和(h)分别是用 5×5 的高斯模板对图(a)和图(e)的平滑结果。显然，对于椒盐噪声，中值滤波能在去除噪声的同时较好地保持图像边缘，而 Box 模板和高斯模板的邻域平均效果都不佳。对于高斯噪声，均值滤波法尤其是高斯平滑效果更为理想。

(a) 椒盐噪声图像　　(b) 图(a)的均值滤波　　(c) 图(a)的中值滤波　　(d) 图(a)的高斯平滑

(e) 高斯噪声图像　　(f) 图(e)的均值滤波　　(g) 图(e)的中值滤波　　(h) 图(e)的高斯平滑

图 3 - 15　中值滤波及均值滤波对高斯噪声和椒盐噪声的滤波效果

对一些内容复杂的图像，可以使用复合型中值滤波。如中值滤波线性组合、高阶中值滤波组合、加权中值滤波以及迭代中值滤波等。

（1）中值滤波的线性组合。中值滤波的线性组合将几种窗口尺寸大小和形状不同的中值滤波器复合使用，只要各窗口都与中心对称，滤波输出可保持几个方向上的边缘跳变，而且跳变幅度可调节。其线性组合方程如下：

$$Y_{ij} = \sum_{k=1}^{N} a_k \operatorname*{Med}_{A_k}(f_{ij}) \qquad (3-17)$$

式中：a_k 为不同中值滤波的系数；A_k 为窗口。

(2) 高阶中值滤波组合。其线性组合方程如下：

$$Y_{ij} = \max_k \left[\underset{A_k}{\text{Med}}(f_{ij}) \right] \tag{3-18}$$

它可以使输入图像中任意方向的细线条保持不变。例如可选择图 3-16 中的 4 种线状窗口，用式(3-18)可以使输入图像中各种方向的线条保持不变，而且又有一定的噪声平滑性能。

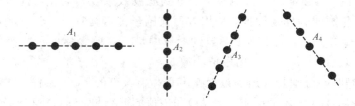

图 3-16　几种线状窗口

(3) 其他类型的中值滤波。为了在一定的条件下尽可能去除噪声，又有效保持图像细节，可以对中值滤波器参数进行修正，如加权中值滤波，也就是对输入窗口进行加权。也可以迭代中值滤波，即对输入图像重复相同的中值滤波，直到输出不再有变化为止。

3.3.5　双边滤波

在邻域平均滤波中，模板参数一旦确定后不能再改变，因此不能自适应图像内容。另外，在邻域平滑中，仅考虑邻域像素点的空间位置对待处理点的滤波权重，并没有考虑其灰度值对待处理点的滤波影响。双边滤波是一种同时考虑邻域像素的空域和值域对滤波影响的滤波器，在实际中，具有更好的滤波效果。其定义如下：

$$w = \exp\left(-\frac{\|y-x\|^2}{2\sigma_1^2}\right) \exp\left(-\frac{\|f(y)-f(x)\|^2}{2\sigma_2^2}\right) \tag{3-19}$$

式中，σ_1 和 σ_2 为空域和值域的带宽。

式(3-19)右边第一项为空域权重，类似于图 3-13 中的高斯模板，右边第二项为值域权重，表示邻域点颜色的权重，其与待处理点颜色越相近，权重越大。双边滤波器的权重参数根据图像灰度值而变化，能够在保持边缘的同时，抑制图像的噪声。

图 3-17 是对 Lena 图像用两组不同值域和空域方差的双边平滑滤波结果。可以看出，与图 3-15 中的邻域平滑和高斯平滑相比，双边平滑在滤除细节信息的同时能够保护图像

(a) 原图　　　　　　　　(b) 方差 12×12　　　　　　　　(c) 方差 24×24

图 3-17　不同空域和值域方差的双边滤波器图像滤波效果

的边界信息。双边滤波器随着方差的增大，更多的细节被平滑，但强的边界仍被保留。

3.3.6 图像平均

图像平均法通过对同一景物的多幅图像取平均来消除噪声。设图像 $g(x, y)$ 是由理想图像 $f(x, y)$ 和噪声图像 $n(x, y)$ 叠加而成的：

$$g(x, y) = f(x, y) + n(x, y) \tag{3-20}$$

假设 $n(x, y)$ 的均值为 0、方差为 $\sigma^2_{n(x, y)}$ 且互不相关，则可对 M 幅 $g(x, y)$ 求平均来消除噪声：

$$\overline{g}(x, y) = \frac{1}{M} \sum_{i=1}^{M} g_i(x, y) = \frac{1}{M} \sum_{i=1}^{M} [f(x, y) + n_i(x, y)] \tag{3-21}$$

平均结果的数学期望 $\mu_{g(x, y)}$ 和方差 $\sigma^2_{g(x, y)}$ 分别为

$$\mu_{g(x, y)} = E\left\{ \frac{1}{M} \sum_{i=1}^{M} [f(x, y) + n_i(x, y)] \right\} = f(x, y) \tag{3-22}$$

$$\sigma^2_{g(x, y)} = E\left\{ \left[\frac{1}{M} \sum_{i=1}^{M} n_i(x, y) \right]^2 \right\} = \frac{1}{M} \sigma^2_{n(x, y)} \tag{3-23}$$

由此可见，图像平均后可使噪声方差减少 M 倍，即当 M 增大时平均结果将更加接近理想图像。图像平均法常用于摄像机的视频图像中，用以减少光电摄像管或 CCD 器件所引起的噪声。图像平均的难点在于多幅图像之间的配准，实际操作困难。

3.4 图 像 锐 化

图像锐化的目的是使模糊的图像变清晰，增强图像的边缘等细节。图像锐化在增强边缘的同时会增强噪声，因此一般先去除或减轻噪声，再进行锐化处理。图像锐化可以在空间域或频率域通过高通滤波来实现，即减弱或消除低频分量而不影响高频分量。空间域高通滤波主要用模板卷积来实现。

3.4.1 微分法

图像模糊的实质是图像受到平均或积分运算，因而用它的逆运算"微分"求出信号的变化率，有加强高频分量的作用，可以使图像轮廓清晰。微分运算常由差分运算来实现。

一阶差分定义如下：

$$\frac{\partial f}{\partial x} = f(x+1, y) - f(x, y) \tag{3-24}$$

$$\frac{\partial f}{\partial y} = f(x, y+1) - f(x, y) \tag{3-25}$$

二阶差分定义如下：

$$\frac{\partial^2 f}{\partial x^2} = f(x+1, y) + f(x-1, y) - 2f(x, y) \tag{3-26}$$

$$\frac{\partial^2 f}{\partial y^2} = f(x, y+1) + f(x, y-1) - 2f(x, y) \tag{3-27}$$

为了能增强任何方向的边缘，通常希望微分运算是各向同性的(旋转不变性)。可以证明，偏导数的平方和运算具有各向同性，梯度幅度和拉普拉斯运算符合上述条件。

1. 梯度算子

在点(x, y)处，$f(x, y)$的梯度是一个矢量：

$$\nabla f(x, y) = [G_x \quad G_y]^T = \left[\frac{\partial f}{\partial x} \quad \frac{\partial f}{\partial y}\right]^T \tag{3-28}$$

梯度幅度(常简称为梯度)定义为

$$\nabla f(x, y) = \mathrm{mag}(\nabla f(x, y)) = (G_x^2 + G_y^2)^{1/2} \tag{3-29}$$

式中：mag 是求矢量模的函数。

梯度方向角为

$$\varphi(x, y) = \arctan\left(\frac{G_y}{G_x}\right) \tag{3-30}$$

为了简化运算，梯度可近似为

$$\nabla f(x, y) \approx |G_x| + |G_y| \tag{3-31}$$

计算梯度幅度时，除了上面的简化方法外，还有求两偏导数的最大绝对值，以及均方值等方法。若想知道实际梯度或梯度方向，则应慎用这些方法。

当用式(3-24)和(3-25)计算G_x和G_y时，称此梯度法为水平垂直差分法，用公式表示如下：

$$\nabla f(x, y) \approx |f(x+1, y) - f(x, y)| + |f(x, y+1) - f(x, y)| \tag{3-32}$$

Robert 交叉算子则使用2×2邻域内的两对角像素来计算两个偏导数，用公式表示如下：

$$\nabla f(x, y) \approx |f(x+1, y+1) - f(x, y)| + |f(x, y+1) - f(x+1, y)| \tag{3-33}$$

上面的两种梯度计算方法都是在2×2邻域内进行的，邻域中心不好确定。为此，通常在3×3邻域内计算像素的梯度，使用中心差分来计算两个偏导数，即

$$\begin{cases} G_x = \dfrac{f(x+1, y) - f(x-1, y)}{2} \\ G_y = \dfrac{f(x, y+1) - f(x, y-1)}{2} \end{cases} \tag{3-34}$$

由于图像可能含有噪声，且边缘可能以任意角度通过像素阵列，因此 Prewitt 算子通过计算3×3邻域内的3行中心差分的均值来估计水平梯度，以3列中心差分的均值来估计垂直梯度。由于引入了平均因素，使得它对噪声有一定的抑制作用。Sobel 算子与 Prewitt 算子类似，只是它对离邻域中心最近的像素进行了加权，其权值是其他像素的2倍。

常用的梯度算子见表 3-3，它们均为用差分方法对微分的近似处理，两个模板 H1 和 H2 分别对应G_x和G_y。将两个模板与图像的卷积结果组合起来可生成不同的梯度增强图像。第1种是使各点的灰度等于该点的梯度幅值，第2种是设置一个梯度阈值，使高于或低于阈值的像素分别显示其梯度值或用一种灰度来显示，以便研究图像边缘。

表 3 - 3　常用的梯度算子

算子名称	模板 H1	模板 H2	特　　点
Roberts	$\begin{bmatrix} 0* & -1 \\ 1 & 0 \end{bmatrix}$	$\begin{bmatrix} -1* & 0 \\ 0 & 1 \end{bmatrix}$	各向同性；对噪声敏感；模板尺寸为偶数，中心位置不明显
Prewitt	$\begin{bmatrix} -1 & 0 & 1 \\ -1 & 0* & 1 \\ -1 & 0 & 1 \end{bmatrix}$	$\begin{bmatrix} -1 & -1 & -1 \\ 0 & 0* & 0 \\ 1 & 1 & 1 \end{bmatrix}$	引入了平均因素，对噪声有抑制作用；操作简便
Sobel	$\begin{bmatrix} -1 & 0 & 1 \\ -2 & 0* & 2 \\ -1 & 0 & 1 \end{bmatrix}$	$\begin{bmatrix} -1 & -2 & -1 \\ 0 & 0* & 0 \\ 1 & 2 & 1 \end{bmatrix}$	引入了平均因素，增强了最近像素的影响，噪声抑制效果比 Prewitt 要好
Krisch	$\begin{bmatrix} -3 & -3 & 5 \\ -3 & 0* & 5 \\ -3 & -3 & 5 \end{bmatrix}$	$\begin{bmatrix} -3 & -3 & -3 \\ -3 & 0* & -3 \\ 5 & 5 & 5 \end{bmatrix}$	噪声抑制作用较好；需求出 8 个方向的响应(这里只给出两个方向的模板)
Isotropic Sobel	$\begin{bmatrix} -1 & 0 & 1 \\ -\sqrt{2} & 0* & \sqrt{2} \\ -1 & 0 & 1 \end{bmatrix}$	$\begin{bmatrix} -1 & -\sqrt{2} & -1 \\ 0 & 0* & 0 \\ 1 & \sqrt{2} & 1 \end{bmatrix}$	权值反比于邻点与中心点的距离，检测沿不同方向边缘时梯度幅度一致，即具有各向同性

2. 拉普拉斯算子

拉普拉斯(Laplacian)算子是一种各向同性的二阶微分算子，在 (x, y) 处的值定义为

$$\nabla^2 f = \frac{\partial^2 f}{\partial x^2} + \frac{\partial^2 f}{\partial y^2} \tag{3-35}$$

将式(3-26)和式(3-27)代入上式得

$$\nabla^2 f = f(x+1, y) + f(x-1, y) + f(x, y+1) + f(x, y-1) - 4f(x, y) \tag{3-36}$$

式(3-36)的拉普拉斯算子在上下左右 4 个方向上具有各向同性。若在两对角线方向上也进行拉普拉斯运算，则新的拉普拉斯算子在 8 个方向上具有各向同性。常见的几个拉普拉斯算子模板如图 3-18 所示，图中的模板中心为正，也可以对模板乘以 -1 使模板中心为负。

$$\begin{bmatrix} 0 & -1 & 0 \\ -1 & 4* & -1 \\ 0 & -1 & 0 \end{bmatrix} \qquad \begin{bmatrix} -1 & -1 & -1 \\ -1 & 8* & -1 \\ -1 & -1 & -1 \end{bmatrix} \qquad \begin{bmatrix} 1 & -2 & 1 \\ -2 & 4* & -2 \\ 1 & -2 & 1 \end{bmatrix}$$

　　(a) 模板 1　　　　(b) 模板 2　　　　(c) 模板 3

图 3-18　常用的拉普拉斯模板

下面对平滑模板和微分模板的一般特点进行对比：

（1）微分模板的权系数之和为 0，使得灰度平坦区的响应为 0。平滑模板的权系数都为正，其和为 1，这使得灰度平坦区的输出与输入相同。

（2）一阶微分模板在对比度大的点产生较高的响应，二阶微分模板在对比度大的点产生零交叉。一阶微分一般产生更粗的边缘，二阶微分则产生更细的边缘。相对一阶微分而言，二阶微分对细线、孤立点等小细节有更强的响应。

（3）平滑模板的平滑或去噪程度与模板的大小成正比，跳变边缘的模糊程度与模板的大小成正比。

3.4.2 非锐化滤波

非锐化滤波，也称为非锐化掩模（Unsharp Masking），是指从原始图像中减去原始图像的一个非锐化的或者说是平滑的图像，从而达到增强边缘等细节的目的，用公式表示如下：

$$g(x, y) = f(x, y) - f_s(x, y) \qquad (3-37)$$

式中：$f(x, y)$ 表示输入图像；$f_s(x, y)$ 表示由输入图像得到的平滑图像；$g(x, y)$ 为非锐化掩模后的输出图像。图像平滑的实质是一种低通滤波，从原始图像中减去它的一个平滑图像，就相当于除去了低频成分，保留了高频成分，产生了一个高通图像。

3.4.3 高频增强滤波

如果原始图像与高通图像相加，则可以在保持原始图像概貌的同时突出边缘等细节。将原始图像乘以一个比例系数 A，高通图像也乘以一个比例系数 K，两者相加得到一个增强图像，称该过程为高频增强滤波（High - boost Filtering）。高频增强滤波公式如下：

$$f_{hb}(x, y) = Af(x, y) + Kg(x, y) \qquad (3-38)$$

式中：$f_{hb}(x, y)$ 表示高频增强滤波后的输出图像；$g(x, y)$ 是输入图像 $f(x, y)$ 的一个高通图像，也可以是前面的非锐化掩模结果。A 和 K 是两个比例系数，$A \geqslant 0$，$0 \leqslant K \leqslant 1$。$K$ 在 $0.2 \sim 0.7$ 之间取值时，高频增强滤波效果较为理想。当 A 足够大时，图像锐化作用相对被减弱，使得输出图像与输入图像的常数倍接近。图 3-19 是当 $A=1$，$K=1$ 时，常用的拉普拉斯高频增强滤波模板。

$$
\begin{bmatrix} 0 & -1 & 0 \\ -1 & 5^* & -1 \\ 0 & -1 & 0 \end{bmatrix}
\qquad
\begin{bmatrix} -1 & -1 & -1 \\ -1 & 9^* & -1 \\ -1 & -1 & -1 \end{bmatrix}
\qquad
\begin{bmatrix} 1 & -2 & 1 \\ -2 & 5^* & -2 \\ 1 & -2 & 1 \end{bmatrix}
$$

(a) 高频增强模板 1　　　 (b) 高频增强模板 2　　　 (c) 高频增强模板 3

图 3-19 常用拉普拉斯高频增强滤波模板

在图 3-20 中，图(b)是对图(a)使用图 3-18(b)所示拉普拉斯模板的运算结果；图(c)是图(a)与图(b)相加的结果，即使用图 3-19(b)所示模板与图 3-20(a)的卷积结果；图(d)是图(a)的 1.6 倍减去用半径为 2 的高斯模板对图(a)平滑结果的 0.6 倍的结果。由图可见，高频增强滤波在增强边缘的同时也增强了噪声点，而增强之前先进行平滑则能得到更好的效果。

(a) 原始图像

(b) 拉普拉斯锐化结果

(c) 拉普拉斯高频增强滤波结果

(d) 高斯平滑高频增强滤波结果

图 3-20　高频增强滤波示例

3.5　伪彩色处理

人眼只能分辨出几十种灰度级，却能够分辨几千种不同的颜色。当人眼难以分辨图像中的灰度级时，可借助彩色来增强图像的视觉效果。伪彩色处理就是常用的一种增强方法。伪彩色处理是指对不同的灰度级赋予不同的颜色，从而将灰度图像变为彩色图像。这种人工赋予的颜色常称为伪彩色。伪彩色处理在卫星云图、医学影像的判读等领域具有广泛的应用。常用的伪彩色处理方法有灰度分层法、灰度变换法和频域滤波法等。

3.5.1　灰度分层法

灰度分层法，也叫密度分割，是伪彩色处理中最简单的一种。它是用一系列平行于 xy 平面的切割平面（可看作是阈值）把灰度图像的亮度函数分割为一系列灰度区间，对不同的区间分配不同的颜色。设灰度图像 $f(x, y)$ 的灰度范围为 $[0, L]$，令 $l_0 = 0$，$l_{m+1} = L$，用 m 个灰度阈值 $l_1, l_2, \cdots, l_m$ 把该灰度范围分割为 $m+1$ 个小区间，不同的区间映射为不同的彩色 c_i，即：

$$g(x, y) = c_i, \quad l_i \leqslant f(x, y) < l_{i+1}; i = 0, 1, \cdots, m \qquad (3-39)$$

经过这种映射后，一幅灰度图像 $f(x, y)$ 就被映射为具有 $m+1$ 种颜色的伪彩色图像 $g(x, y)$。灰度分层法伪彩色处理的优点是简单易行，便于用软件或硬件实现。

3.5.2 灰度变换法

灰度变换法伪彩色处理更为灵活，可以将灰度图像变为具有多种颜色渐变的彩色图像。其变换过程(图 3-21(a))为：将原图像像素的灰度值送入具有不同变换特性的红、绿、蓝 3 个变换器进行灰度变换，再将 3 个变换结果作为三基色合成为彩色，如分别送到彩色显像管的红、绿、蓝电子枪合成某种彩色。可见，只要设计好 3 个变换器，便可将不同的灰度级变换为不同的彩色。

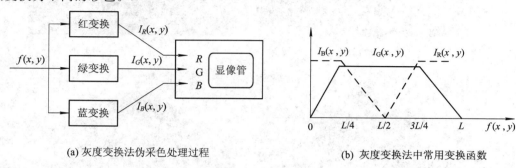

(a) 灰度变换法伪采色处理过程   (b) 灰度变换法中常用变换函数

图 3-21 灰度变换法伪彩色处理示意图

图 3-21(b)是常用的一种变换函数。由图可见，若 $f(x, y) = 0$，则 $I_B(x, y) = L$，$I_R(x, y) = I_G(x, y) = 0$，从而显示蓝色。同样，若 $f(x, y) = L/2$，则 $I_G(x, y) = L$，$I_R(x, y) = I_G(x, y) = 0$，从而显示绿色。若 $f(x, y) = L$，则 $I_R(x, y) = L$，$I_B(x, y) = I_G(x, y) = 0$，从而显示红色。其特点在于变换后的伪彩色图像更具有一定的物理意义，符合人眼对冷暖色调的感受，因为红色对应暖色调，蓝色对应冷色调。例如，若灰度图像表示的是一温度场，灰度级的高低代表温度的高低，利用该变换函数映射之后，高温偏红，低温偏蓝。

另一种常用的变换函数就是取绝对值的正弦函数，其特点是在峰值处比较平缓而在低谷处比较尖锐。通过改变每个正弦波的相位和频率便可改变相应灰度值所对应的彩色，使得不同灰度值范围的像素得到不同的伪彩色增强。

3.5.3 频域滤波法

频域滤波法是一种在频率域进行伪彩色处理的技术，其输出色彩与图像的空间频率有关，目的是为感兴趣的频率成分分配特定的颜色。其过程如图 3-22 所示，先对灰度图像进行傅里叶变换，再分别送入 3 个不同的频率滤波器(可为低通、高通和带通滤波器)，滤掉不同的频率成分之后作傅里叶逆变换，还可以对其进一步处理，如直方图均衡化，最后把它们作为三基色合成为彩色。例如，为了突出图像中高频成分，欲将其变为红色，可以

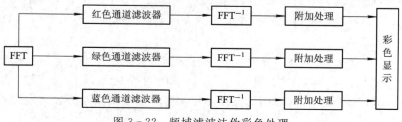

图 3-22 频域滤波法伪彩色处理

将红色通道滤波器设计成高通特性。

习　　题

1. 已知一幅 64×64 的 3 比特的数字图像，各个灰度级出现的频数如图表 3-4(a)所示。要求对其进行直方图变换，使变换后的灰度级分布如表 3-4(b)所示，画出变换前后的直方图并比较。

表 3-4(a)

$f(x, y)$	n_k	n_k/n
0	560	0.14
1	920	0.22
2	1046	0.26
3	705	0.17
4	356	0.09
5	267	0.06
6	170	0.04
7	72	0.02

表 3-4(b)

$g_k(x, y)$	n_k	n_k/n
0	0	0
1	0	0
2	0	0
3	790	0.19
4	1023	0.25
5	850	0.21
6	985	0.24
7	448	0.11

2. 试对习题 1 的图像进行直方图均匀化处理，要求原来在同一灰度级中的像点均匀化后仍在同一灰度级中，并画出均匀化后的图像和它的直方图。

3. 有一幅图像如图 3-23 所示，由于干扰，在接收时图中有若干个亮点(灰度为 255)，试问此类图像如何处理？并画出处理后的图像。

4. 用 3×3 Box 模板对图像进行邻域均值平滑，经过 m 次迭代后，相当于用多大的 Box 模板对原始图像进行邻域均值平滑？

1	1	1	1	1	1
2	255	2	3	3	3
3	3	255	4	3	3
3	3	3	255	4	6
3	3	4	5	255	8
2	3	4	6	7	8

图 3-23

5. 比较均值滤波和中值滤波的优缺点。

6. 针对中值滤波模板中心在图像中同一行移动时，每次模板内只有 1 列数据更新的现象，设计一种快速更新中值的方法，并编写快速中值滤波算法。

7. 给出一组灰度变换函数，使其能够提取灰度图像的 8 个位平面。

8. 为什么一般情况下对离散图像的直方图均衡化并不能产生完全平坦的直方图？

9. 已知一幅图像已经进行过直方图均衡化处理，试问再次对其进行直方图均衡化处理是否会使图像发生变化？为什么？

10. 讨论空间域的平滑滤波器和锐化滤波器的区别与联系。

11. 分析双边滤波器与邻域平滑滤波器的区别。

第 3 章习题答案

第 4 章　图像的几何变换

图像的几何变换是图像处理的基础内容之一，通过几何变换不仅可产生某些特殊的效果，而且可以简化图像处理过程和分析程序。图像的几何变换最重要的特征是仅改变像素的位置，而不改变图像的像素值。图像的几何变换按变换性质可分为图像的位置变换(平移、镜像、旋转)、图像的形状变换(放大、缩小、错切)等基本变换，以及图像的复合变换等。本章主要介绍几何变换基础、图像比例缩放、图像平移、图像镜像、图像旋转、图像复合变换和透视变换，最后通过一个应用实例，使读者掌握图像几何变换的实际应用。

4.1　几何变换基础

4.1.1　概述

图像的几何变换是指对原始图像按照需要产生大小、形状和位置的变化。从图像类型来分，图像的几何变换有二维平面图像的几何变换和三维图像的几何变换以及由三维向二维平面的投影变换等。从变换的性质来分，有平移、比例缩放、旋转、反射和错切等基本变换，透视变换等复合变换，以及插值运算等。

一幅二维数字图像可以用一组 2D 数组 $g(x, y)$ 来表示，其中 x 和 y 表示 2D 空间 xoy 中一个坐标点的位置，g 代表图像在点 (x, y) 的某种性质 F 的数值，若处理对象为灰度图，则 g 表示灰度值，此时，g、x、y 都在整数集合中取值。因此，除了插值运算外，常见的图像几何变换可以通过将与之对应的线性变换的矩阵来实现。本章仅讨论 2D 图像的几何变换。

对于恒等、比例缩放、反射、错切和旋转等各种 2D 图像几何变换，若变换中心在坐标原点，则均可以用 2×2 矩阵表示和实现，遗憾的是，一个 2×2 变换矩阵 $\boldsymbol{T} = \begin{bmatrix} a & b \\ c & d \end{bmatrix}$ 却不能实现 2D 图像的平移以及绕任意点的比例缩放、反射、错切和旋转等各种变换。因此，为了能够用统一线性变换的矩阵形式表示和实现常见的图像几何变换，就需要引入齐次坐标。

4.1.2　齐次坐标

将点 $P_0(x_0, y_0)$ 平移到 $P(x, y)$，其中 x、y 方向的平移量分别为 Δx、Δy。则点 $P(x, y)$ 的坐标为

齐次坐标及变换矩阵

$$\begin{cases} x = x_0 + \Delta x \\ y = y_0 + \Delta y \end{cases} \tag{4-1}$$

如图 4-1 所示，式(4-1)可以用矩阵的形式表示为

$$\begin{bmatrix} x \\ y \end{bmatrix} = \begin{bmatrix} 1 & 0 \\ 0 & 1 \end{bmatrix} \begin{bmatrix} x_0 \\ y_0 \end{bmatrix} + \begin{bmatrix} \Delta x \\ \Delta y \end{bmatrix} \tag{4-2}$$

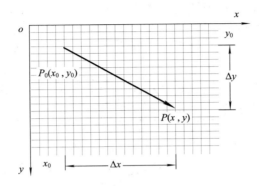

图 4-1　点的平移

因平面上点的变换矩阵 $\boldsymbol{T} = \begin{bmatrix} a & b \\ c & d \end{bmatrix}$ 中无平移常量，无论 a、b、c、d 取任何值，均无法实现上述平移变换，故需要使用 2×3 阶变换矩阵，其形式为

$$\boldsymbol{T} = \begin{bmatrix} 1 & 0 & \Delta x \\ 0 & 1 & \Delta y \end{bmatrix} \tag{4-3}$$

式(4-3)所示变换矩阵 $\boldsymbol{T}$ 的第 1、2 列构成单位矩阵，第 3 列元素为平移常量。对 2D 图像进行几何变换，只需用变换矩阵乘以图像中所有像素点坐标，2D 图像坐标矩阵为 $2 \times n$ 阶，而上式扩展后的变换矩阵是 2×3 阶矩阵，这不符合矩阵相乘时要求前者列数与后者行数相等的规则。所以，需要在点的坐标列矩阵 $[x\ y]^{\mathrm{T}}$ 中引入第 3 个元素，增加一个附加坐标，扩展为 3×1 的列矩阵 $[x\ y\ 1]^{\mathrm{T}}$，这样用三维空间点 $(x\ y\ 1)$ 表示二维空间点 (x, y)，即采用一种特殊的坐标，可以实现平移变换，变换结果为

$$\boldsymbol{P} = \boldsymbol{T} \cdot \boldsymbol{P}_0 = \begin{bmatrix} 1 & 0 & \Delta x \\ 0 & 1 & \Delta y \end{bmatrix} \cdot \begin{bmatrix} x_0 \\ y_0 \\ 1 \end{bmatrix} = \begin{bmatrix} x_0 + \Delta x \\ y_0 + \Delta y \end{bmatrix} = \begin{bmatrix} x \\ y \end{bmatrix} \tag{4-4}$$

其中 $\begin{cases} x = x_0 + \Delta x \\ y = y_0 + \Delta y \end{cases}$ 符合上述平移后的坐标位置。通常将 2×3 阶矩阵扩充为 3×3 阶矩阵，以拓宽功能。由此可得平移变换矩阵为

$$\boldsymbol{T} = \begin{bmatrix} 1 & 0 & \Delta x \\ 0 & 1 & \Delta y \\ 0 & 0 & 1 \end{bmatrix}$$

下面再验证点 $\boldsymbol{P}(x, y)$ 按照 3×3 的变换矩阵 $\boldsymbol{T}$ 平移变换的结果。

$$\boldsymbol{P} = \boldsymbol{T} \cdot \boldsymbol{P}_0 = \begin{bmatrix} 1 & 0 & \Delta x \\ 0 & 1 & \Delta y \\ 0 & 0 & 1 \end{bmatrix} \cdot \begin{bmatrix} x_0 \\ y_0 \\ 1 \end{bmatrix} = \begin{bmatrix} x_0 + \Delta x \\ y_0 + \Delta y \\ 1 \end{bmatrix} = \begin{bmatrix} x \\ y \\ 1 \end{bmatrix} \tag{4-5}$$

由式(4-5)可见，引入附加坐标后，扩充了矩阵的第 3 行，变换结果未受影响。这种用 $n+1$ 维向量表示 n 维向量的方法称为齐次坐标表示法。

因此，2D 图像中的点坐标 (x, y) 通常表示成齐次坐标 (Hx, Hy, H)，其中 H 表示非零的任意实数，当 $H=1$ 时，称 $(x, y, 1)$ 为点 (x, y) 的规范化齐次坐标。

齐次坐标的几何意义相当于点 (x, y) 落在 3D 空间 $H=1$ 的平面上，如图 4-2 所示。如果将 xoy 平面内的三角形 abc 的各顶点表示成齐次坐标 $(x_i, y_i, 1)(i=1, 2, 3)$ 的形式，则变换后便成为 $H=1$ 平面内的三角形 $a_1 b_1 c_1$ 的各顶点。

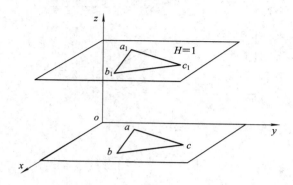

图 4-2　齐次坐标的几何意义

4.1.3　二维图像几何变换的矩阵

利用齐次坐标及改成 3×3 阶的变换矩阵 $\boldsymbol{T}$，实现 2D 图像几何变换的基本过程为：将 $2\times n$ 阶的二维矩阵 $[x_{0i}\quad y_{0i}]_{2\times n}^{\mathrm{T}}$ 表示成齐次坐标 $[x_{0i}\quad y_{0i}\quad 1]_{3\times n}^{\mathrm{T}}$ 的形式，然后乘以相应的变换矩阵即可完成，即

$$变换后的图像矩阵 = 变换矩阵 \boldsymbol{T} \times 变换前的图像矩阵$$

<small>（图像上各点的新齐次坐标）　　　　　　　　　　　　　（图像上各点的原齐次坐标）</small>

设变换矩阵 $\boldsymbol{T}$ 为

$$\boldsymbol{T} = \begin{bmatrix} a & b & p \\ c & d & q \\ 0 & 0 & 1 \end{bmatrix} \tag{4-6}$$

则上述变换可由式(4-7)表示为

$$\begin{bmatrix} Hx_1' & Hx_2' & \cdots & Hx_n' \\ Hy_1' & Hy_2' & \cdots & Hy_n' \\ H & H & \cdots & H \end{bmatrix}_{3\times n} = \boldsymbol{T} \cdot \begin{bmatrix} x_1 & x_2 & \cdots & x_n \\ y_1 & y_2 & \cdots & y_n \\ 1 & 1 & \cdots & 1 \end{bmatrix}_{3\times n} \tag{4-7}$$

图像上各点的新齐次坐标规范化后的矩阵为

$$\begin{bmatrix} x_1' & x_2' & \cdots & x_n' \\ y_1' & y_2' & \cdots & y_n' \\ 1 & 1 & \cdots & 1 \end{bmatrix}_{3\times n}$$

引入齐次坐标后，完善了 2D 图像几何变换的 3×3 矩阵的功能，可用它完成 2D 图像的各种几何变换。下面讨论式(4-6)所示的 3×3 阶变换矩阵中各元素在变换中的功能。

3×3 的阶矩阵 $\boldsymbol{T}$ 可以分成 4 个子矩阵。其中，2×2 阶子矩阵 $\begin{bmatrix} a & b \\ c & d \end{bmatrix}_{2 \times 2}$ 可使图像实现以坐标原点为变换中心的恒等、比例、反射（或镜像）、错切和旋转变换。$[p \quad q]^{\mathrm{T}}$ 子矩阵可以实现图像的平移变换，s 元素可以使图像实现全比例变换（放大、缩小或保持不变）。例如，将图像进行全比例变换，即

$$\begin{bmatrix} 1 & 0 & 0 \\ 0 & 1 & 0 \\ 0 & 0 & s \end{bmatrix} \cdot \begin{bmatrix} x_{0i} \\ y_{0i} \\ 1 \end{bmatrix} = \begin{bmatrix} x_i \\ y_i \\ 1 \end{bmatrix}$$

将齐次坐标规范化后，$[x_{0i}/s, \ y_{0i}/s, \ 1]^{\mathrm{T}} = [x_i, \ y_i, \ 1]^{\mathrm{T}}$。由此可见，当 $s > 1$ 时图像按比例缩小，当 $0 < s < 1$ 时，整个图像按比例放大，当 $s = 1$ 时图像大小不变。

4.2　图像比例缩放

图像的比例缩放

4.2.1　图像比例缩放变换

图像比例缩放是指将给定的图像在 x、y 轴方向按比例分别缩放 f_x 倍和 f_y 倍，从而获得一幅新的图像。如果 $f_x = f_y$，即在 x 轴和 y 轴方向缩放的比例相同，该比例缩放称为图像的全比例缩放。如果 $f_x \neq f_y$，图像的比例缩放会改变原始图像的像素间的相对位置，产生几何畸变。设原图像中的点 $P_0(x_0, y_0)$ 比例缩放后，在新图像中的对应点为 $P(x, y)$，则 $P_0(x_0, y_0)$ 和 $P(x, y)$ 之间的对应关系如图 4-3 所示。

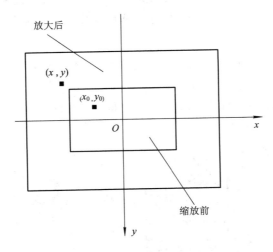

图 4-3　比例缩放

比例缩放前后 $P_0(x_0, y_0)$ 和 $P(x, y)$ 之间的关系用矩阵形式可表示为

$$\begin{bmatrix} x \\ y \\ 1 \end{bmatrix} = \begin{bmatrix} f_x & 0 & 0 \\ 0 & f_y & 0 \\ 0 & 0 & 1 \end{bmatrix} \cdot \begin{bmatrix} x_0 \\ y_0 \\ 1 \end{bmatrix} \tag{4-8}$$

式(4-8)的逆运算为

$$
\begin{bmatrix} x_0 \\ y_0 \\ 1 \end{bmatrix} = \begin{bmatrix} \dfrac{1}{f_x} & 0 & 0 \\ 0 & \dfrac{1}{f_y} & 0 \\ 0 & 0 & 1 \end{bmatrix} \cdot \begin{bmatrix} x \\ y \\ 1 \end{bmatrix}
$$

即

$$
\begin{cases} x_0 = \dfrac{x}{f_x} \\ y_0 = \dfrac{y}{f_y} \end{cases}
$$

比例缩放后，图像中的像素在原图像中可能找不到对应的像素点，则此时需要进行插值处理。常用的两种插值处理方法：一种是直接赋值为与它最相近的像素值，称为最邻近插值法(Nearest Neighbor Interpolation)或者最近邻域法；另一种是通过插值算法计算相应的像素值的方法。前一种方法是一种最基本、最简单的图像插值算法，但效果不佳。采用这种方法放大后的图像有很严重的马赛克，而缩小后的图像会出现严重的失真。其原因在于：由目标图的坐标反推得到原图坐标，当该坐标是一个浮点数时，直接采用四舍五入的方法将目标图的坐标值设定为原图像中最接近的像素值。比如：当推得坐标值为 0.75 的时候，不应该简单地取为 1，既然是 0.75，比 1 要小 0.25，比 0 要大 0.75，那么目标像素值应该根据这个原图中虚拟点四周的 4 个真实点来按照一定的规律进行计算，这样才能达到更好的缩放效果。后一种方法有如双线性内插值算法，双线性内插值算法是一种比较好的图像插值算法，它充分地利用了原图中虚拟点四周的 4 个真实存在的像素值来共同决定目标图中的一个像素值，因此缩放效果比简单的最邻近插值法要好很多。

1. 图像的比例缩小

最简单的比例缩小是当 $f_x = f_y = 1/2$ 时，图像被缩到 1/4 大小，缩小后图像中的 (0, 0) 像素对应于原图像中的 (0, 0) 像素；(0, 1) 像素对应于原图像中的 (0, 2) 像素；(1, 0) 像素对应于原图像中的 (2, 0) 像素，以此类推。即取原图的偶(奇)数行和偶(奇)数列构成新的图像，如图 4-4 所示。

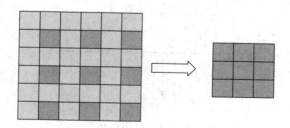

图 4-4　图像缩小一半

若图像按任意比例缩小，则需要计算选择的行和列。将 $M \times N$ 大小的原图像 $F(x, y)$ 缩小为 $kM \times kN$ 大小 $(k<1)$ 的新图像 $I(x, y)$ 时，则

$$
I(x, y) = F(\text{int}(c \times x), \text{int}(c \times y)) \tag{4-9}
$$

式中，$c=1/k$。由式(4-9)可以构造出新图像，如图 4-5 所示。

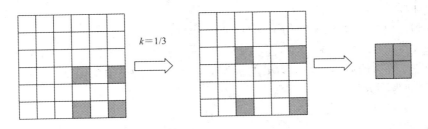

图 4-5 图像按任意比例缩小

2. 图像非比例缩小

当 $f_x \neq f_y(f_x < 1, f_y < 1)$ 时，因为在 x 和 y 方向的缩小比例不同，一定会产生图像的几何畸变。图像不按比例缩小的方法是：如果 $M \times N$ 大小的原图像 $F(x, y)$ 缩小为 $k_1 M \times K_2 n$ 大小 $(k_1 < 1, k_2 < 1)$ 的新图像 $I(x, y)$ 时，则

$$I(x, y) = F(\text{int}(c_1 \times x), \text{int}(c_2 \times y)) \qquad (4-10)$$

式中：$c_1 = 1/k_1$；$c_2 = 1/k_2$。

3. 图像的比例放大

在图像的放大操作中，会产生多出来的像素空格，故需要确定其像素值，这是信息的估计问题。同理，当 $f_x = f_y = 2$ 时，图像被按全比例放大两倍，放大后图像中的 $(0,0)$ 像素对应于原图中的 $(0,0)$ 像素；$(0,1)$ 像素对应于原图中的 $(0,0.5)$ 像素，该像素不存在，可以近似为 $(0,0)$ 也可以近似为 $(0,1)$；$(0,2)$ 像素对应于原图像中的 $(0,1)$ 像素；$(1,0)$ 像素对应于原图中的 $(0.5,0)$ 像素，它的像素值近似为 $(0,0)$ 或 $(1,0)$ 像素；$(2,0)$ 像素对应于原图中的 $(1,0)$ 像素，以此类推。其实是将原图像每行中的像素重复取值一遍，然后每行重复一次。图 4-6 是原始图像，图 4-7 和图 4-8 是分别采用上述两种近似方法放大后的图像。

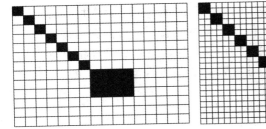 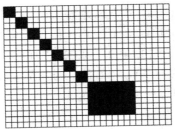 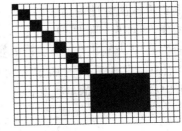

图 4-6 放大前的图像　图 4-7 最近邻域法放大 4 倍的图像　图 4-8 插值法放大 4 倍的图像

一般地，按比例将原图像放大 $k \times k$ 倍时，若按最近邻域法则需要将一个像素值添在新图像的 $k \times k$ 子块中。如图 4-9 所示。显然，如果放大倍数太大，会出现马赛克效应。当 $f_x \neq f_y(f_x > 1, f_y > 1)$ 时，图像在 x 和 y 方向按不同比例放大，此时，该操作由于 x 和 y 方向的放大倍数不同，会产生图像的几何畸变。放大的方法是将原图像的一个像素添到新图像的一个 $k \times k$ 的子块中去。

为了提高几何变换后图像的质量，常采用线性插值法。该方法的原理是：当求出的分数地址与像素点不一致时，求出其与周围 4 个像素点的距离比，根据该比率，由 4 个邻域的像素灰度值进行双线性插值，如图 4-10 所示。简化后的插值点 (x, y) 处的灰度值可由式(4-11)计算：

$$g(x, y) = (1-q) \times \{(1-p) \times f([x], [y]) + p \times f([x]+1, [y])\} +$$
$$q \times \{(1-p) \times f([x], [y]+1) + p \times f([x]+1, [y]+1)\} \quad (4-11)$$

式中：$g(x, y)$ 为插值后坐标 (x, y) 处的灰度值；$f(x, y)$ 为插值前坐标 (x, y) 处的灰度值，$[x]$，$[y]$ 分别为不大于 x、y 的整数。

图 4-9　按最近邻域法放大 5 倍的图像

图 4-10　线性插值法示意图

在遥感图像、医学图像、视频序列图像分析等计算机视觉研究领域中，研究者往往需要高分辨率图像来提供更多的细节以提高模式识别的性能。图像超分辨率重建可以实现由一幅低分辨率图像或图像序列到高分辨率图像的转换。采用信号处理的方法从多个可观察到的低分辨率图像得到高分辨率图像也是当前研究的热点之一，其基本前提是通过同一场景获取多幅低分辨率细节图像，其中最为基础的内容就是利用图像比例缩放技术改变序列图像中目标的尺寸。关于图像超分辨率重建，读者可以参考有关参考文献。

4.2.2　比例缩放的实现

按照式(4-8)，读者可以自行编写一个实现图像比例缩放的函数。在 OpenCV 中也提供了进行图像比例缩放的函数 resize，其格式为 resize(src, dst, dst_size)，其中：src 为源图像，dst 为目标图像，dst_size 为缩放比例。由于图像尺度的变换，对目标图像需要进行插值处理，常用的插值方法有最近邻插值法、双线性插值法、像素关系重采样法和立方插值法等，其中默认的插值方法为双线性插值法。利用默认插值方法对图 4-11(a)缩放 0.618 倍后得到的结果如图 4-11(b)所示。

(a) 原图像　　　　　　　　　　(b) 缩放 0.618 倍后的图像

图 4-11　图像的比例缩放

实现图像比例缩放的完整代码请读者登录出版社网站下载，文件路径：code\src\chapter04\code04 – 01-resize.cpp。

4.3　图　像　平　移

4.3.1　图像平移变换

将一幅图像中的所有点均按照给定的偏移量分别沿 x、y 轴移动，即为图像的平移（Move）。平移后的图像与原图像相同，只是位置发生了变化，如图 4 – 12 所示。

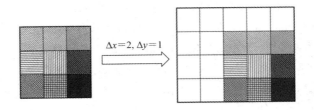

图 4 – 12　图像的平移

设点 $P_0(x_0, y_0)$ 平移到 $P(x, y)$，其中 x、y 方向的平移量分别为 Δx、Δy。则点 $P(x, y)$ 的坐标为

$$\begin{cases} x = x_0 + \Delta x \\ y = y_0 + \Delta y \end{cases}$$

利用齐次坐标，变换前后图像上的点 $P_0(x_0, y_0)$ 和 $P(x, y)$ 之间的关系可表示如下：

$$\begin{bmatrix} x \\ y \\ 1 \end{bmatrix} = \begin{bmatrix} 1 & 0 & \Delta x \\ 0 & 1 & \Delta y \\ 0 & 0 & 1 \end{bmatrix} \cdot \begin{bmatrix} x_0 \\ y_0 \\ 1 \end{bmatrix} \tag{4 – 12}$$

式（4 – 12）的逆变换为

$$\begin{bmatrix} x_0 \\ y_0 \\ 1 \end{bmatrix} = \begin{bmatrix} 1 & 0 & -\Delta x \\ 0 & 1 & -\Delta y \\ 0 & 0 & 1 \end{bmatrix} \cdot \begin{bmatrix} x \\ y \\ 1 \end{bmatrix} \tag{4 – 13}$$

即

$$\begin{cases} x_0 = x - \Delta x \\ y_0 = y - \Delta y \end{cases}$$

平移后图像上的每一点均可在原图像中找到对应点。如果 Δx 或 Δy 大于 0，则点 $(-\Delta x, -\Delta y)$ 不在原图像中。对于不在原图像中的点，可以直接将其像素值统一设置为 0 或者 255（对应灰度图即为黑色或白色）。若有像素点不在原图像中，表明原图像中有点被移出显示区域，可以将新图像的宽度扩大 $|\Delta x|$，高度扩大 $|\Delta y|$，以避免丢失被移出部分的图像。

图 4 – 13 是平移前的图像，图 4 – 14 是水平和垂直方向都平移 50 个像素后的图像，图 4 – 15 是平移后扩大的图像。

图4－13　平移前的图像　　　　图4－14　平移后的图像　　　　图4－15　平移后扩大的图像

4.3.2　图像平移算法

按照上述理论，用 OpenCV 可方便地实现图像的平移。对于灰度图像，因为每个像素的位数正好是 8 位，即 1 个字节，在进行平移处理时，可不必考虑拼凑字节的问题。而且由于灰度图调色板的特殊性，进行灰度图像处理时不必考虑调色板问题，故可将重点放在算法本身。由于平移前后的图像相同，而且图像上的像素是连续放置的，所以图像的平移也可以通过直接逐行地复制图像来实现。利用 OpenCV 提供的图像平移函数对图4－13所示的图像在水平和垂直方向均平移 50 个像素后的图像如图4－14所示，可见由于没有扩大图像，平移后部分数据丢失，对图4－14所示的图像进行平移扩大后的图像如图4－15所示。

实现图像平移的完整代码请读者登录出版社网站下载，文件路径：code\src\chapter04\code04－02-move.cpp。

彩色图像的平移方法与灰度图像的平移方法相类似。但彩色图像中任一像素点均由 R（红）、G（绿）、B（蓝）3 个分量组合而成。因此，对彩色图像进行平移操作时，需要对每个像素点的 3 个颜色分量分别进行处理。

4.4　图　像　镜　像

4.4.1　图像镜像变换

图像的镜像（Mirror）变换分为水平镜像和垂直镜像。图像的水平镜像操作是将图像左半部分和右半部分以图像垂直中轴线为中心进行镜像对换；垂直镜像操作是将图像上半部分和下半部分以图像水平中轴线为中心进行镜像对换，但是为了编程与实现方便，往往对水平镜像在 x 方向作一个平移（图像宽度），对垂直镜像在 y 方向作一个平移（图像高度），如图4－16所示。

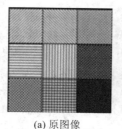
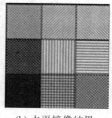

(a) 原图像　　　　　　(b) 水平镜像结果　　　　　　(c) 垂直镜像结果

图4－16　图像的镜像

　　图像的镜像变换可用矩阵变换表示。设点 $P_0(x_0，y_0)$ 进行镜像后的对应点为 $P(x，y)$，图像高度为 f_{Height}，宽度为 f_{Width}，原图像中 $P_0(x_0，y_0)$ 经过水平镜像后坐标将变为 $(f_{\text{Width}}-x_0，y_0)$，其矩阵表达式为

$$
\begin{bmatrix} x \\ y \\ 1 \end{bmatrix} = \begin{bmatrix} -1 & 0 & f_{\text{Width}} \\ 0 & 1 & 0 \\ 0 & 0 & 1 \end{bmatrix} \cdot \begin{bmatrix} x_0 \\ y_0 \\ 1 \end{bmatrix} \tag{4-14}
$$

它的逆运算矩阵表达式为

$$
\begin{bmatrix} x_0 \\ y_0 \\ 1 \end{bmatrix} = \begin{bmatrix} -1 & 0 & f_{\text{Width}} \\ 0 & 1 & 0 \\ 0 & 0 & 1 \end{bmatrix} \cdot \begin{bmatrix} x \\ y \\ 1 \end{bmatrix} \tag{4-15}
$$

即

$$
\begin{cases} x_0 = f_{\text{Width}} - x \\ y_0 = y \end{cases}
$$

　　同样，$P_0(x_0，y_0)$ 经过垂直镜像后坐标将变为 $(x_0，f_{\text{Height}}-y_0)$，其矩阵表达式为

$$
\begin{bmatrix} x \\ y \\ 1 \end{bmatrix} = \begin{bmatrix} 1 & 0 & 0 \\ 0 & -1 & f_{\text{Height}} \\ 0 & 0 & 1 \end{bmatrix} \cdot \begin{bmatrix} x_0 \\ y_0 \\ 1 \end{bmatrix} \tag{4-16}
$$

其逆运算矩阵表达式为

$$
\begin{bmatrix} x_0 \\ y_0 \\ 1 \end{bmatrix} = \begin{bmatrix} 1 & 0 & 0 \\ 0 & -1 & f_{\text{Height}} \\ 0 & 0 & 1 \end{bmatrix} \cdot \begin{bmatrix} x \\ y \\ 1 \end{bmatrix} \tag{4-17}
$$

即

$$
\begin{cases} x_0 = x \\ y_0 = f_{\text{Width}} - y \end{cases}
$$

4.4.2　图像镜像算法

　　按照式(4-14)和式(4-16)可以实现图像的水平和垂直镜像操作。和图像平移一样，在垂直镜像中也可以利用位图存储的连续性整行复制图像。利用 OpenCV 提供的 Flip 函数进行图像镜像的大致结构为：flip(src, dst, flip_mod)。其中，src 为源图像，dst 为目标图像，flip_mod 为图像的镜像方式：当 flip_mod=0 时表示沿 x 轴进行翻转；当 flip_mod>0（如 flip_mod=1）时表示沿 Y 轴进行翻转；当 flip_mod<0（如 flip_mod=-1）时表示沿 x 轴和 y 轴进行翻转，翻转后像素点的取值可按下式处理：

$$
\begin{cases} \text{dst}(i, j) = \text{src}(\text{rows}(\text{src})-i-1, j), & \text{flip\_mod} = 0 \\ \text{dst}(i, j) = \text{src}(i, \text{cols}(\text{src})-j-1), & \text{flip\_mod} > 0 \\ \text{dst}(i, j) = \text{src}(\text{rows}(\text{src})-i-1, \text{cols}(\text{src})-j-1), & \text{flip\_mod} < 0 \end{cases}
$$

　　利用上述函数对如图 4-17 所示的图像进行镜像处理，图 4-18 和图 4-19 分别为水平镜像和垂直镜像的结果。

图 4-17　原图像

图 4-18　水平镜像

图 4-19　垂直镜像

实现图像镜像的完整代码请读者登录出版社网站下载，文件路径：code\src\chapter04\code04-03-flip.cpp。

4.5　图　像　旋　转

4.5.1　图像的旋转变换

图像的旋转一般是以图像的中心为原点，将图像上的所有像素都旋转一个相同的角度。旋转变换后仅产生图像位置的变化，但图像的大小一般会改变。和图像平移一样，在图像旋转变换中既可以把转出显示区域的图像截去，也可以扩大新图像的尺寸以显示所有的图像，如图 4-20 和图 4-21 所示，其中图 4-21 中左图为扩大图像，右图为转出部分被截图像。

图 4-20　旋转前的图像

图 4-21　旋转 θ 后的图像

图像的旋转变换同样可用矩阵变换表示。设点 $P_0(x_0, y_0)$ 旋转 θ 角后的对应点为 $P(x, y)$，如图 4-22 所示。则旋转前后点 $P_0(x_0, y_0)$、$P(x, y)$ 的坐标分别是：

$$\begin{cases} x_0 = r\cos\alpha \\ y_0 = r\sin\alpha \end{cases}$$

$$\begin{cases} x = r\cos(\alpha - \theta) = r\cos\alpha\cos\theta + r\sin\alpha\sin\theta = x_0\cos\theta + y_0\sin\theta \\ y = r\sin(\alpha - \theta) = r\sin\alpha\cos\theta - r\cos\alpha\sin\theta = -x_0\sin\theta + y_0\cos\theta \end{cases} \quad (4-18)$$

矩阵表达式为

$$\begin{bmatrix} x \\ y \\ 1 \end{bmatrix} = \begin{bmatrix} \cos\theta & \sin\theta & 0 \\ -\sin\theta & \cos\theta & 0 \\ 0 & 0 & 1 \end{bmatrix} \cdot \begin{bmatrix} x_0 \\ y_0 \\ 1 \end{bmatrix} \quad (4-19)$$

其逆运算为

$$\begin{bmatrix} x_0 \\ y_0 \\ 1 \end{bmatrix} = \begin{bmatrix} \cos\theta & -\sin\theta & 0 \\ \sin\theta & \cos\theta & 0 \\ 0 & 0 & 1 \end{bmatrix} \cdot \begin{bmatrix} x \\ y \\ 1 \end{bmatrix} \qquad (4-20)$$

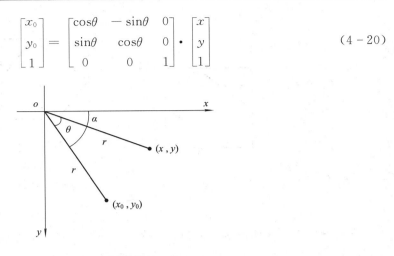

图 4-22　图像旋转 θ 角

用式(4-18)可以计算旋转后图像上像素的坐标。例如，对图 4-23 所示大小为 3×3 的图像进行旋转，当 $\theta = 30°$ 时，式(4-18)为

$$\begin{cases} x = 0.866x_0 - 0.5y_0 \\ y = 0.5x_0 + 0.866y_0 \end{cases}$$

变换后 x、y 可能取的最小、最大值分别为

$$x_{\min} = 0.866 - 0.5 * 3 = -0.634, \quad x_{\max} = 0.866 * 3 - 0.5 = 2.098$$
$$y_{\min} = 0.866 + 0.5 = 1.366, \quad y_{\max} = 0.866 * 3 + 0.5 * 3 = 4.098$$

其变换过程如图 4-23 所示。

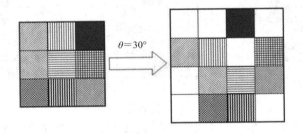

图 4-23　图像旋转 θ 角度(30°)

用式(4-19)进行图像旋转时需注意如下两点：

(1) 为避免丢失信息，旋转之前要平移图像坐标。具体方法有如图 4-24 所示的两种方法。旋转前图像左上角均在坐标原点 o 处，虚线框所示为旋转前的图像，实线为旋转后的图像。其中，图 4-24(a)为按照中心点 c 旋转方法，根据式(4-18)计算出图像旋转后 x、y 方向的最大和最小值，然后将图像平移到点划线所在的矩形位置。图 4-24(b)为坐标轴平移方法，同样，根据式(4-18)在 xoy 坐标系中计算出原图像旋转后 x、y 方向的最大和最小值，然后新建一个坐标系 $x_1 o_1 y_1$，在新的坐标系中重新得到平移后的图像，坐标轴平移方法无须考虑旋转中心的位置，因此具有更好的适用性。

(2) 根据式(4-18)可知，图像旋转之后，随着坐标取值的不同，图像会出现空洞点，如图 4-23 中 $(x' = 2, y' = 3)$ 位置所示的白色方格。因此需对空洞点进行填充处理，否则

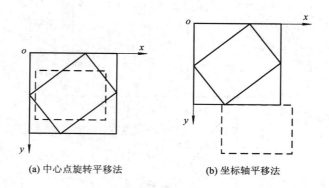

(a) 中心点旋转平移法　　　　　　(b) 坐标轴平移法

图 4 - 24　图像旋转之前进行的平移

边缘将会出现锯齿从而影响画面效果。填充空洞点可用插值处理，最简单的方法是行插值或列插值方法：图像旋转前某一点(x, y)的像素值，除了填充在旋转后坐标(x', y')上外，还要填充坐标为$(x'+1, y')$和$(x', y'+1)$上的点。

按照上述行插值或列插值方法，原像素点$(x=1, y=2)$经旋转 30°后得到变换后的点$(x'=2, y'=2)$，其后的空洞点$(x', y'+1)$可以填充为(x', y')，即空洞点$(2, 3)$可以用$(2, 2)$点的值来代替。当然，采用不同的插值方法所得到的空洞点的值是不同的，也可以采用其他方法处理得到不同的空洞点填充效果。图 4 - 23 中的图像处理后的效果如图 4 - 25 所示。

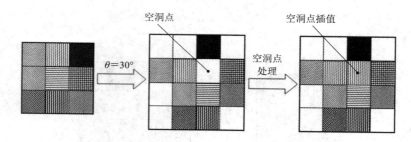

图 4 - 25　图 4 - 23 中的图像处理后的效果

上述所讨论的旋转是绕坐标轴原点$(0, 0)$进行的。如果图像绕一个指定点(a, b)旋转，则先要将坐标系平移到该点，再进行旋转，然后将旋转后的图像平移回原来的坐标原点。该旋转其实为图像的复合变换，将在图像的复合变换中讨论。

4.5.2　图像旋转的实现

由式$(4 - 19)$计算得到旋转后的坐标并用双线性插值方法充填空洞点，可以用 OpenCV 编写一个实现图像旋转的函数 rotateImage()。该函数的结构和主要算法大致如下。

(1) 读入源图像：

Mat src;

src = imread("4 - 26.jpg");

(2) 计算图像中心：

Point2f center(src.cols / 2, src.rows / 2);

（3）构建变换矩阵：

Mat rotmat = getRotationMatrix2D(center，30，1)；

//第 3 个变量大于 0 表示逆时针旋转；小于 0 表示顺时针旋转。

Mat dst(src.cols，src.rows，src.type())；

（4）进行变换：

warpAffine(src，dst，rotmat，

dst.size()，

INTER_LINEAR，BORDER_CONSTANT，Scalar(0))；

用上述函数对图 4 - 26 所示的原始图像旋转 15°，并按式（4 - 11）进行双线性插值处理后的结果如图 4 - 27 所示。将如图 4 - 28 所示的图像旋转 30°，并将局部放大后如图 4 - 29 所示，由图 4 - 29 可见，旋转后的图像在边缘会产生锯齿现象。实现图像旋转的完整代码请读者登录出版社网站下载，文件路径：code\src\chapter04\code04-04- rotateImage.cpp。

图 4 - 26　旋转前的图像

图 4 - 27　旋转 15°并插值

图 4 - 28　旋转前的另一个图像

图 4 - 29　旋转 30°后的局部放大图

4.6　图像复合变换

4.6.1　图像的复合变换

图像的复合变换是指对给定的图像连续进行若干次平移、镜像、比例缩放、旋转等基本变换。变换矩阵仍可用 3 阶矩阵表示，且可用数学证明：复合变换的矩阵等于基本变换的矩阵按顺序依次相乘得到的矩阵乘积。设对给定的图像依次进行了基本变换 F_1，F_2，…，F_N，其变换矩阵分别为 T_1，T_2，…，T_N，按照式（4 - 8）～式（4 - 16）的表示形式，图像的复合变换的矩阵 T 可以表示为：$T = T_N T_{N-1} \cdots T_1$。

常见的复合变换有两类：一类是同一种基本变换依次连续进行若干次，例如复合平

移、复合比例缩放、复合旋转等；另一类是含有不同类型的基本变换，例如图像的转置、绕任意点的比例缩放、绕任意点的旋转等。下面首先讨论第一类图像复合变换。

1. 复合平移

设原图像先平移到新的位置 $P_1(x_1, y_1)$ 后，再将图像平移到 $P_2(x_2, y_2)$ 的位置，则复合平移变换的矩阵为

$$T = T_1 T_2 = \begin{bmatrix} 1 & 0 & x_1 \\ 0 & 1 & y_1 \\ 0 & 0 & 1 \end{bmatrix} \cdot \begin{bmatrix} 1 & 0 & x_2 \\ 0 & 1 & y_2 \\ 0 & 0 & 1 \end{bmatrix} = \begin{bmatrix} 1 & 0 & x_1 + x_2 \\ 0 & 1 & y_1 + y_2 \\ 0 & 0 & 1 \end{bmatrix} \qquad (4-21)$$

由式(4-21)可见，尽管按顺序对图像进行了两次平移，但在复合平移矩阵中，只需对平移常量作加法运算。

2. 复合比例

对给定图像连续进行比例变换，最后合成的复合比例变换矩阵只要对比例常量作乘法运算即可。复合比例变换矩阵如下：

$$T = T_1 T_2 = \begin{bmatrix} a_1 & 0 & 0 \\ 0 & d_1 & 0 \\ 0 & 0 & 1 \end{bmatrix} \cdot \begin{bmatrix} a_2 & 0 & 0 \\ 0 & d_2 & 0 \\ 0 & 0 & 1 \end{bmatrix} = \begin{bmatrix} a_1 a_2 & 0 & 0 \\ 0 & d_1 d_2 & 0 \\ 0 & 0 & 1 \end{bmatrix} \qquad (4-22)$$

3. 复合旋转

对给定图像连续进行两次旋转变换，得到的旋转变换矩阵等于两次旋转角度的和。复合旋转变换矩阵如下：

$$T = T_1 T_2 = \begin{bmatrix} \cos\theta_2 & \sin\theta_2 & 0 \\ -\sin\theta_2 & \cos\theta_2 & 0 \\ 0 & 0 & 1 \end{bmatrix} \cdot \begin{bmatrix} \cos\theta_1 & \sin\theta_1 & 0 \\ -\sin\theta_1 & \cos\theta_1 & 0 \\ 0 & 0 & 1 \end{bmatrix}$$

$$= \begin{bmatrix} \cos(\theta_1 + \theta_2) & \sin(\theta_1 + \theta_2) & 0 \\ -\sin(\theta_1 + \theta_2) & \cos(\theta_1 + \theta_2) & 0 \\ 0 & 0 & 1 \end{bmatrix} \qquad (4-23)$$

上述图像变换均为相对原点(图像中心)作平移、比例缩放、旋转等，若要相对某一个参考点作变换，则需使用含有不同种基本变换的复合变换。不同的复合变换其变换过程不同，但均可以分解成一系列的基本变换。相应地，使用齐次坐标后，图像复合变换的矩阵由一系列图像的基本几何变换矩阵依次相乘而得到。下面通过一个例子讨论图像的复合变换。

在进行图像的比例缩放、旋转变换时，整个变换过程由两部分组成，即需要两个独立的算法。首先，需要一个算法来完成几何变换本身，用它描述每个像素如何从其初始位置变换到最终位置，即每个像素的变换；同时，还需要一个用于灰度级插值的算法，这是因为在一般情况下，原始图像的位置坐标 (x, y) 为整数，而变换后图像的位置坐标为非整数，即产生"空穴"，反过来也是如此。故需要进行灰度级插值的处理。

实现图像的灰度级插值处理时，可采用两种方法。第一种方法为像素移交(Pixel Carry-over)或向前映射法，可以把几何变换想象成将输入图像的灰度值一个一个像素地转移到输出图像中。如果一个输入像素被映射到 4 个输出像素之间的位置，则其灰度值就按插值算法在 4 个输出像素之间进行分配，如图 4-30(a)所示。

　　第二种插值处理方法是像素填充(Pixel Filling)或向后映射法。该算法将输出像素一次一个地映射回到原始(输入)图像中,以便确定其灰度级。如果一个输出像素被映射到 4 个输入像素之间,则其灰度值由灰度级插值决定,如图 4-30(b)所示,向后空间变换是向前变换的逆。像素填充法切实可行,且更为有效。

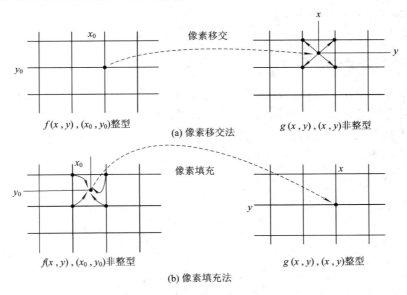

图 4-30　灰度级插值处理(像素变换)

　　在像素填充法中,变换后图像的像素通常被映射到原始图像中的非整数位置,即位于 4 个输入像素之间。因此,为了确定与该位置相对应的灰度值,须进行插值运算。最简单的插值方法是最近邻域插值法(参见 4.2 节)。双线性插值法和最近邻插值法相比效果更好,其原理如图 4-10 和图 4-31 所示,插值计算公式如式(4-11)所示。

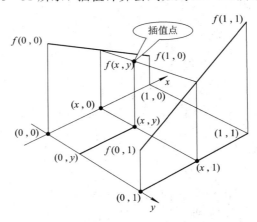

图 4-31　双线性插值

　　为提高双线性插值的速度,双线性插值也可以分解为 3 个线性插值来实现,公式如下:

$$f(x, 0) = f(0, 0) + x[f(1, 0) - f(0, 0)]$$
$$f(x, 1) = f(0, 1) + x[f(1, 1) - f(0, 1)] \tag{4-24}$$
$$f(x, y) = f(x, 0) + y[f(x, 1) - f(x, 0)]$$

因为式(4-11)用到 4 次乘法、8 次加/减法运算，而式(4-24)表示的方法只需 3 次乘法和 6 次加/减法，所以几何变换程序一般选择式(4-24)表示的方法。

在几何运算中，双线性灰度插值的平滑作用可能会使图像的细节产生退化，尤其在图像放大处理时影响更为明显。通过三次样条、Legendre 中心函数和 $\sin(ax)/ax$ 函数（即 $\mathrm{sinc}(ax)$ 函数）等高阶插值可以消除上述影响，但会增加计算量。高阶插值常用卷积来实现，请参考相关文献。

4.6.2　图像复合变换的示例

如果图像绕一个指定点(a, b)旋转，则先要将坐标系平移到该点，再进行旋转，然后将旋转后的图像平移回原来的坐标原点。下面推导图像复合变换公式。

首先推导坐标系平移的转换公式。如图 4-32 所示，将坐标系 I 平移到坐标系 II 处，其中坐标系 II 的原点在坐标系 I 中的坐标为(a, b)。

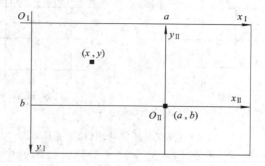

图 4-32　坐标系的平移

两个坐标系之间的坐标变换矩阵表达式为

$$\begin{bmatrix} x_{\mathrm{II}} \\ y_{\mathrm{II}} \\ 1 \end{bmatrix} = \begin{bmatrix} 1 & 0 & -a \\ 0 & -1 & b \\ 0 & 0 & 1 \end{bmatrix} \cdot \begin{bmatrix} x_{\mathrm{I}} \\ y_{\mathrm{I}} \\ 1 \end{bmatrix} \tag{4-25}$$

它的逆变换矩阵表达式为

$$\begin{bmatrix} x_{\mathrm{I}} \\ y_{\mathrm{I}} \\ 1 \end{bmatrix} = \begin{bmatrix} 1 & 0 & a \\ 0 & -1 & b \\ 0 & 0 & 1 \end{bmatrix} \cdot \begin{bmatrix} x_{\mathrm{II}} \\ y_{\mathrm{II}} \\ 1 \end{bmatrix} \tag{4-26}$$

为了简单起见，假设图像未旋转时中心坐标为(a, b)，旋转后中心坐标为(c, d)（在新的坐标系下旋转后新图像左上角为原点），则旋转变换矩阵表达式为

$$\begin{bmatrix} x \\ y \\ 1 \end{bmatrix} = \begin{bmatrix} 1 & 0 & c \\ 0 & -1 & d \\ 0 & 0 & 1 \end{bmatrix} \cdot \begin{bmatrix} x_{\mathrm{II}}^{'} \\ y_{\mathrm{II}}^{'} \\ 1 \end{bmatrix} = \begin{bmatrix} 1 & 0 & c \\ 0 & -1 & d \\ 0 & 0 & 1 \end{bmatrix} \cdot \begin{bmatrix} \cos\theta & \sin\theta & 0 \\ -\sin\theta & \cos\theta & 0 \\ 0 & 0 & 1 \end{bmatrix} \cdot \begin{bmatrix} x_1^{'} \\ y_1^{'} \\ 1 \end{bmatrix}$$

$$= \begin{bmatrix} 1 & 0 & c \\ 0 & -1 & d \\ 0 & 0 & 1 \end{bmatrix} \cdot \begin{bmatrix} \cos\theta & \sin\theta & 0 \\ -\sin\theta & \cos\theta & 0 \\ 0 & 0 & 1 \end{bmatrix} \cdot \begin{bmatrix} 1 & 0 & -a \\ 0 & -1 & b \\ 0 & 0 & 1 \end{bmatrix} \cdot \begin{bmatrix} x_0 \\ y_0 \\ 1 \end{bmatrix} \tag{4-27}$$

其逆变换表达式为

$$\begin{bmatrix} x_0 \\ y_0 \\ 1 \end{bmatrix} = \begin{bmatrix} 1 & 0 & -a \\ 0 & -1 & b \\ 0 & 0 & 1 \end{bmatrix}^{-1} \cdot \begin{bmatrix} \cos\theta & \sin\theta & 0 \\ -\sin\theta & \cos\theta & 0 \\ 0 & 0 & 1 \end{bmatrix}^{-1} \cdot \begin{bmatrix} 1 & 0 & c \\ 0 & -1 & d \\ 0 & 0 & 1 \end{bmatrix}^{-1} \cdot \begin{bmatrix} x \\ y \\ 1 \end{bmatrix} \quad (4-28)$$

即

$$\begin{bmatrix} x_0 \\ y_0 \\ 1 \end{bmatrix} = \begin{bmatrix} \cos\theta & \sin\theta & -c\cos\theta - d\sin\theta + a \\ -\sin\theta & \cos\theta & c\sin\theta - d\cos\theta + b \\ 0 & 0 & 1 \end{bmatrix} \cdot \begin{bmatrix} x \\ y \\ 1 \end{bmatrix} \quad (4-29)$$

因此

$$\begin{cases} x_0 = x\cos\theta + y\sin\theta - c\cos\theta - d\sin\theta + a \\ y_0 = -x\sin\theta + y\cos\theta + c\sin\theta - d\cos\theta + b \end{cases} \quad (4-30)$$

式(4-27)表明绕任意点(a,b)旋转的图像几何变换是由 3 个基本变换平移、旋转、平移所构成的,即先要将坐标系平移到点(a,b),再进行旋转,然后将旋转后的图像平移回原来的坐标原点。

利用式(4-27)~式(4-30),可以编写实现图像旋转的 OpenCV 函数。首先应计算出公式中需要的几个参数:a,b,c,d 和旋转后新图像的高度和宽度。设图像的原始宽度为 l_{Width},高度为 l_{Height},以图像中心为坐标系原点,则原始图像 4 个角的坐标分别为

$$\left(-\frac{l_{\text{Width}}-1}{2}, \frac{l_{\text{Height}}-1}{2}\right), \quad \left(\frac{l_{\text{Width}}-1}{2}, \frac{l_{\text{Height}}-1}{2}\right),$$

$$\left(\frac{l_{\text{Width}}-1}{2}, -\frac{l_{\text{Height}}-1}{2}\right), \quad \left(-\frac{l_{\text{Width}}-1}{2}, -\frac{l_{\text{Height}}-1}{2}\right)$$

按照式(4-27)~式(4-29),在旋转后的新图像中,该 4 个点坐标分别为

$$(f_{\text{DstX1}}, f_{\text{DstY1}}) = \left(-\frac{l_{\text{Width}}-1}{2}\cos\theta + \frac{l_{\text{Height}}-1}{2}\sin\theta, \frac{l_{\text{Width}}-1}{2}\sin\theta + \frac{l_{\text{Height}}-1}{2}\cos\theta\right)$$

$$(f_{\text{DstX2}}, f_{\text{DstY2}}) = \left(\frac{l_{\text{Width}}-1}{2}\cos\theta + \frac{l_{\text{Height}}-1}{2}\sin\theta, -\frac{l_{\text{Width}}-1}{2}\sin\theta + \frac{l_{\text{Height}}-1}{2}\cos\theta\right)$$

$$(f_{\text{DstX3}}, f_{\text{DstY3}}) = \left(\frac{l_{\text{Width}}-1}{2}\cos\theta - \frac{l_{\text{Height}}-1}{2}\sin\theta, -\frac{l_{\text{Width}}-1}{2}\sin\theta - \frac{l_{\text{Height}}-1}{2}\cos\theta\right)$$

$$(f_{\text{DstX4}}, f_{\text{DstY4}}) = \left(-\frac{l_{\text{Width}}-1}{2}\cos\theta - \frac{l_{\text{Height}}-1}{2}\sin\theta, \frac{l_{\text{Width}}-1}{2}\sin\theta - \frac{l_{\text{Height}}-1}{2}\cos\theta\right)$$

则新图像的宽度 l_{NewWidth} 和高度 $l_{\text{NewHeight}}$ 为

$$l_{\text{NewWidth}} = \max(\mid f_{\text{DstX4}} - f_{\text{DstX2}})\mid, \mid f_{\text{DstX3}} - f_{\text{DstX1}})\mid)$$

$$l_{\text{NewHeight}} = \max(\mid f_{\text{DstY4}} - f_{\text{DstY2}})\mid, \mid f_{\text{DstY3}} - f_{\text{DstY1}})\mid)$$

如果令

$$\begin{cases} f_1 = -c\cos\theta - d\sin\theta + a \\ f_2 = c\sin\theta - d\cos\theta + b \end{cases} \quad (4-31)$$

由已知及假设

$$a = \frac{l_{\text{Width}}-1}{2}, \quad b = \frac{l_{\text{Height}}-1}{2}, \quad c = \frac{l_{\text{NewWidth}}-1}{2}, \quad d = \frac{l_{\text{NewHeight}}-1}{2}$$

所以

$$\begin{cases} f_1 = -\dfrac{l_{\text{NewWidth}}-1}{2}\cos\theta - \dfrac{l_{\text{NewHeight}}-1}{2}\sin\theta + \dfrac{l_{\text{Width}}-1}{2} \\[3mm] f_2 = \dfrac{l_{\text{NewWidth}}-1}{2}\sin\theta - \dfrac{l_{\text{NewHeight}}-1}{2}\cos\theta + \dfrac{l_{\text{Height}}-1}{2} \end{cases} \quad (4-32)$$

由式(4-30)，得

$$\begin{cases} x_0 = x\cos\theta + y\sin\theta + f_1 \\ y_0 = -x\sin\theta + y\cos\theta + f_2 \end{cases} \quad (4-33)$$

式(4-32)和式(4-33)即为图像绕任意点(a,b)旋转的变换公式，由此可编写实现该变换的 OpenCV 程序。事实上，只要先按上述公式计算出旋转后新图像的高度和宽度以及常数f_1和f_2，并按照公式(4-33)计算出变换后图像上的点(i_0,j_0)，再对 4.5.2 节中的旋转函数稍加修改，便可实现绕任意点(a,b)旋转的图像复合变换。

4.7 透 视 变 换

4.7.1 透视变换

图像的透视变换

把空间坐标系中的三维物体或对象转变为二维图像表示的过程称为投影变换。根据视点(投影中心)与投影平面之间距离的不同，投影可分为平行投影和透视投影，透视投影即透视变换。平行投影的视点(投影中心)与投影平面之间的距离为无穷大，而对透视投影(变换)，此距离是有限的。透视投影具有透视缩小效应的特点，即三维物体或对象透视投影的大小与形体到视点(投影中心)的距离成反比。例如，等长的两直线段都平行于投影面，但离投影中心近的线段透视投影大，而离投影中心远的线段透视投影小。该效应所产生的视觉效果与人的视觉系统类似。与平行投影相比，透视投影的深度感更强，看上去更真实，但透视投影图不能真实地反映物体的精确尺寸和形状。

对于透视投影，一束平行于投影面的平行线的投影可保持平行，而不平行于投影面的平行线的投影会聚集到一个点，该点称为灭点(Vanishing Point)。可将灭点看作是无限远处一点在投影面上的投影。透视投影的灭点可以有无限多个，不同方向的平行线在投影面上就能形成不同的灭点，坐标轴方向的平行线在投影面上形成的灭点又称作主灭点。因为有x、y和z 3 个坐标轴，故主灭点最多有 3 个。透视投影按主灭点的个数可分为一点透视、两点透视和三点透视，如图 4-33 所示。

下面讨论一点透视。一点透视只有一个主灭点，即投影面与一个坐标轴正交，与另外两个坐标轴平行，如图 4-33(a)所示。进行一点透视投影变换时，要很好地考虑图面布局，以避免三维形体或对象的平面域或直线积聚成点而影响直观性。具体地说，就是要考虑下列几点：① 三维形体或对象与画面的相对位置；② 视距，即视点(投影中心)与投影面的距离；③ 视点的高度。据此，假设视点(投影中心)在坐标原点，z 坐标轴方向与观察方向重合一致，三维形体或对象上某一点为$P(x,y,z)$，一点透视变换后在投影面(观察平面)$UO'V$ 上的对应点为$P'(x',y',z')$，投影面与z轴垂直，且与视点的距离为d，z轴过投影面窗口的中心，窗口是边长为$2S$ 的正方形，如图 4-34 所示。

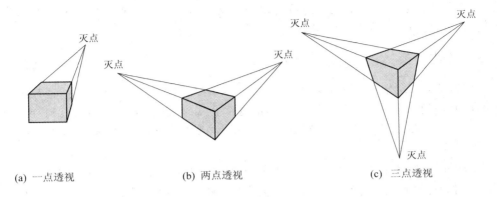

(a) 一点透视　　　　　　　(b) 两点透视　　　　　　　(c) 三点透视

图 4 - 33　透视变换

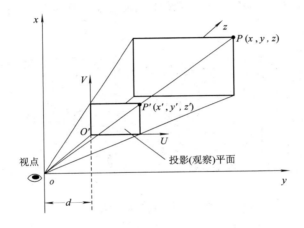

图 4 - 34　一点透视变换

根据相似三角形对应边成比例的关系，有

$$\frac{x'}{x} = \frac{y'}{y} = \frac{z'}{z}, \quad z' = d$$

$$x' = \frac{x}{z}d, \quad y' = \frac{y}{z}d, \quad z' = d \qquad (4-34)$$

利用齐次坐标，与二维几何变换类似，将该过程写成变换矩阵的形式：

$$\begin{bmatrix} x' \\ y' \\ z' \\ 1 \end{bmatrix} = \begin{bmatrix} d & 0 & 0 & 0 \\ 0 & d & 0 & 0 \\ 0 & 0 & 0 & -1 \\ 0 & 0 & 1 & 0 \end{bmatrix} \cdot \begin{bmatrix} x \\ y \\ z \\ 1 \end{bmatrix} = \begin{bmatrix} dx \\ dy \\ -1 \\ z \end{bmatrix} \qquad (4-35)$$

将式(4-35)右边相乘的结果进行齐次坐标的规范化后，得

$$\begin{bmatrix} x' & y' & z' & 1 \end{bmatrix}^{\mathrm{T}} = \begin{bmatrix} \dfrac{x}{z}d & \dfrac{y}{z}d & -\dfrac{1}{z} & 1 \end{bmatrix}^{\mathrm{T}}$$

式(4-35)与式(4-34)的结果相一致。故式(4-35)即为一点透视变换，当然也可以作为图像的透视变换。

　　一般，对于视点不在原点，投影平面是任意平面的情况，一点透视变换的矩阵可以用

一个 4×4 的矩阵表示。根据式(4-35)求出它的逆变换后，可以用 OpenCV 编写实现图像透视变换的程序，详细内容请参考有关文献。

4.7.2　其他变换

如前所述，齐次坐标为确定各种基本变换和复合变换提供了一种简单的方法。然而，图像处理所需的几何变换有些无法用简便的数学公式来表达，此外，所需几何变换经常要从对实际图像的测量中获得，因此更希望用这些测量结果而不是函数形式来描述几何变换。

图像几何变换的一个重要应用是消除由于摄像机导致的数字图像的几何畸变。在图像采集、处理、传输和显示过程中，由于光电成像系统(例如光学系统的像差等)或目标本身等所导致的成像系统中的像与目标之间的不相似现象，称作几何畸变(几何失真或变形)，如图4-35所示。通过计算机图像处理系统将几何失真的图像恢复到正常状态，即为图像畸变的几何校正。

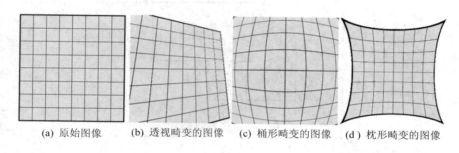

|(a) 原始图像|(b) 透视畸变的图像|(c) 桶形畸变的图像|(d) 枕形畸变的图像|

图 4-35　图像的畸变

对摄像机拍摄的有几何畸变的图像进行几何校正时，首先应将一个矩形栅格目标数字化并显示出来。因为摄像机中有几何变形，所显示的图案不会是准确的矩形，因此所求几何变换应能使其栅格图案再次被复原为准确的矩形，从而修正了摄像机产生的畸变。采用同样的几何变换可用于校正同一摄像机生成的数字化图像(假定畸变与景物无关)，由此可得到不产生畸变的图像。

下面简单介绍几种常用的其他几何变换形式，在很多场合，它们都是非常有用的。

1. 非矩形像素坐标的转换

当需要从数字图像中得到定量的空间测量数据时，几何校正被证明是十分重要的。卫星或航空遥感得到的图像均有相当严重的几何变形，需要先经过几何校正后，才能对其内容做出解释。一些图像系统使用非矩形的像素坐标，例如极坐标、柱坐标和球面坐标等，用普通的显示设备观察这些图像时，必须先对它们进行校正，也就是说，将其转换为矩形像素坐标。例如，在油(水)井套管缺陷识别中，有时需要将极坐标系中的内窥镜图像(图4-36)转换为直角坐标系中的图像(图4-37)，然后进行处理与分析。

对机器人鱼眼镜头拍摄的严重畸变图像，可以设计一个适当的几何变换将其校正到矩形坐标系中，这样，便可以用立体视觉测距技术对机器人周围的物体进行 3D 空间定位。

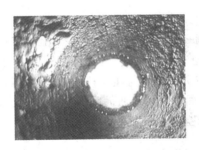

图 4 - 36　极坐标系中的内窥镜图像

图 4 - 37　转换为直角坐标系中的图像

2. 图像错切

图像错切实际上是平面景物在投影平面上的非垂直投影。错切可以使图像中的图形产生扭变，一般来讲，图像错切可以分为水平方向错切和垂直方向错切两种形式。

水平方向错切的表达式为

$$\begin{cases} x' = x + d_x y \\ y' = y \end{cases} \tag{4-36}$$

式中，(x, y) 为原图像中像素点的坐标；(x', y') 为变换后的像素点坐标；d_x 为错切系数。

同理，可以得到垂直方向错切的表达式：

$$\begin{cases} x' = x \\ y' = y + d_y x \end{cases} \tag{4-37}$$

用式(4-36)对图 4-38(a)所示的 Lena 图像进行 $d_x = 0.5$ 的错切图像如图 4-38(b)所示。由图 4-38(b)可以看出，错切之后原图像的像素排列方向发生改变。与前述图像旋转不同，在图像错切中，x 方向与 y 方向独立变化。

(a) Lena 图像　　　(b) 错切后的图像

图 4 - 38　水平方向错切示例

3. 图像卷绕

图像卷绕是通过指定一系列控制点的位移来定义空间变换的图像变形的处理技术,非控制点的位移则通过控制点进行插值处理。一般情况下,由控制点将图像分成若干多边形区域,然后在各个变形区域使用双线性插值函数来完成非控制点的填充。在图像拼接等研究领域,将拼接图像卷绕至柱面并对拼接后的图像进行融合处理以得到柱面全景图是非常必要的。图像卷绕操作一般包括控制点选择及插值处理两个部分,其处理过程如图 4 - 39 所示。

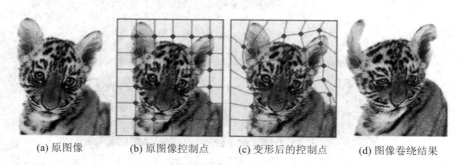

(a) 原图像　　　(b) 原图像控制点　　　(c) 变形后的控制点　　　(d) 图像卷绕结果

图 4 - 39　图像卷绕示例图

几何变换的另一个应用是对相似的图像进行配准以便进行图像比较,典型的应用是利用图像相减来检测运动或变化。有时,为便于解释需要将图像以另一种样式表示,这时也会用到几何变换。另外,地图绘制中的图像投影也会用到几何变换,例如,在利用从宇宙飞船上传回来的图像拼成地球、月球及行星的航拍镶嵌地图时,就必须用几何变换。有关这些变换及其应用的详细内容请参阅书后的参考文献。

4.8　应用实例——几何畸变的校正

几何畸变的校正

下面以图像几何畸变校正为例,介绍图像几何变换的应用。由于几何畸变会影响图像的质量,给进一步的处理与分析带来困难,而且一些非线性畸变(如广角镜头的径向畸变)用简单方法难以消除,因此人们提出了许多进行几何畸变校正的方法。几何畸变及其校正的基本过程如图 4 - 40 所示。畸变图像几何校正的主要步骤有建立校正函数、对图像中的像素逐个进行几何变换以及灰度重采样等,其流程如图 4 - 41 所示。几何畸变校正包括两个关键的内容:① 图像空间像素坐标的几何变换——空间变换;② 变换后的标准图像空间的各像素灰度值的计算——灰度值计算。

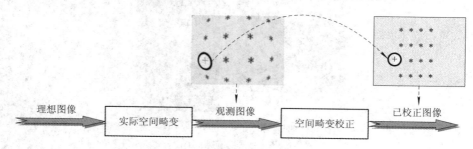

理想图像　　　实际空间畸变　　　观测图像　　　空间畸变校正　　　已校正图像

图 4 - 40　几何畸变及其校正示意图

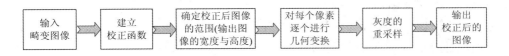

图 4 - 41　几何畸变校正的流程图

任何几何失真都可以由非失真坐标系(x,y)变换到失真坐标系(u,v)的方程来定义。方程的一般形式为

$$\begin{cases} u = g_u(x,y) \\ v = g_v(x,y) \end{cases} \qquad (4-38)$$

式中：$g_u(x,y)$和$g_v(x,y)$表示产生几何畸变图像的两个空间变换。在透视畸变的情况下，变换是线性的，$g_u(x,y)$和$g_v(x,y)$可写为

$$\begin{cases} u = ax + by + c \\ v = dx + ey + f \end{cases} \qquad (4-39)$$

若知道 $g_u(x,y)$ 和 $g_v(x,y)$ 的解析表达式，则可以用其反变换恢复理想的图像。但实际应用中通常无法知道其解析表达式，为此，只能通过在输入图像（畸变图像）和输出图像（校正图像）上找一些位置已知的点（称为约束对应点），然后，利用这些点建立两幅图像间其他像素空间位置的对应关系，从而建立起函数关系式，将失真图像的坐标系(u,v)变换到标准图像坐标系(x,y)，以实现失真图像按标准图像的几何位置校正，使失真图中的每一像点都可以在标准图中找到对应像点。具体的实现步骤是：

（1）利用控制点对图像数据建立一个模拟几何畸变的数学模型，以建立畸变图像空间与标准空间的对应关系；

（2）用这种对应关系把畸变空间中的全部元素变换到标准空间中去。

在图像的几何畸变校正中，需要对输入的畸变图像进行重采样，以便得到消除了几何畸变的图像。重采样的方法有直接成图法和间接成图法，如图 4 - 42 所示。

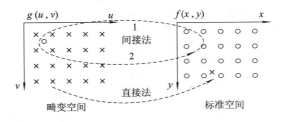

图 4 - 42　重采样的直接成图法和间接成图法

1. 直接成图法

从畸变图像阵列出发，按行列的顺序依次对每个畸变图像的像素位置(u,v)求其在标准图像空间中的正确位置：

$$\begin{cases} x = f_x(u,v) \\ y = f_y(u,v) \end{cases} \qquad (4-40)$$

式中：$f_x(u,v)$、$f_y(u,v)$为直接校正畸变函数。并把畸变图像的像素亮度值$g(u,v)$移到该正确的位置上，即 $g(u, v) \rightarrow f(x, y)$。

由于畸变图像空间和标准图像空间的对应关系往往为非线性，因而畸变图像中排列规则的像素经过校正后则不再按规则网格排列，必须经过重采样，将不规则排列的离散灰度阵列变换为规则排列的像素灰度阵列。

2. 间接成图法(重采样成图法)

间接成图法首先从空白的输出图像阵列(校正后的图像)出发建立空间转换关系，即式(4-38)，然后把由式(4-38)算出的畸变图像点位上的亮度值取出填回到空白输出图像点阵中相应的像素位置上去，即 $f(x, y) \rightarrow g(u, v)$。由于计算的 (u, v) 不一定刚好位于畸变图像的某个像素中心上，所以必须经过灰度插值确定 (u, v) 的灰度值。

直接成图法与间接成图法本质上并无差异，主要不同首先在于校正畸变函数不同，其互为逆变换；其次，校正后像素获得亮度值的方法不同，对于直接成图法称为亮度重配置，而对于间接成图法称为亮度重采样。由于重采样成图法能够保证校正图像空间中的像素呈均匀分布，因而最为常用。

实际应用中常使用的几何校正方法是多项式校正法，它的校正原理直观，计算简单，可以用于各种类型的图像。该方法对图像的变形进行数学模拟，它认为图像的总体变形可以看作是平移、比例缩放、仿射、偏扭(错切)、弯曲以及更高次的基本变形综合作用的结果，因而校正前后相应控制点对之间的坐标关系可以用一个适当的多项式来表达。重采样成图法采用的二元多项式数学模型为

$$\begin{cases} u = g_u(x, y) = \sum_{i=0}^{n} \sum_{j=0}^{n-i} a_{ij} x^i y^j \\ v = g_v(x, y) = \sum_{i=0}^{n} \sum_{j=0}^{n-i} b_{ij} x^i y^j \end{cases} \tag{4-41}$$

式中：x、y 为标准图像的空间坐标；u、v 为畸变图像的空间坐标；n 为多项式的次数，n 值越大，说明几何扭曲的程度越复杂；a_{ij}、b_{ij} 为待定系数，它们可以采用已知的控制点对，用曲面拟合方法、按最小二乘法准则求出，即使拟合误差平方和 ε 为最小：

$$\begin{cases} \varepsilon_u = \sum_{k=1}^{K} \left(u_k - \sum_{i=0}^{n} \sum_{j=0}^{n-i} a_{ij} x_k^i y_k^j \right)^2 \\ \varepsilon_v = \sum_{k=1}^{K} \left(v_k - \sum_{i=0}^{n} \sum_{j=0}^{n-i} b_{ij} x_k^i y_k^j \right)^2 \end{cases} \tag{4-42}$$

由于多项式的项数(即系数个数)N 与其次数 n 有固定的关系，即 $N = (n+1)(n+2)/2n$，因此，用最小二乘法计算系数时，控制点对的数目必须不小于 N。当两者相等时，可以通过直接解方程组求得系数，这时建立的多项式函数完全通过控制点对，因此控制点对的误差对几何校正影响较大。若控制点数小于 N 时，则解是不确定的，无法确定畸变函数。实际中常利用一次多项式、二次多项式和三次多项式进行几何校正。

利用上述理论，根据实际给出的畸变图像，可以编制 OpenCV 程序，实现一般几何畸变的校正。图 4-43 是利用上述技术，对具有桶形畸变和透视畸变的图像进行几何畸变校正的结果。针对特殊应用领域畸变图像的新的几何校正方法，畸变图像的自动校正方法也是图像校正研究的主要内容之一，有兴趣的读者可以查阅有关参考资料。

(a) 桶形和透视畸变图像　　　　　　　　(b) 几何校正后的图像

图 4-43　几何畸变校正示例图

习　　题

1. 试说明为什么 2×2 的矩阵 $\boldsymbol{T}=\begin{bmatrix} a & b \\ c & d \end{bmatrix}$ 不能直接实现 2D 图像的平移变换？

2. 在图像比例缩放变换中，如果放大倍数太大，按照 4.2.1 节中给出的方法处理会出现马赛克效应。该问题有无办法解决或改善？如果有，请给出方案。

3. 给出图 4-24 所示的图像旋转之前进行平移的两种方法的具体过程。

4. 请写出图像旋转之后，插值处理中的列插值方法。

5. 设边长为 1 cm 的 4×4 方块图像 $f(x,y)$ 为

$$\boldsymbol{F}=\begin{bmatrix} 59 & 60 & 58 & 57 \\ 61 & 59 & 59 & 57 \\ 62 & 59 & 60 & 58 \\ 59 & 61 & 60 & 56 \end{bmatrix}$$

现要将它逆时针旋转 45°，请写出变换过程，并编写程序实现这个变换。

6. 设 $f(221,396)=18$，$f(221,397)=45$，$f(222,396)=52$，$f(222,397)=36$，试分别用最邻近插值法和双线性插值法计算 $f(221.3,396.7)$ 的值。

7. 若将任意一幅图像绕点 $P(x,y)=(100,260)$ 逆时针旋转 60°，求它的几何变换公式。

8. 写出符合如下要求的几何变换公式：

(1) 沿过点 $P(x,y)=(60,120)$，与 x 轴夹角为 30°(逆时针)的直线上的点按 130% 的比例放大图像；

(2) 沿过原点 $(0,0)$，与 y 轴夹角为 30°(逆时针)的直线上的点按 60% 的比例缩小图像。

9. 试设计一个几何变换将一张贴在圆柱上的图像展开为平面图像。

10. 试设计一个几何变换程序，它可以根据输入的参数进行旋转、平移和比例缩放。试从速度和精度方面评价该程序。

11. 设计一个空间变换程序，用来卷绕一个人的脸部照片以匹配另一张照片的特征。数字化一位名人相片和一张从同样角度拍摄的你自己的照片，并卷绕你的照片，使你看起来像这位名人。

12. 简述图像几何畸变校正的过程与步骤。

第 4 章习题答案

第 5 章　频 域 处 理

　　数字图像处理的方法有两大类：一类是空间域处理法(简称空域法)，另一类是频率域(简称频域)分析法(或称变换域法)。把图像信号从空间域变换到频率域，可以从另外一个角度来分析图像信号的特性。图像的频域处理最突出的特点是其运算速度高，并可采用已有的二维数字滤波技术进行所需要的各种图像处理，因此得到了广泛的应用。

　　数字图像的频域处理主要有三种应用：① 利用某些频域变换可从图像中提取图像的特征；② 利用图像频域处理可实现图像高效压缩编码；③ 减小计算维数，使算术运算次数大大减少，从而提高图像处理的速度。

　　数字图像的频域处理最关键的是变换处理，即首先将图像从空间域变换到频域，然后进行各种处理，再将所得到的结果进行逆变换，即从频域再变换到空间域，从而达到图像处理的目的。一般采用的变换方法均为线性正交变换，又称为酉变换。本章将介绍离散图像的二维傅里叶变换，从中得出离散图像变换的一般表达式，然后从一般表达式出发讨论离散图像余弦变换，并对小波变换进行简要介绍。

5.1　频域与频域变换

　　频域变换的理论基础就是"任意波形都可以用单纯的正弦波的加权和来表示"。如图 5-1(a)所示的任意波形，可分解为图 5-1(b)、5-1(c)、5-1(d)所示的不同幅值、不同频率的正弦波的加权和。

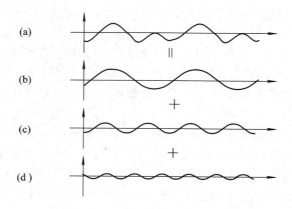

图 5-1　任意波形可分解为正弦波的加权和

为便于理解,将图 5-1(b)所示的正弦波取出来,如图 5-2 所示。如果将虚线表示的振幅为 1,且初相位为 0 的正弦波作为基本正弦波,则实线表示的波形可由其振幅 A 和初相位 φ 确定。

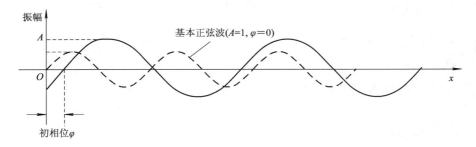

图 5-2 正弦波的振幅 A 和相位 φ

由此,图 5-1(b)、(c)、(d)3 个不同的正弦波形可以描述为图 5-3 所示的两幅图。其中图 5-3(a)表示振幅与频率之间的关系,称为幅频特性;图 5-3(b)表示初相位与频率之间的关系,称为相频特性。

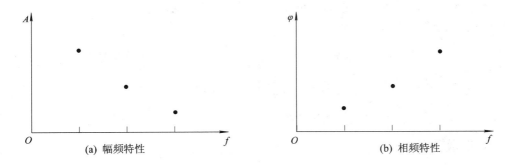

图 5-3 图 5-1(a)波形的频域表示

这样便将图 5-1(a)所示的时域 $f(x)$ 变换到图 5-3 所示的频域 $F(\omega)$。显然,不管波形多么复杂,均可将其变换到频域。

时域和频域之间的变换可用数学公式表示如下:

$$f(x) \underset{逆变换}{\overset{正变换}{\Longleftrightarrow}} A(\omega), \varPhi(\omega) \tag{5-1}$$

式中:$A(\omega)$、$\varPhi(\omega)$ 分别为幅值和相位与频率 ω 之间的关系。

为能同时表示信号的振幅和相位,通常采用复数表示法。式(5-1)可用复数表示为

$$f(x) \underset{逆变换}{\overset{正变换}{\Longleftrightarrow}} F(\omega) \tag{5-2}$$

式中:$F(\omega)$ 用复数表示幅值、相位与频率 ω 之间的关系。

为完成这种变换,一般采用线性正交变换方法。

5.2 傅里叶变换

傅里叶变换是一种常用的正交变换,它的理论完善,应用广泛。在图像处理应用领域,

傅里叶变换起着非常重要的作用,可用它完成图像分析、图像增强及图像压缩等工作。

5.2.1　连续函数的傅里叶变换

当一个一维信号 $f(x)$ 满足狄里赫莱条件(Dirichlet Proposal),即

(1) 具有有限个间断点;

(2) 具有有限个极值点;

(3) 绝对可积。

则其傅里叶变换对(傅里叶变换和逆变换)一定存在。在实际应用中,这些条件一般总是可以满足的。

一维傅里叶变换对定义为

$$\mathscr{F}[f(x)] = F(u) = \int_{-\infty}^{+\infty} f(x)\, e^{-j2\pi ux}\, dx \tag{5-3}$$

$$\mathscr{F}^{-1}[F(u)] = f(x) = \int_{-\infty}^{+\infty} F(u)\, e^{j2\pi ux}\, du \tag{5-4}$$

式中: $j = \sqrt{-1}$; x 为时域变量; u 为频域变量。

以上一维傅里叶变换可以很容易推广到二维。如果二维函数 $f(x, y)$ 满足狄里赫莱条件,则它的二维傅里叶变换对为

$$\mathscr{F}[f(x, y)] = F(u, v) = \int_{-\infty}^{+\infty}\int_{-\infty}^{+\infty} f(x, y)\, e^{-j2\pi(ux+vy)}\, dxdy \tag{5-5}$$

$$\mathscr{F}^{-1}[F(u, v)] = f(x, y) = \int_{-\infty}^{+\infty}\int_{-\infty}^{+\infty} F(u, v)\, e^{j2\pi(ux+vy)}\, dudv \tag{5-6}$$

式中: x, y 为时域变量; u, v 为频域变量。

5.2.2　离散傅里叶变换

在数字图像处理中应用傅里叶变换,还需要解决两个问题:一是在数学中进行傅里叶变换的 $f(x)$ 为连续(模拟)信号,而计算机处理的是数字信号(图像数据);二是数学上采用无穷大概念,而计算机只能进行有限次计算。通常,将有限长序列的傅里叶变换称为离散傅里叶变换(Discrete Fourier Transform, DFT)。

定义:设 $\{f(n)\,|\,f(0), f(1), \cdots, f(N-1)\}$ 为一维信号 $f(x)$ 的 N 个抽样, $n=1, 2, \cdots, N-1$,则其离散傅里叶变换对为

$$\mathscr{F}[f(x)] = F(u) = \sum_{x=0}^{N-1} f(x)\, e^{-j\frac{2\pi ux}{N}} \tag{5-7}$$

$$\mathscr{F}^{-1}[F(u)] = f(x) = \frac{1}{N}\sum_{u=0}^{N-1} F(u)\, e^{j\frac{2\pi ux}{N}} \tag{5-8}$$

式中: $x, u = 0, 1, 2, \cdots, N-1$ 。

注:式(5-8)中的系数 $1/N$ 也可以放在式(5-7)中,有时也可在傅里叶正变换和逆变换前分别乘上 $1/\sqrt{N}$,这无关紧要,只要正变换和逆变换前系数乘积等于 $1/N$ 即可。

由欧拉公式可知:

$$e^{j\theta} = \cos\theta + j\sin\theta \tag{5-9}$$

将式(5-9)代入式(5-7),并利用 $\cos(-\theta) = \cos(\theta)$,可得

$$F(u) = \sum_{x=0}^{N-1} f(x) \left[\cos\left(\frac{2\pi}{N}ux\right) - j\sin\left(\frac{2\pi}{N}ux\right) \right] \tag{5-10}$$

可见，离散序列的傅里叶变换仍是一个离散的序列，对每一个 u 对应的傅里叶变换结果是所有输入序列 $f(x)$ 的加权和(每一个 $f(x)$ 都乘以不同频率的正弦和余弦值)，u 决定了每个傅里叶变换结果的频率。

通常傅里叶变换为复数形式，即

$$F(u) = R(u) + jI(u) \tag{5-11}$$

式中：$R(u)$ 和 $I(u)$ 分别是 $F(u)$ 的实部和虚部。式(5-11)也可表示成指数形式：

$$F(u) = |F(u)| e^{j\varphi(u)} \tag{5-12}$$

式中：

$$|F(u)| = \sqrt{R^2(u) + I^2(u)} \tag{5-13}$$

$$\varphi(u) = \arctan\frac{I(u)}{R(u)} \tag{5-14}$$

通常，称 $|F(u)|$ 为 $f(x)$ 的频谱或傅里叶幅度谱，$\varphi(u)$ 为 $f(x)$ 的相位谱。

频谱的平方称为能量谱，它表示为

$$E(u) = |F(u)|^2 = R^2(u) + I^2(u) \tag{5-15}$$

考虑到两个变量，就很容易将一维离散傅里叶变换推广到二维。二维离散傅里叶变换对定义为

$$\mathscr{F}[f(x, y)] = F(u, v) = \sum_{x=0}^{M-1}\sum_{y=0}^{N-1} f(x, y) e^{-j2\pi\left(\frac{ux}{M} + \frac{vy}{N}\right)} \tag{5-16}$$

$$\mathscr{F}^{-1}[F(u, v)] = f(x, y) = \frac{1}{MN}\sum_{u=0}^{M-1}\sum_{v=0}^{N-1} F(u, v) e^{j2\pi\left(\frac{ux}{M} + \frac{vy}{N}\right)} \tag{5-17}$$

式中：$u, x = 0, 1, 2, \cdots, M-1$；$v, y = 0, 1, 2, \cdots, N-1$；$x, y$ 为时域变量；u, v 为频域变量。

和一维离散傅里叶变换相同，系数 $1/MN$ 可以在正变换或逆变换中，也可以分别在正变换和逆变换前分别乘上系数 $1/\sqrt{MN}$，只要两系数的乘积等于 $1/MN$ 即可。

二维离散函数的傅里叶频谱、相位谱和能量谱分别为

$$|F(u, v)| = \sqrt{R^2(u, v) + I^2(u, v)} \tag{5-18}$$

$$\varphi(u, v) = \arctan\frac{I(u, v)}{R(u, v)} \tag{5-19}$$

$$E(u, v) = R^2(u, v) + I^2(u, v) \tag{5-20}$$

式中：$R(u, v)$ 和 $I(u, v)$ 分别是 $F(u, v)$ 的实部和虚部。

5.2.3　离散傅里叶变换的性质

二维离散傅里叶变换的性质对图像的分析具有十分重要的作用，因此，有必要理解和掌握二维 DFT 的性质。二维离散傅里叶变换的主要性质如表 5-1 所示。

表 5-1　二维 DFT 的性质

编号	性质		数学定义表达式
1	线性性质		$af_1(x, y) \pm bf_2(x, y) \Leftrightarrow aF_1(u, v) \pm bF_2(u, v)$
2	比例性质		$f(ax, by) \Leftrightarrow \dfrac{1}{ab} F\left(\dfrac{u}{a}, \dfrac{v}{b}\right)$
3	可分离性		$F(u, v) = F_y\{F_x[f(x, y)]\} = F_x\{F_y[f(x, y)]\}$
			$f(x, y) = F_u^{-1}\{F_v^{-1}[F(u, v)]\} = F_v^{-1}\{F_u^{-1}[F(u, v)]\}$
4	平移性质	空间位移	$f(x-x_0, y-y_0) \Leftrightarrow F(u, v)\mathrm{e}^{-\mathrm{j}2\pi\left(\frac{ux_0}{M}+\frac{vy_0}{N}\right)}$
		频率位移	$f(x, y)\mathrm{e}^{\mathrm{j}2\pi\left(\frac{u_0 x}{M}+\frac{v_0 y}{N}\right)} \Leftrightarrow F(u-u_0, v-v_0)$
5	图像中心化		当 $u_0 = \dfrac{M}{2}$ 和 $v_0 = \dfrac{N}{2}$ 时, $f(x, y)(-1)^{x+y} \Leftrightarrow F\left(u-\dfrac{M}{2}, v-\dfrac{N}{2}\right)$
6	周期性		$F(u, v) = F(u+aM, v) = F(u, v+bN) = F(u+aM, v+bN)$
			$f(x, y) = f(x+aM, y) = f(x, y+bN) = f(x+aM, y+bN)$
7	共轭对称性		$F(u, v) = F^*(-u, -v), \ \|F(u, v)\| = \|F(-u, -v)\|$
8	旋转不变性		$f(r, \theta+\theta_0) \Leftrightarrow F(\rho, \varphi+\theta_0)$
9	平均值		$\overline{f(x, y)} = \dfrac{1}{MN}\displaystyle\sum_{x=0}^{M-1}\sum_{y=0}^{N-1} f(x, y) = \dfrac{1}{MN}F(0, 0)$
10	卷积定理		$f(x, y) * h(x, y) \Leftrightarrow F(u, v) \cdot H(u, v)$
			$f(x, y) \cdot h(x, y) \Leftrightarrow F(u, v) * H(u, v)$
11	相关定理		互相关: $\begin{aligned} f(x, y) \circ g(x, y) &\Leftrightarrow F(u, v) \cdot G^*(u, v) \\ f(x, y) \cdot g^*(x, y) &\Leftrightarrow F(u, v) \circ G^*(u, v) \end{aligned}$
			自相关: $\begin{aligned} f(x, y) \circ f(x, y) &\Leftrightarrow \|F(u, v)\|^2 \\ \|f(x, y)\|^2 &\Leftrightarrow F(u, v) \circ F(u, v) \end{aligned}$

以上具有重要意义的两个性质的含义如下。

1. 可分离性

由可分离性可知，一个二维傅里叶变换可分解为两步进行，其中每一步都是一个一维傅里叶变换。可先对 $f(x, y)$ 按行进行傅里叶变换得到 $F(x, v)$，再对 $F(x, v)$ 按列进行傅里叶变换，便可得到 $f(x, y)$ 的傅里叶变换结果 $F(u, v)$，如图 5-4 所示。当然，也可先按列进行傅里叶变换，再按行进行傅里叶变换。

同理，傅里叶变换的逆变换也具有可分离性。

利用傅里叶变换的可分离性，可以简化傅里叶变换的软、硬件设计，用一维傅里叶变

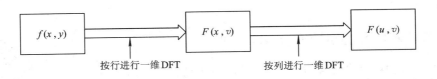

图 5-4　用 2 次一维 DFT 计算二维 DFT

换软件或硬件便可实现二维傅里叶变换。

2. 平移性质

平移性质表明只要将 $f(x,y)$ 乘上因子 $(-1)^{x+y}$ 再进行离散傅里叶变换，便可将图像的频谱原点 $(0,0)$ 移动到图像中心 $(M/2, N/2)$ 处。图 5-5(a) 是一简单方块图像，图 5-5(b) 是其无平移的傅里叶频谱，图 5-5(c) 是平移后的傅里叶频谱。直接进行傅里叶变换的结果中，低频部分位于四角，高频部分位于中间，利用傅里叶变换的平移性质将图像频谱原点移动到图像中心，便于分析和处理，特别是设计滤波器时更加方便。实际操作时，可将频谱图像分成 4 等份，互相对调，如图 5-6 所示，即可得平移后的傅里叶频谱。

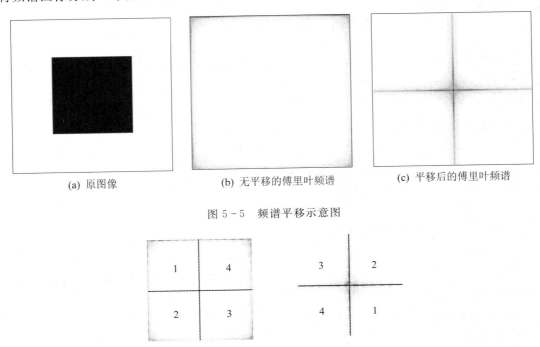

(a) 原图像　　　　　　(b) 无平移的傅里叶频谱　　　　　(c) 平移后的傅里叶频谱

图 5-5　频谱平移示意图

图 5-6　傅里叶频谱平移操作

由表 5-1 中性质 9 可知，图像的频谱原点 $(0,0)$ 代表图像灰度的平均值，是图像信号中的直流分量。因此，平移后的频谱中，图像能量的低频成分将集中到频谱中心，图像上的边缘、线条细节信息等高频成分，将分散在图像频谱的边缘。

用傅里叶变换处理和分析信号，就像用三棱镜分解光线一样。让一束白光通过三棱镜，可将白光分解成七色的彩虹，若将分解开的七色光再次通过三棱镜，又可以得到白光。从形式上看这是由简单变换出了繁复，实则是将混合的东西分解成了基本的元素，通过对其基本元素的分析与处理，进而完成对信号的处理和分析。因此，傅里叶变换又有"数字棱镜"的美誉。

5.2.4　离散傅里叶变换的 OpenCV 实现

离散傅里叶变换

在 OpenCV 中，提供了离散傅里叶变换的实现，相关的函数主要有 getOptimalDFTSize()、copyMakeBorder()、merge()、dft()、log() 和 normalize() 等。

1. 图像大小优化

为提高 DFT 的计算性能，OpenCV 要求图像大小是 2、3、5 的整数次幂，所以为了获取最佳性能，需要补全图像以达到提高计算性能的约束条件。getOptimalDFTSize() 函数能够返回最佳大小，利用 copyMakeBorder() 函数可对图像边缘进行扩展。其代码如下：

```
Mat padded;
// 获取最佳高度
int m = getOptimalDFTSize(I.rows);
// 获取最佳宽度
int n = getOptimalDFTSize(I.cols);
// 扩展图像
copyMakeBorder(I, padded, 0, m−I.rows, 0, n−I.cols, BORDER_CONSTANT, Scalar::all(0));
```

其中，I 为输入图像。

2. 实部和虚部矩阵创建

对每一幅图像进行 DFT 时，其输出结果是复数，由实部和虚部构成，且其值域范围较大，宜采用浮点数格式进行存储。创建实部和虚部矩阵的代码如下：

```
Mat planes[] = {Mat_<float>(padded), Mat::zeros(padded.size(), CV_32F)};
Mat complexI;
merge(planes, 2, complexI);
```

3. DFT 实现

对离散傅里叶变换，OpenCV 提供了 dft() 函数实现 DFT 的原地操作(in-place，输出结果直接存储在输入矩阵中)。其代码为

```
dft(complexI, complexI);
```

4. 频谱计算

根据式(5−18)，为得到频谱特性，OpenCV 提供了 magnitude() 函数实现频谱的计算。其代码如下：

```
// sqrt(Re(DFT(I))^2 + Im(DFT(I))^2))
split(complexI, planes); // planes[0] = Re(DFT(I)), planes[1] = Im(DFT(I))
magnitude(planes[0], planes[1], planes[0]); // planes[0] = magnitude
Mat magI = planes[0];
```

5. 对数坐标转换

傅里叶变换结果的动态范围较宽，为实现数据的显示，需要对其进行对数坐标转换。

其代码为如下：

```
// log(1 + magI)
magI += Scalar::all(1);
log(magI, magI);
```

6. 频谱平移

为实现频谱平移，可按图 5-6 进行象限调整，使频谱的原点位于显示中心。其代码如下：

```
magI = magI(Rect(0, 0, magI.cols & -2, magI.rows & -2));
int cx = magI.cols / 2;
int cy = magI.rows / 2;
Mat q0(magI, Rect(0, 0, cx, cy));        // 左上角
Mat q1(magI, Rect(cx, 0, cx, cy));       // 右上角
Mat q2(magI, Rect(0, cy, cx, cy));       // 左下角
Mat q3(magI, Rect(cx, cy, cx, cy));      // 右下角
Mat tmp;

q0.copyTo(tmp);
q3.copyTo(q0);
tmp.copyTo(q3);
q1.copyTo(tmp);
q2.copyTo(q1);
tmp.copyTo(q2);
```

7. 标准化

OpenCV 提供了 normal() 函数对 DFT 计算结果进行标准化，以进行可视化显示、分析比较等处理。其代码为

```
normalize(magI, magI, 0, 1, CV_MINMAX);
```

8. 频谱显示

对于 DFT 的频谱，可按图像的方式进行显示。其代码为

```
imshow("spectrum magnitude", magI);
```

其余完整代码与此类似，由于篇幅所限，仅给出光盘文件名称。计算并显示一幅图像频谱的完整代码请读者登录出版社网站下载，文件路径：code\src\chapter05\code05-01-dftTransform.cpp。

5.3　频域变换的一般表达式

傅里叶变换是可分离变换的一个特例，下面将先讨论这类变换的一些共同特点，然后再介绍图像处理中常用的离散余弦变换。

5.3.1　可分离变换

二维傅里叶变换可用通用关系式来表示：

$$F(u, v) = \sum_{x=0}^{M-1} \sum_{y=0}^{N-1} f(x, y) g(x, y, u, v) \tag{5-21}$$

$$f(x, y) = \sum_{u=0}^{M-1} \sum_{v=0}^{N-1} F(u, v) h(x, y, u, v) \tag{5-22}$$

式中：x, u 取 0, 1, 2, $\cdots$, $M-1$；y, v 取 0, 1, 2, $\cdots$, $N-1$；$g(x, y, u, v)$ 和 $h(x, y, u, v)$ 分别称为正向变换核和反向变换核。

如果

$$g(x, y, u, v) = g_1(x, u) g_2(y, v) \tag{5-23}$$

$$h(x, y, u, v) = h_1(x, u) h_2(y, v) \tag{5-24}$$

则称正反变换核是可分离的。进一步，如果 g_1 和 g_2，h_1 和 h_2 在函数形式上一样，则称该变换核是对称的。

二维傅里叶变换对是式(5-21)和式(5-22)的一个特殊情况，它们的变换核为

$$g(x, y, u, v) = e^{-j2\pi\left(\frac{ux}{M}+\frac{vy}{N}\right)} = e^{-j2\pi\frac{ux}{M}} \cdot e^{-j2\pi\frac{vy}{N}} \tag{5-25}$$

$$h(x, y, u, v) = \frac{1}{MN} e^{j2\pi\left(\frac{ux}{M}+\frac{vy}{N}\right)} = \frac{1}{M} e^{j2\pi\frac{ux}{M}} \cdot \frac{1}{N} e^{j2\pi\frac{vy}{N}} \tag{5-26}$$

可见，它们均为可分离的和对称的。

如前所述，二维傅里叶变换可以利用变换核的可分离性，用两次一维变换来实现，即可先对 $f(x, y)$ 的每一行进行一维变换得到 $F(x, v)$，再沿 $F(x, v)$ 每一列取一维变换得到变换结果 $F(u, v)$。对其他的图像变换，只要其变换核是可分离的，同样可用两次一维变换来实现二维变换。

若先对 $f(x, y)$ 的每一列进行一维变换得到 $F(u, y)$，再沿 $F(u, y)$ 每一行取一维变换得到 $F(u, v)$，其最终结果相同。该结论对逆变换也适用。

5.3.2　图像变换的矩阵表示

数字图像都是实数矩阵，设 $f(x, y)$ 为 $M \times N$ 的图像灰度矩阵，通常，为了分析、推导方便，将可分离变换写成矩阵的形式：

$$\boldsymbol{F} = \boldsymbol{P} \boldsymbol{f} \boldsymbol{Q} \tag{5-27}$$

$$\boldsymbol{f} = \boldsymbol{P}^{-1} \boldsymbol{F} \boldsymbol{Q}^{-1} \tag{5-28}$$

式中：$\boldsymbol{F}$、$\boldsymbol{f}$ 为二维 $M \times N$ 的矩阵；$\boldsymbol{P}$ 为 $M \times M$ 矩阵；$\boldsymbol{Q}$ 为 $N \times N$ 矩阵。

图像变换的矩阵表达式和代数表达式其本质相同，将式(5-27)写成代数表达式如下：

$$F(u, v) = \sum_{x=0}^{M-1} \sum_{y=0}^{N-1} P(x, u) f(x, y) Q(y, v) \tag{5-29}$$

式中：u 取 0, 1, 2, $\cdots$, $M-1$；v 取 0, 1, 2, $\cdots$, $N-1$。

对二维离散傅里叶变换，则有：

$$P(x, u) = g_1(x, u) = e^{-j\frac{2\pi ux}{M}} \tag{5-30}$$

$$Q(y, v) = g_2(y, v) = e^{-j\frac{2\pi vy}{N}} \tag{5-31}$$

图像处理实践中，除了 DFT 变换之外，还可采用离散余弦变换等其他正交变换。

5.4　离散余弦变换(DCT)

离散余弦变换(Discrete Cosine Transform，DCT)的变换核为余弦函数，因其变换核为实数，所以，DCT 计算速度比变换核为复数的 DFT 要快得多。DCT 除了具有一般的正交变换性质外，它的变换阵的基向量能很好地描述人类语音信号、图像信号的相关特征。因此，在对语音信号、图像信号的变换中，DCT 变换被认为是一种准最佳变换。现已颁布的一系列视频压缩编码的国际标准中，均把 DCT 作为其中的一个基本处理模块。此外，DCT 也是一种可分离的变换。

5.4.1　一维离散余弦变换

一维 DCT 的变换核定义为

$$g(x, u) = C(u) \sqrt{\frac{2}{N}} \cos \frac{(2x+1)u\pi}{2N} \qquad (5-32)$$

式中：x，u 取 $0, 1, 2, \cdots, N-1$，且

$$C(u) = \begin{cases} \dfrac{1}{\sqrt{2}}, & u = 0 \\ 1, & \text{其他} \end{cases} \qquad (5-33)$$

设 $\{f(x) \mid x=0, 1, \cdots, N-1\}$ 为离散的信号列，则一维 DCT 定义如下：

$$F(u) = C(u) \sqrt{\frac{2}{N}} \sum_{x=0}^{N-1} f(x) \cos \frac{(2x+1)u\pi}{2N} \qquad (5-34)$$

式中：u，x 取 $0, 1, 2, \cdots, N-1$。

将变换式展开整理后，可以写成矩阵形式：

$$\boldsymbol{F} = \boldsymbol{Gf} \qquad (5-35)$$

其中：

$$\boldsymbol{G} = \begin{bmatrix} \dfrac{1}{\sqrt{N}} \begin{bmatrix} 1 & 1 & \cdots & 1 \end{bmatrix} \\ \sqrt{\dfrac{2}{N}} \begin{bmatrix} \cos\dfrac{\pi}{2N} & \cos\dfrac{3\pi}{2N} & \cdots & \cos\dfrac{(2N-1)\pi}{2N} \end{bmatrix} \\ \sqrt{\dfrac{2}{N}} \begin{bmatrix} \cos\dfrac{2\pi}{2N} & \cos\dfrac{6\pi}{2N} & \cdots & \cos\dfrac{(2N-1)2\pi}{2N} \end{bmatrix} \\ \vdots \quad \vdots \quad \vdots \quad \vdots \\ \sqrt{\dfrac{2}{N}} \begin{bmatrix} \cos\dfrac{(N-1)\pi}{2N} & \cos\dfrac{(N-1)3\pi}{2N} & \cdots & \cos\dfrac{(N-1)(2N-1)\pi}{2N} \end{bmatrix} \end{bmatrix}$$

$$(5-36)$$

一维 DCT 的逆变换 IDCT 定义为

$$f(x) = \sqrt{\frac{2}{N}} \sum_{u=0}^{N-1} C(u) F(u) \cos \frac{(2x+1)u\pi}{2N} \qquad (5-37)$$

式中：x，u 取 $0, 1, 2, \cdots, N-1$。可见一维 DCT 的逆变换核与正变换核是相同的。

5.4.2　二维离散余弦变换

考虑到两个变量，很容易将一维 DCT 的定义推广到二维 DCT。其正变换核为

$$g(x, y, u, v) = \frac{2}{\sqrt{MN}} C(u)C(v) \cos \frac{(2x+1)u\pi}{2M} \cos \frac{(2y+1)v\pi}{2N} \qquad (5-38)$$

式中：$C(u)$、$C(v)$ 定义同式(5-33)；x, u 取 0, 1, 2, $\cdots$, $M-1$；y, v 取 0, 1, 2, $\cdots$, $N-1$。

设 $f(x, y)$ 为 $M \times N$ 的二维离散信号，其二维 DCT 定义如下：

$$F(u, v) = \frac{2}{\sqrt{MN}} \sum_{x=0}^{M-1} \sum_{y=0}^{N-1} f(x, y)C(u)C(v) \cos \frac{(2x+1)u\pi}{2M} \cos \frac{(2y+1)v\pi}{2N}$$

$$(5-39)$$

式中：x, u 取 0, 1, 2, $\cdots$, $M-1$；y, v 取 0, 1, 2, $\cdots$, $N-1$。

二维 DCT 逆变换定义如下：

$$f(x, y) = \frac{2}{\sqrt{MN}} \sum_{u=0}^{M-1} \sum_{v=0}^{N-1} C(u)C(v)F(u, v) \cos \frac{(2x+1)u\pi}{2M} \cos \frac{(2y+1)v\pi}{2N}$$

$$(5-40)$$

式中，x, u 取 0, 1, 2, $\cdots$, $M-1$；y, v 取 0, 1, 2, $\cdots$, $N-1$。

类似一维矩阵形式的 DCT，可以写出二维 DCT 的矩阵形式如下：

$$\boldsymbol{F} = \boldsymbol{G} f \boldsymbol{G}^{\mathrm{T}} \qquad (5-41)$$

同时，由式(5-40)和式(5-39)可知二维 DCT 的逆变换核与正变换核相同，且是可分离的，即

$$g(x, y, u, v) = g_1(x, u)g_2(y, v)$$

$$= \frac{2}{\sqrt{M}} C(u) \cos \frac{(2x+1)u\pi}{2M} \cdot \frac{2}{\sqrt{N}} C(v) \cos \frac{(2y+1)v\pi}{2N} \qquad (5-42)$$

式中：$C(u)$、$C(v)$ 定义同式(5-33)；x, u 取 0, 1, 2, $\cdots$, $M-1$；y, v 取 0, 1, 2, $\cdots$, $N-1$。

根据 DCT 的可分离性，二维 DCT 可用两次一维 DCT 来完成，其算法流程与 DFT 类似：

$$f(x, y) \rightarrow F_{\text{行}}[f(x, y)] = F(x, v) \xrightarrow{\text{转置}} F(x, v)^{\mathrm{T}}$$

$$\rightarrow F_{\text{列}}[F(x, v)^{\mathrm{T}}] = F(u, v)^{\mathrm{T}} \xrightarrow{\text{转置}} F(u, v) \qquad (5-43)$$

离散余弦变换的计算量也相当大，需要研究相应的快速算法。目前已有多种快速 DCT (FCT)，是由 FFT 的思路发展起来的，它利用 FFT 和 IFFT 便可实现快速 DCT(FCT)和快速 IDCT 算法(IFCT)。不过，由于 FFT 及 IFFT 中涉及复数运算，所以，该 FCT 及 IFCT 算法并不是最佳的。限于篇幅，其他快速 DCT 及 IDCT 算法请参考相关资料。

最后，需要注意的是 DFT 的频谱分布比二维 DCT 多一倍，如图 5-7 所示。由图可以看出，对于 DCT 而言，$(0, 0)$ 点对应于频谱的低频成分，$(N-1, N-1)$ 点对应于高频成分；而同阶的 DFT 中，$(N/2, N/2)$ 点对应于高频成分(注：此频谱图中未作频谱中心平移)。

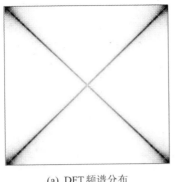 

(a) DFT 频谱分布　　　　　　　　　(b) DCT 频谱分布

图 5-7　DFT 和 DCT 的频谱分布

　　OpenCV 中提供了离散余弦变换的实现，相关的函数主要有 copyMakeBorder()、convertTo() 和 dct() 等。与离散傅里叶变换类似，离散余弦变换的 OpenCV 实现也需要进行图像大小优化、数据类型转换等操作，但一般不需进行平移操作。计算并显示一幅图像的 DCT 频谱的完整代码请读者登录出版社网站下载，文件路径：code\src\chapter05\code05-02-dctTransform.cpp。

5.5　频域中图像处理的实现

　　在频域中，可以通过对图像信号的各个成分的信号进行处理，从而达到图像处理的目的。本节将以数字图像的二维傅里叶变换为例，阐述频域中图像处理的基本方法和技术。

5.5.1　理解数字图像的频谱图

　　数字图像平移后的频谱中，图像的能量将集中到频谱中心（低频成分），图像上的边缘、线条细节信息（高频成分）将分散在图像频谱的边缘。也就是说，频谱中低频成分代表了图像的概貌，高频成分代表了图像中的细节。例如，一幅室内图像，墙和地板的灰度变化平缓，它们对应的是频谱中靠近中心的分量，当进一步远离频谱中心点时，较高的频率分量开始对应图像中变化急剧的灰度级，如墙和地板的交界、噪声等图像成分。

　　图 5-8 是一幅图像及其傅里叶频谱。图 5-8(a) 是放大了近 2500 倍的集成电路电子

(a) 原图像　　　　　　　　　　　(b) 傅立叶频谱

图 5-8　图像及其傅里叶频谱

扫描显微镜图像，图中沿大约±45°方向存在强边缘，并且有两个因热感应不足而产生的白色氧化物突起。图5-8(b)为图5-8(a)的傅里叶频谱，在图5-8(b)中沿着±45°的亮带对应了图像中的强边缘；沿着纵轴偏左的部分存在两个亮带对应氧化物突起，在此应注意亮带偏离纵轴的角度与白色氧化物突起的对应关系。

5.5.2　频域图像处理步骤

频域滤波(dft)

在频域中进行图像处理的步骤如下：

(1) 计算图像的 DFT，得到 $F(u, v)$；

(2) 用滤波函数 $H(u, v)$ 乘以 $F(u, v)$，得到处理结果 $G(u, v)$；

(3) 计算滤波后的 IDFT；

(4) 取 IDFT 变换结果中的实部，得到处理后的图像。

$H(u, v)$ 称作滤波器，它具有允许某些频率成分通过，而阻止其他频率成分通过的特性。该处理过程可表示为

$$G(u, v) = F(u, v)H(u, v) \tag{5-44}$$

H 和 G 的相乘是在二维上定义的。即，H 的第 1 个元素乘以 F 的第 1 个元素，H 的第 2 个元素乘以 F 的第 2 个元素，以此类推。滤波后的图像可以由 IDFT 得到：

$$g(x, y) = \mathscr{F}^{-1}G(u, v) \tag{5-45}$$

图5-9给出了频域中图像处理的基本步骤。

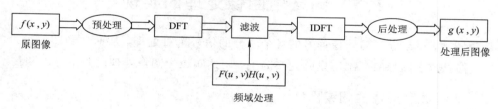

图5-9　频域图像处理的基本步骤

5.5.3　频域滤波

频谱中低频成分代表了图像的概貌，即灰度变化平缓的部分；高频成分代表了图像中的细节，即图像中的边缘或噪声。因此，合理地选择滤波器，通过在频域中对相应频率成分进行抑制或增强，便可完成图像的增强处理。

频域滤波器基本类型有：低通滤波器、高通滤波器、带通滤波器和带阻滤波器。若将这些基本滤波器有机地组合在一起，便可形成各种各样的频域滤波器。

1. 低通滤波器

顾名思义，低通滤波器允许低频成分通过，而抑制高频成分。因此，它能够去除图像中的噪声，实现图像平滑操作。当然，这必然会引起图像模糊。理想低通滤波器的滤波函数为

$$H(u, v) = \begin{cases} 1, & D(u, v) \leqslant D_0 \\ 0, & D(u, v) > D_0 \end{cases} \tag{5-46}$$

2. 高通滤波器

与低通滤波器相反，高通滤波器则允许高频成分通过，而抑制低频成分。因此，它能够强化图像中目标的边缘，起锐化作用。但它同时也强化了图像中的噪声。理想高通滤波器的滤波函数为

$$H(u, v) = \begin{cases} 0, & D(u, v) \leqslant D_0 \\ 1, & D(u, v) > D_0 \end{cases} \qquad (5-47)$$

3. 带通滤波器

带通滤波器允许指定范围的频率成分通过，而抑制其他频率成分。理想带通滤波器的滤波函数为

$$H(u, v) = \begin{cases} 1, & D_1 \leqslant D(u, v) \leqslant D_2 \\ 0, & \text{其他} \end{cases} \qquad (5-48)$$

4. 带阻滤波器

带阻滤波器抑制指定范围的频率成分，而允许其他频率成分通过。理想带阻滤波器的滤波函数为

$$H(u, v) = \begin{cases} 0, & D_1 \leqslant D(u, v) \leqslant D_2 \\ 1, & \text{其他} \end{cases} \qquad (5-49)$$

式(5-46)~式(5-49)中，D_0、D_1、D_2 是指定的非负值，称为截止频率；$D(u, v)$ 是 (u, v) 点到原点的距离。4 种基本类型滤波器的频率响应特性如图 5-10 所示。

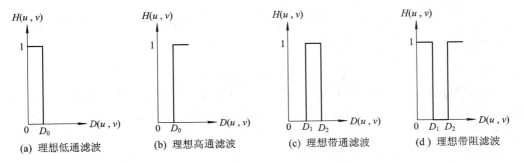

(a) 理想低通滤波   (b) 理想高通滤波   (c) 理想带通滤波   (d) 理想带阻滤波

图 5-10 基本滤波器的频率响应

图 5-11 分别为采用 $D_0=10$、$D_0=30$、$D_0=60$、$D_0=160$ 进行理想低通滤波的结果。图 5-11(c) 存在严重的模糊现象，表明图像中多数细节信息包含在被滤除掉的频率成分之中。随着滤波半径的增加，滤除的能量越来越少，图 5-11(d) 到图 5-11(f) 中的模糊现象也就越来越轻。当被滤除的高频成分减少时，图像质量会逐渐变好，但其平滑作用也将减弱。

一个值得注意的问题是在图 5-11(c) 到图 5-11(e) 中存在有明显的振铃现象，"振铃"现象产生的原因在此不再讨论，请参阅有关信号处理方面的资料。

采用 DFT 变换，结合 HIGHGUI 库的滑动条控制滤波器半径，实现的可选择性频域滤波完整代码请读者登录出版社网站下载，文件路径：code\src\chapter05\code05-03-dftFilterLowHigh.cpp。

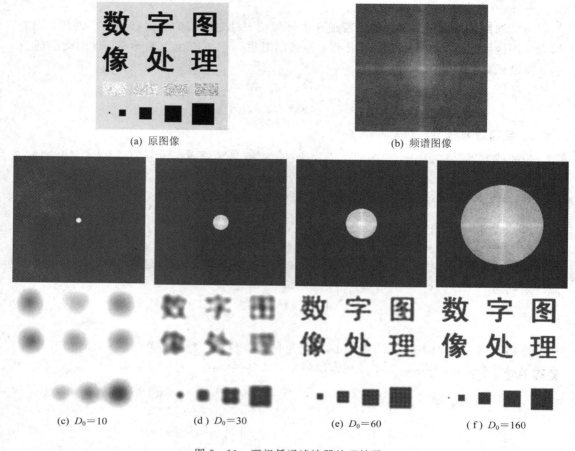

(a) 原图像　　　　　　　　　　　(b) 频谱图像

(c) $D_0 = 10$　　　(d) $D_0 = 30$　　　(e) $D_0 = 60$　　　(f) $D_0 = 160$

图 5-11　理想低通滤波器处理结果

由于理想滤波器存在明显的"振铃"现象，且其垂直的频率响应特性仅能用软件方法实现，无法用电路实现。因此，研究实用滤波器极具应用价值。一种常用的频域滤波器是巴特沃斯(Butterworth)滤波器。

低通巴特沃斯滤波器的滤波函数为

$$H(u, v) = \frac{1}{1 + [D(u, v)/D_0]^{2n}} \tag{5-50}$$

高通巴特沃斯滤波器的滤波函数为

$$H(u, v) = \frac{1}{1 + [D_0/D(u, v)]^{2n}} \tag{5-51}$$

式中：$D(u, v) = \sqrt{(u^2 + v^2)}$；$n$ 为巴特沃斯滤波器乘阶数。

巴特沃斯滤波器的频率响应特性如图 5-12 所示。

图 5-13 是对图 5-11(a)采用 $D_0 = 60$，$n = 1$ 的低通巴特沃斯滤波器的滤波结果。可以看出巴特沃斯滤波器可以有效地抑制"振铃"现象。

注意：所有示例只是针对低通滤波而言的，高通滤波处理过程与低通滤波类似，在此不再赘述。

在频域中，还可完成对指定频率成分的处理。图 5-14 是另一频域滤波实例。图 5-14

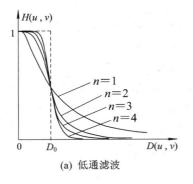

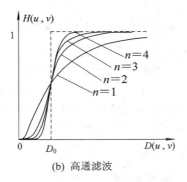

(a) 低通滤波 (b) 高通滤波

图 5 - 12 巴特沃斯滤波器的频率响应

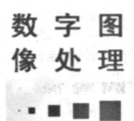

(a) $D_0=60, n=1$ 的滤波器 (b) 低通巴特沃斯滤波效果

图 5 - 13 巴特沃斯滤波器及处理效果

(a)是有条纹干扰的原图像,在图 5 - 14(b)频谱图中,可以明显看到图像中存在高频噪声点。采用图 5 - 14(c)掩膜与频谱相乘,得到去除这些高频噪声点后的频谱结果如图 5 - 14(d)所示,再经过 IDFT 变换,便可获得图 5 - 14(e)所示的去除条纹干扰的图像。

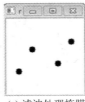

(a) 原图像 (b) 傅立叶频谱 (c) 滤波处理掩膜 (d) 滤波处理 (e) 处理结果

图 5 - 14 频域滤波

采用 DFT 变换,通过 HIGHGUI 库的滑动条控制滤波器半径,利用鼠标事件响应,单击左键选择滤波器中心,单击右键实现滤波的完整代码,请登录出版社网站下载,文件路径:code\src\chapter05\code05-04-dftFilterCutHigh.cpp。

5.6 小波变换简介

小波变换是 20 世纪 80 年代中后期逐渐发展起来的,目前已成为国际上极为活跃的研究领域,备受科学技术界的重视,它不仅在应用数学上已形成一个新的分支,而且在信号处理、图像处理、模式识别、量子物理以及众多非线性科学中得到应用,被认为是继傅里叶分析之后在分析工具及方法上的重大突破。

小波分析的主要优点之一,是其提供了局部分析与细化的能力。小波分析在时域和频域都具有良好的局部化特性,而且,由于对高频采取逐渐精细的时域或空域步长,从而可以聚焦到分析对象的任意细节,这称为小波变换的"数学显微镜"特征。与传统的信号分析技术相比,小波分析能在无明显损失的情况下,对信号进行压缩和去噪。

要深入理解和掌握小波理论需要用到较多的数学知识。本节将从工程应用角度出发,用较为直观的方法介绍小波变换的基本概念和基本原理,并结合 OpenCV 程序设计介绍其在图像处理中的应用,为读者研究和应用小波理论奠定基础。

5.6.1 小波变换的理论基础

傅里叶变换提供了有关频率的信息,但有关时间的局部化信息却基本丢失。与傅里叶变换不同,小波变换是通过缩放母小波(Mother Wavelet)的宽度来获得信号的频率特征,通过平移母小波来获得信号的时间信息。对母小波的缩放和平移操作是为了计算小波系数,这些小波系数反映了小波和局部信号之间的相关程度。

1. 连续小波变换(CWT)

与傅里叶分析相似,小波分析就是把一个信号分解为将母小波经过缩放和平移之后的一系列小波,因此,小波是小波变换的基函数。小波变换可以理解为用经过缩放和平移的一系列小波函数代替傅里叶变换的正弦波和余弦波进行傅里叶变换的结果。

图 5-15 表示了正弦波和小波的区别,由此可以看出,正弦波从负无穷一直延续到正无穷,正弦波是平滑而且是可预测的,而小波是一类在有限区间内快速衰减到 0 的函数,其平均值为 0,小波趋于不规则、不对称。

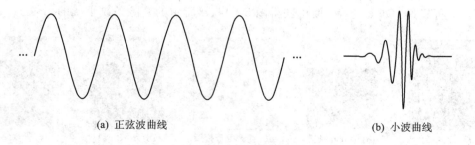

(a) 正弦波曲线　　　　　　　　　　(b) 小波曲线

图 5-15　正弦波和小波

从小波和正弦波的形状可以看出,变化剧烈的信号,用不规则的小波进行分析比用平滑的正弦波更好,用小波更能描述信号的局部特征。

连续小波变换(Continuous Wavelet Transform,CWT)用下式表示:

$$C(\text{scale}, \text{position}) = \int_{-\infty}^{+\infty} f(t)\psi(\text{scale}, \text{position}, t)\,\mathrm{d}t \qquad (5-52)$$

式(5-52)表示小波变换是信号 $f(x)$ 与被缩放和平移的小波函数 ψ 之积在信号存在的整个期间里求和的结果。CWT 的变换结果是许多小波系数 C,这些系数是缩放因子(scale)和平移因子(positon)的函数。

基本小波函数 ψ 的缩放和平移操作含义如下。

（1）缩放。缩放就是压缩或伸展基本小波，缩放系数越小，则小波越窄，如图 5-16 所示。

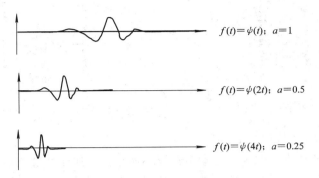

$f(t)=\psi(t)$；$a=1$

$f(t)=\psi(2t)$；$a=0.5$

$f(t)=\psi(4t)$；$a=0.25$

图 5-16 小波的缩放操作

（2）平移。平移就是小波的延迟或超前。在数学上，函数 $f(t)$ 延迟 k 的表达式为 $f(t-k)$，如图 5-17 所示。

（a）小波函数 $\psi(t)$ 　　　　　　　　（b）位移后的小波函数 $\psi(t-k)$

图 5-17 小波的平移操作

CWT 计算主要有如下 5 个步骤：

第 1 步：取一个小波，将其与原始信号的开始一节进行比较。

第 2 步：计算系数值 C，C 表示小波与所取一节信号的相似程度，计算结果取决于所选小波的形状，如图 5-18 所示。

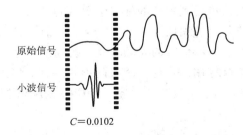

原始信号

小波信号

$C=0.0102$

图 5-18 计算系数值 C

第 3 步：向右移动小波，重复第 1 步和第 2 步，直至覆盖整个信号，如图 5-19 所示。

第 4 步：伸展小波，重复第 1 步至第 3 步，如图 5-20 所示。

第 5 步：对于所有缩放，重复第 1 步至第 4 步。

小波的缩放因子与信号频率之间的关系是：缩放因子 a 越小，表示小波越窄、频率越高，度量的是信号的细节变化；缩放因子 a 越大，表示小波越宽、频率越低，度量的是信号的粗糙程度。

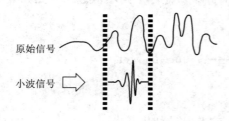

图 5-19　计算平移后系数值 C

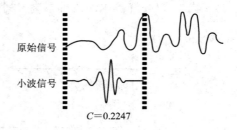

$C=0.2247$

图 5-20　计算伸展后系数值 C

2. 离散小波变换(DWT)

在每个可能的缩放因子和平移参数下计算小波系数，其计算量相当大，将产生惊人的数据量，而且有许多数据是无用的。如果缩放因子和平移参数都选择为 $2^j(j>0$ 且为整数)的倍数，只考虑选择部分缩放因子和平移参数来进行计算，会大大减少分析的数据量。使用这样的缩放因子和平移参数的小波变换称为双尺度小波变换(Dyadic Wavelet Transform)，它是离散小波变换(Discrete Wavelet Transform，DWT)的一种形式。通常离散小波变换就是指双尺度小波变换。

进行离散小波变换的有效方法是使用滤波器，该方法是 Mallat 于 1988 年提出的，称为 Mallat 算法。该方法实际上是一种信号分解的方法，在数字信号处理中常称为双通道子带编码。

用滤波器执行离散小波变换的示意图如图 5-21 所示。S 表示原始的输入信号，通过两个互补的滤波器组，其中一个滤波器为低通滤波器，通过该滤波器可得到信号的近似值 A(Approximations)，另一个

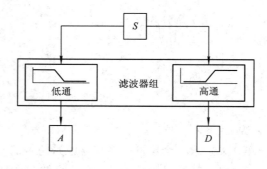

图 5-21　小波分解示意图

为高通滤波器，通过该滤波器可得到信号的细节值 D(Detail)。

在小波分析中，近似值是大的缩放因子计算的系数，表示信号的低频分量；而细节值是小的缩放因子计算的系数，表示信号的高频分量。实际应用中，信号的低频分量最为重要，而高频分量只起一种修饰作用。如同一个人的声音一样，将高频分量去掉后，听起来会察觉声音发生了改变，但还能听懂说的内容。但如果删除低频分量，就会听不出所讲内容。

由图 5-21 可以看出，离散小波变换可以表示成由低通滤波器和高通滤波器组成的一棵树。原始信号经过一对互补滤波器组进行的分解称为一级分解，信号的分解过程可以不断进行下去，也就是说，可以进行多级分解。如果对信号的高频分量不再分解，而对低频分量进行连续分解，便可得到信号不同分辨率下的低频分量，称之为信号的多分辨率分析。如此进行下去，就会形成图 5-22 所示的一棵较大的分解树，称其为信号的小波分解树(Wavelet Decomposition Tree)。实际中，分解级数取决于欲分析信号数据的特征及用户的具体需要。

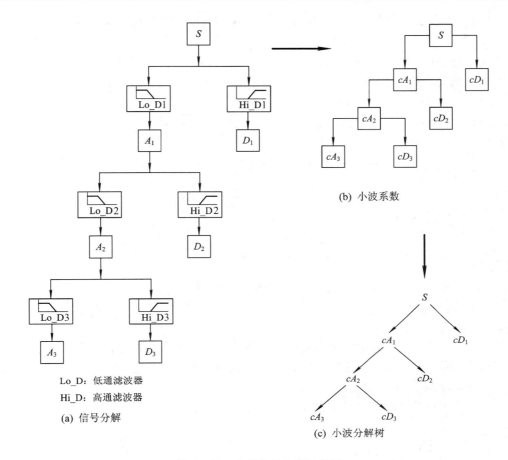

图 5 - 22　多级信号分解示意图

对于一个信号，若采用图 5 - 21 所示的方法，理论产生的数据量将是原始数据的 2 倍。根据奈奎斯特（Nyquist）采样定理，可用以下采样的方法来减少数据量，即在每个通道内（高通和低通）每两个样本数据取 1 个，便可得到离散小波变换的系数（Coefficient），分别用 cA 和 cD 表示，如图 5 - 23 所示。图中 ↓ 表示下采样。

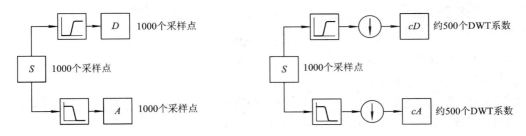

图 5 - 23　小波分解下采样示意图

3. 小波重构

对信号的小波分解的分量进行处理后，一般还需利用信号的小波分解的系数还原出原始信号，该过程称为小波重构（Wavelet Reconstruction）或小波合成（Wavelet Synthesis）。

小波合成过程的数学运算称为逆离散小波变换（Inverse Discrete Wavelet Transform，IDWT）。

合成过程是使用小波系数来进行的。小波分解包括滤波与下采样，小波重构过程则包括上采样与滤波，其算法如图 5-24 所示。

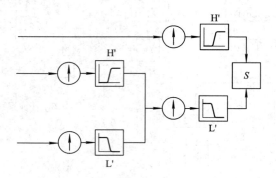

图 5-24 小波重构算法示意图

图中 ⊕ 表示上采样，上采样的过程是在两个样本之间插入"0"，目的是把信号的分量加长。

（1）重构近似信号与细节信号。由图 5-24 可知，由小波分解的近似系数和细节系数可以重构出原始信号。同样，由近似系数和细节系数可分别重构出信号的近似值或细节值，这时只要近似系数或细节系数置为 0 即可。

图 5-25 是对第 1 层近似信号或细节信号重构的示意图。

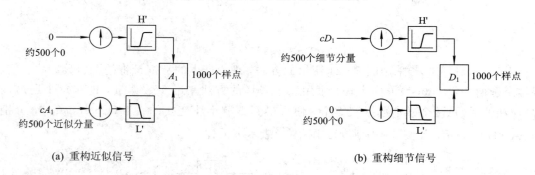

(a) 重构近似信号　　　　　　　　　　　　　(b) 重构细节信号

图 5-25 重构近似和细节信号示意图

（2）多层重构。在图 5-25 中，重构出信号的近似值 A_1 与细节值 D_1 之后，则原信号可用 $A_1 + D_1 = S$ 重构出来。对应于信号的多层小波分解，小波的多层重构如图 5-26 所示。由图 5-26 可见，重构过程为 $A_3 + D_3 = A_2$；$A_2 + D_2 = A_1$；$A_1 + D_1 = S$。

信号重构中，滤波器的选择非常重要，关系到能否重构出满意的原始信号。低通分解滤波器(L)、高通分解滤波器(H)和重构滤波器组(L' 和 H')构成一个系统，该系统称为正交镜像滤波器(Quadrature Mirror Filters，QMF)系统，如图 5-27 所示。

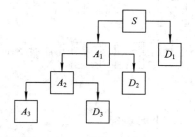

图 5-26 多层小波重构示意图

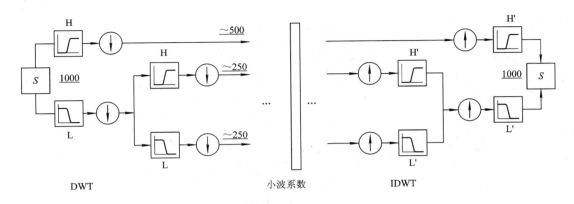

图 5-27 多层小波分解和重构示意图

4. 小波包分析

小波分析是将信号分解为近似与细节两部分，近似部分又可以分解成第 2 层近似与细节，可以这样重复下去。对于一个 N 层分解来说有 $N+1$ 个途径分解信号。

而小波包分析的细节与近似部分一样，也可以分解。对于 N 层分解，它产生 $2N$ 个不同的途径，图 5-28 是一个小波包分解示意图。

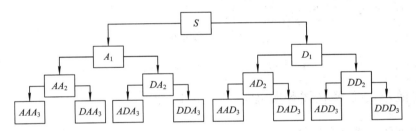

图 5-28 小波包分解示意图

小波包分解也可得到一个分解树，称其为小波包分解树（Wavelet Packet Decomposition Tree），这种树是一个完整的二叉树。小波包分解方法是小波分解的一般化，可为信号分析提供更丰富和更详细的信息。信号 S 可表示为 $AA_2+ADA_3+DDA_3+D_1$ 等。

5. 二维离散小波变换

二维离散小波变换是一维离散小波变换的推广，其实质是将二维信号在不同尺度上分解，得到原始信号的近似值和细节值。由于信号是二维的，所以分解也是二维的。分解的结果为近似分量 cA、水平细节分量 cH、垂直细节分量 cV 和对角细节分量 cD。同样，也可以利用二维小波分解的结果在不同尺度上重构信号。二维小波分解和重构过程如图 5-29 所示。

以上是小波分析的基本概念和基本原理。小波分析既保持了经典傅里叶分析的优点，又弥补了傅里叶分析的不足，尤其是它对时变的非平衡信号的独特处理技术，使它在许多技术领域受到重视，并得到了广泛的应用。小波分析的发展相当迅速，其理论也逐步趋于完善。在此，并未涉及其数学上严格的定义及算法。不过，小波分析是图像处理技术中的一个热点，有兴趣的读者可进一步掌握其完整的理论及算法。

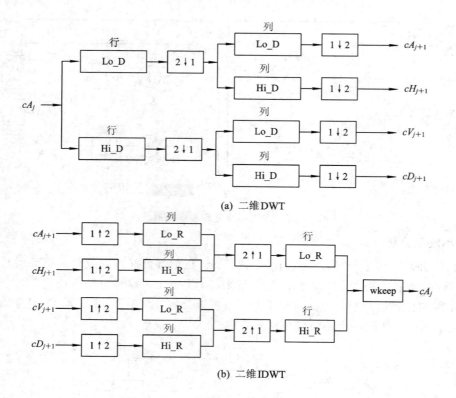

图 5-29 二维小波分解和重构示意图

5.6.2 离散小波变换在图像处理中的应用简介

1. 用小波变换进行图像分解

使用小波变换完成图像分解的方法很多，例如，均匀分解（Uniform Decomposition）、非均匀分解（Non-uniform Decomposition）、八带分解（Octave-band Decomposition）和小波包分解（Wavelet-packet Decomposition）等。其中，八带分解是使用最广的一种分解方法，这种分解方法把低频部分分解成比较窄的频带，而对每一级分解得到的高频部分不再进一步进行分解。图 5-30 为八带分解示意图。图 5-31 为用 OpenCV 编程进行分解和重构的

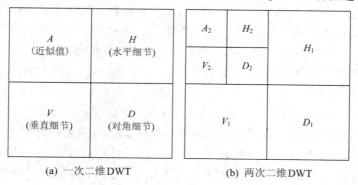

图 5-30 八带分解示意图

结果,小波基函数为"Haar"小波。图 5 - 31(a)是原图像,图 5 - 31(b)是用 DWT 进行二级分解的结果,图 5 - 31(c)是 IDWT 重构结果。

(a) 原图像   (b) DWT 二极分解结果   (c) IDWT 重构结果

图 5 - 31 图像的小波分解与重构

采用 DWT 变换,结合 HIGHGUI 库的滑动条操作,实现的指定变换层数和小波基函数的小波分解与重构的完整代码请读者登录出版社网站下载,文件路径:code \ src \ chapter05\code05-05-dwtDecRec. cpp。

2. 用小波变换进行图像处理

小波变换可以把信号分解为多个具有不同的时间和频率分辨率的信号,从而可在一个变换中同时研究信号的低频和高频信息。因此,用小波变换对图像这种不平稳的复杂信号源进行处理,能有效克服用傅里叶分析和其他分析方法的不足。因此,小波变换在图像编码、图像去噪、图像检测和图像复原等方面得到了广泛的应用。下面仅以图像编码为例进行简单介绍。

对静态二维数字图像,可先进行若干次二维 DWT 变换,将图像信息分解为高频成分 H、V、D 和低频成分 A。对低频部分 A,由于它对压缩的结果影响很大,因此,可采用无损编码方法,如 Huffman、DPCM(Differential Pulse Code Modulation)等。对 H、V 和 D 部分,可对不同的层次采用不同策略的向量量化编码方法,这样,可以大大减少数据量。图像的解码过程正好相反。整个编码、解码流程如图 5 - 32 所示。

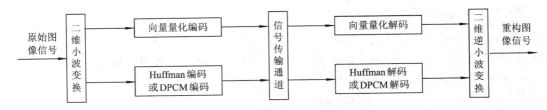

图 5 - 32 图像压缩编码、解码流程

此外,还可以在对 A、H、V 和 D 部分编码之后加上一个反馈环节,获取误差图像,并对其编码。这样压缩效果会更好。

近年来,基于小波变换发展起来的图像编码有:嵌入式零树小波编码(Embedded

Zerotree Wavelet，EZW)，在 EZW 算法基础上改进的层树分级编码(Set Parition In Hierarchical Trees，SPIHT)和最佳截断嵌入码块编码(Embedded Block Coding with Optimized Truncation，EBCOT)等。ISO/IEC JTC1 SC29 小组制定的 JPEG 2000 静态图像编码标准中的图像变换技术即采用了离散小波变换。这些编码的最大特点在于不丢失重要信息的同时，能以较高的比率压缩图像数据，并且其算法计算量小。

5.6.3　新一代小波技术及应用

1. 脊波(Ridgelet)

1998 年，Candès 在其博士论文中给出了脊波(Ridgelet)变换的基本理论框架。Ridgelet 变换是一种非自适应的高维函数表示方法，与傅里叶变换和小波变换相比具有更好的逼近速率。从一定意义上来说，脊波是一种带有方向信息的小波函数，具有更丰富的维数信息，可以处理更高维的数据，对直线和曲线奇异具有更好的逼近效果。

定义：若函数 $\psi: \mathbf{R} \to \mathbf{R}$ 属于 Schwartz 空间 $\mathbf{S}(\mathbf{R})$ 且满足容许条件：

$$K_{\psi} = \int \frac{|\psi(\xi)|^2}{|\xi|^2} \mathrm{d}\xi < \infty \tag{5-53}$$

对于参数 $\boldsymbol{\gamma}$，定义函数 $R^2 \to R$：

$$\psi_{\gamma}(\boldsymbol{x}) = a^{-\frac{1}{2}} \times \psi\left(\frac{\langle \boldsymbol{\mu}, \boldsymbol{x} \rangle - b}{a}\right) \tag{5-54}$$

则称 ψ_{γ} 为容许脊波函数，其中 $\boldsymbol{\gamma}$ 为三元组 $(a, \boldsymbol{\mu}, b)$，a 为尺度参数，b 为位置参数，$a, b \in \mathbf{R}$，$a > 0$，$\boldsymbol{\mu}$ 为方向参数。在二维信号处理中，$\boldsymbol{x} = (x_1, x_2)$，$\boldsymbol{\mu} = (\mu_1, \mu_2)$。

称变换

$$C_f(a, b, \boldsymbol{\mu}) = \int_{R^2} \psi_{a, b, \mu}(\boldsymbol{x}) f(\boldsymbol{x}) \mathrm{d}(\boldsymbol{x}) \tag{5-55}$$

为 $f(\boldsymbol{x})$ 在 $\mathbf{R}^2$ 上的连续 Ridgelet 变换。

Ridgelet 变换的快速离散化可以在 Fourier 域中实现。首先在空(时)域中对 f 的二维 FFT 在径向上做一维逆 FFT，再对此结果进行一次非正交的一维小波变换，即可实现 Ridgelet 的离散化。

随着 Ridgelet 变换理论的发展，其在雷达、医学、天文、地震等领域的信号检测、目标识别以及去噪中得到越来越多的应用，在图像融合、图像去噪、图像恢复、图像译码等图像工程领域也得到广泛的应用和研究。

2. 曲波(Curvelet)

Curvelet 变换由 Candès 和 Donoho 于 1999 年提出，它由脊波理论衍生而来。脊波变换的尺度是固定的，而 Curvelet 变换则可在尺度空间对信号在所有可能的尺度上进行分解。Curvelet 变换可形式化地表示为

$$C_f(j, l, k) = \langle f, \varphi_{j, l, k} \rangle \tag{5-56}$$

其中：$\varphi_{j, l, k}$ 表示 Cruvelet 函数；j, l, k 分别表示尺度、方向、位置参量；f 表示信号。

Curvelet 变换实际上是由一种特殊的滤波过程和多尺度脊波变换(Multiscale Ridgelet Transform，MRT)组合而成的：首先对图像进行子带分解，对不同尺度的子带图像采用不同大小的分块，最后对每个分块进行 Ridgelet 分析。如同微积分的定义一样，在足够小的

尺度下，曲线可以被近似为直线，曲线奇异性就可以由直线奇异性来表示，因此可以将
Curvelet 变换称为"Ridgelet 变换的积分"。

小波和曲波对曲线的描述分别如图 5 - 33 和图 5 - 34 所示。

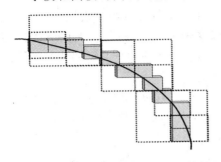

图 5 - 33 小波对曲线描述

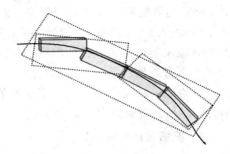

图 5 - 34 曲波对曲线描述

Curvelet 变换最有代表性的应用是信号去噪和增强，同时由于它更适合表示边缘曲线
特征，因此亦可用于融合图像中脆弱甚至人眼不可辨的线型信息，很好地将源图像的细节
提取出来。

3. 轮廓波 (Contourlet)

2002 年，M · N Do 和 Martin Vetterli 提出了一种"真正"的图像二维表示方法：
Contourlet 变换，也称塔形方向滤波器组 (Pyramidal Directional Filter Bank，PDFB)。
Contourlet 变换是利用拉普拉斯塔形分解 (Laplacian Pyramid，LP) 和方向滤波器组
(Directional Filter Bank，DFB) 实现的另一种多分辨的、局域的、有方向的图像表示方法。
Contourlet 变换过程如图 5 - 35 所示。

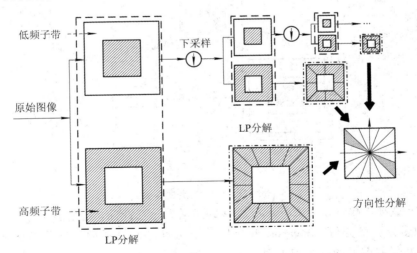

图 5 - 35 Contourlet 变换过程示意图

Contourlet 变换分为两步。首先，利用拉普拉斯分解对原始信号进行低通滤波和下采
样得到低频成分，以该低频成分作为原始信号的近似，再对低频成分进行上采样和滤波，
得到原始信号的预测信号。此预测信号和原始信号进行差值比较，其残差信号即为高频子
带。不断地将得到的低频成分以 LP 迭代处理，得到一个低频子带和若干个高频子带，从

而获得图像的点状奇异性。

　　然后，利用 DFB 对各个高频子带进行多方向分解，分解成若干个楔形子带，再将分布在同一方向上的不连续点连接合并为一个系数，形成轮廓结构，即为 Contourlet 变换系数。通过这种轮廓结构的几何特征，来逼近图像的边缘、轮廓、纹理等细节信息。

　　Contourlet 变换继承了 Curvelet 变换的各向异性尺度关系，Contourlet 基的支撑区间为具有随尺度变化长宽比的"长条形"结构，具有方向性和各向异性，使得轮廓波在不同的分辨率下有效地近似于光滑的轮廓。

　　基本轮廓波变换的消噪水平在峰值信噪比方面并不比小波有明显优势，有时甚至处于劣势，但是在视觉效果方面通常优于小波。

4. 剪切波(Shearlet)

　　2005 年，Demetrio Labate 和 Guo 等构造了一种接近最优的多维函数稀疏表示法：Shearlet 变换。Shearlet 变换采用拉普拉斯金字塔算法，将在尺度 $j-1$ 下的图像 f_a^{j-1} 分解成一个低频图像 f_a^j 和一个高频图像 f_d^j；在高频图像的伪极向格上计算其傅里叶变换，从而得到矩阵 $\boldsymbol{P}f_d^j$，对其进行滤波处理后，再进行逆伪极向快速傅里叶变换，从而得到剪切波系数。再对下一尺度重复上述步骤，直到在所有预设尺度执行完成。Shearlet 变换过程如图 5-36 所示。

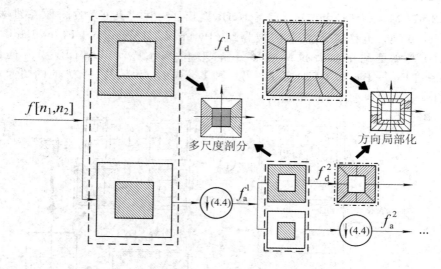

图 5-36　Shearlet 变换过程示意图

　　Shearlet 变换不仅继承了 Curvelet 变换的灵活方向选择性，还增加了 Contourlet 变换所不具备的多分辨率分析。Shearlet 变换另一个优点是通过低频系数保留图像的轮廓细节，高频系数保留图像的边缘和纹理。

　　Shearlet 变换在去除随机噪声的同时能最大程度地保留有效信号，有效地提高信噪比。又由于其具有多方向、多分辨率及最佳稀疏逼近性质，常应用于高精度缺陷检测；因其平移不变性，在图像处理领域常应用于人脸识别，以去除光照变化。

习 题

1. 什么是图像的频域处理,它和图像的时域处理相比有何异同?

2. 实现图像变换的方法有哪些?

3. 离散傅里叶变换和连续傅里叶变换的异同是什么?

4. 求下列图像的二维傅里叶变换:

图 5 - 37(a)为长方形图像:

$$f(x, y) = \begin{cases} E, & |x| < a, |y| < b \\ 0, & 其他 \end{cases}$$

图 5 - 37(b)是将图 5 - 37(a)旋转 45°后的图像:

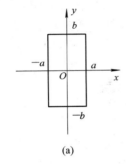 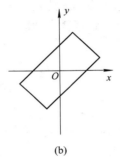

(a)   (b)

图 5 - 37

5. 已知一幅图像为

$$f = \begin{bmatrix} 0 & 1 & 0 & 2 \\ 0 & 3 & 0 & 4 \\ 0 & 5 & 0 & 6 \\ 0 & 7 & 0 & 8 \end{bmatrix}$$

求其二维傅里叶变换,并绘制其频谱图。

6. 参考示例代码,根据 void dft(InputArray src, OutputArray dst, int flags=0, int nonzeroRows=0)原型,编程实现 DFT 变换,并分析 flags 参数对变换结果的影响。

7. 参考示例代码,编程实现图像 DCT 变换,分析比较其与 DFT 变换的异同。

8. 参考示例代码,编程实现小波变换,要求能处理三通道彩色图像。

第 5 章习题答案

第6章　数学形态学处理

数学形态学(Mathematical Morphology)是数字图像处理的重要工具,可用于获取图像边界、提取骨架、去除噪声和检测角点,其应用覆盖文字识别、视觉检测和医学图像处理等领域。本章首先介绍数学形态学中的集合理论和相关基本术语,然后定义数学形态学的4种基本操作,包括腐蚀、膨胀、开运算和闭运算,最后再推广到灰度数学形态学,并以OpenCV中的形态学处理函数为例介绍数学形态学在数字图像处理中的基本应用。

6.1　引　　言

6.1.1　数学形态学

数学形态学诞生于1964年。法国巴黎矿业学院的赛拉(J. Serra)和导师马瑟荣(G. Matheron)在铁矿核的定量岩石学分析及开采价值预测研究中提出"击中/击不中变换",并首次引入了形态学的表达式,建立了颗粒分析方法,奠定了数学形态学的理论基础。数学形态学的基本思想是用具有一定形态的结构元素去量度和提取图像中的对应形状,以达到图像分析和识别的目的。数学形态学由一组形态学的代数运算子组成,其基本运算有:膨胀、腐蚀、开运算和闭运算。基于这些基本运算还可推导和组合成各种数学形态学实用算法,用它们可进行各种复杂的图像分析及处理,包括图像分割、特征抽取、边界检测、图像滤波、图像增强和恢复等。

6.1.2　基本符号和术语

数学形态学具有完备的数学基础——集合论,它为形态学用于图像分析和处理、形态滤波器的特性分析和系统设计奠定了基础。故在学习数学形态学之前,首先介绍集合论和数学形态学中的符号和术语。

1. 元素和集合

在数字图像处理的数学形态学运算中,把一幅图像称为一个集合。对于二值图像而言,习惯上认为取值为1的点对应于景物,用阴影表示,而取值为0的点构成背景,用白色表示。这类图像的集合是直接表示的。考虑所有值为1的点的集合为V,则集合V与景物图像A是一一对应的。对于图像A,如果点a在A的区域以内,则a是A的元素,记作$a \in A$,否则记为$a \notin A$。

对于两幅图像A和B,如果对B中的每一个点b,$b \in B$且有$b \in A$,则称B包含于A,

记作 $B\subseteq A$。若同时 A 中至少存在一个点 a，$a\in A$ 且 $a\notin B$，则称 B 真包含于 A，记作 $B\subset A$。由定义可知，如果 $B\subset A$，那么必有 $B\subseteq A$。$A\subseteq A$ 恒成立。

2. 交集、并集、补集和差集

两个图像集合 A 和 B 的公共点组成的集合称为两个集合的交集，记为 $A\cap B$，即 $A\cap B=\{a|a\in A$ 且 $a\in B\}$。两个集合 A 和 B 的所有元素组成的集合称为两个集合的并集，记为 $A\cup B$，即 $A\cup B=\{a|a\in A$ 或 $a\in B\}$。对图像 A，在图像 A 区域以外的所有点构成的集合称为 A 的补集，记为 A^{C}，即 $A^{C}=\{a|a\notin A\}$。两个集合 A 和 B 之差为在集合 A 且不在集合 B 中的点集，即 $A-B=\{a|a\in A$ 且 $a\notin B\}$。

交集、并集、补集和差集运算是集合的最基本运算。如图 6-1 所示。

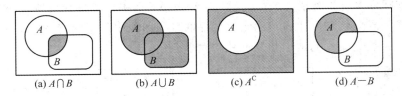

(a) $A\cap B$　　　(b) $A\cup B$　　　(c) A^{C}　　　(d) $A-B$

图 6-1　集合的交、并、补和差

3. 击中(Hit)与击不中(Miss)

设两幅图像 A 和 B，如果 $A\cap B\neq\varnothing$（空集合），则称 B 击中 A，记为 $B\uparrow A$。如果 $A\cap B=\varnothing$，则称 B 击不中 A，如图 6-2 所示。

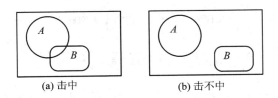

(a) 击中　　　　　　　　(b) 击不中

图 6-2　击中与击不中

4. 平移、反射

设 A 是一幅数字图像，b 是一个点，则定义 A 被 b 平移后的结果为 $A+b=\{a+b|a\in A\}$，即取出 A 中的每个点 a 的坐标值，将其与 b 的坐标值相加，得到一个新的点的坐标值 $a+b$。所有这些新点所构成的图像就是 A 被 b 平移的结果，记为 $A+b$，如图 6-3(c)所示。

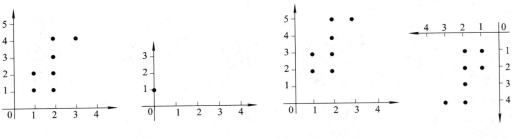

(a) 图像 A　　　　(b) 点 b　　　(c) A 被 b 平移后的结果　　(d) A 关于原点反射后的结果

图 6-3　平移与反射

A 关于图像原点的反射记为 $A^{\mathrm{v}}=\{a\mid -a\in A\}$，即将 A 中的每个点的坐标取相反数后得到的新图像，如图 6-3(d)所示。

5. 目标图像和结构元素

被处理的图像称为目标图像。为确定目标图像的结构，需逐个考察图像各部分之间的关系，并且进行检验，最后得到一个各部分之间关系的集合。

在考察目标图像各部分之间的关系时，需要设计一种收集信息的"探针"，称为"结构元素"。"结构元素"一般用大写英文字母 S 表示。在图像中不断移动结构元素，就可以考察图像中各部间的关系。

结构元素形状包含矩形、十字形、椭圆形和菱形等(见图 6-4)，如果结构元素长宽相等，矩形和椭圆形将退化为正方形和圆形。一般来说，结构元素尺寸要明显小于目标图像的尺寸，选择不同形状和尺寸的结构元素可提取目标图像中的不同特征，具体应用中需根据实际处理效果决定结构元素形状及尺寸的大小。

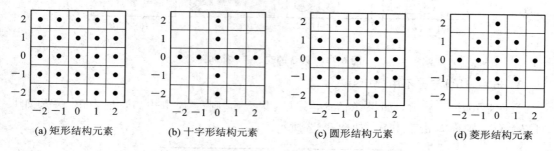

(a) 矩形结构元素　　(b) 十字形结构元素　　(c) 圆形结构元素　　(d) 菱形结构元素

图 6-4　5×5 结构元素形状

6.2　二值形态学

二值形态学中的运算对象是集合，但实际运算中，当涉及两个集合时并不把它们看作是互相对等的。一般设 A 为图像集合，S 为结构元素，数学形态学运算是用 S 对 A 进行操作。结构元素本身也是一个图像集合，不过通常其尺寸要比目标图像小得多。对结构元素可指定一个原点，将其作为结构元素参与形态学运算的参考点。原点可包含在结构元素中，也可不包含在结构元素中，但运算的结果常不相同。以下用黑点代表值为 1 的区域，白点代表值为 0 的区域，运算对于值为 1 的区域进行。

6.2.1　腐蚀

腐蚀是一种最基本的数学形态学运算。对给定的目标图像 X 和结构元素 S，将 S 在图像上移动，则在每一个当前位置 x，$S+x$ 只有 3 种可能的状态，如图 6-5 所示，具体表示如下：

二值形态学的腐蚀运算

(1) $S+x\subseteq X$；

(2) $S+x\subseteq X^{\mathrm{c}}$；

(3) $S+x\cap X$ 与 $S+x\cap X^{\mathrm{c}}$ 均不为空。

第(1)种情形说明 $S+x$ 与 X 相关；第(2)种情形说明 $S+x$ 与 X 不相关；而第(3)种情

形说明 $S+x$ 与 X 只是部分相关。因而满足以上 3 种情形的点 x 的全体构成结构元素与图像的最大相关点集。称该点集为 S 对 X 的腐蚀(简称腐蚀，也称 X 用 S 腐蚀)，记为 $X\ominus S$。

腐蚀也可以用集合的方式定义

$$X \ominus S = \{x \mid S + x \subseteq X\} \tag{6-1}$$

式(6-1)表明，X 用 S 腐蚀的结果是所有使 S 平移 x 后仍在 X 中的 x 的集合。换句话说，用 S 来腐蚀 X 得到的集合是 S 完全包含在 X 中时 S 的原点位置的集合。

腐蚀在数学形态学运算中的作用是消除物体边界点，去除小于结构元素的物体，清除两个物体间的细小连通等。如果结构元素取 3×3 的像素块，腐蚀将使物体的边界沿周边减少 1 个像素。腐蚀可以把小于结构元素的物体去除，这样选取不同大小的结构元素，就可以在原图像中去掉不同大小的物体。如果两个物体之间有细小的连通，那么当结构元素足够大时，通过腐蚀运算可以将两个物体分开。

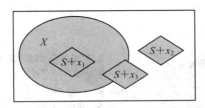

图 6 - 5　$S+x$ 的 3 种可能状态

下面通过具体例子来进一步理解腐蚀运算的操作过程。

例 6 - 1　腐蚀运算图解。图 6 - 6 给出了腐蚀运算的一个简单示例。其中图 6 - 6(a)中的黑点部分为集合 X，图 6 - 6(b)中的黑点部分为结构元素 S，而图 6 - 6(c)中黑点部分给出 $X\ominus S$(白点部分为原属于 X 现腐蚀掉的部分)。由图可见腐蚀将图像(区域)缩小了。

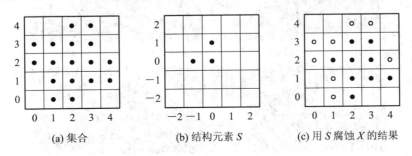

(a) 集合　　　　　　　(b) 结构元素 S　　　　　(c) 用 S 腐蚀 X 的结果

图 6 - 6　腐蚀运算示例

如果 S 包含了原点，即 $O\in S$，那么 $X\ominus S$ 将是 X 的一个收缩，即 $X\ominus S\subseteq X$(当 $O\in S$)；如果 S 不包含原点，则 $X\ominus S\subseteq X$ 未必成立。若结构元素 S 关于原点 O 是对称的，那么 $S=S^{\mathrm{v}}$，因此 $X\ominus S=X\ominus S^{\mathrm{v}}$；但是如果 S 关于原点 O 不是对称的，则 X 被 S 腐蚀的结果与 X 被 S^{v} 腐蚀的结果是不同的。

利用式(6-1)可直接设计腐蚀变换算法。但有时为了方便，常用腐蚀的另一种表达式：

$$X \ominus S = \{x \mid (S+x) \cap X^{\mathrm{c}} = \varnothing\} \tag{6-2}$$

式(6-2)可从式(6-1)中推出，它表示所有符合平移后的结构元素 S 与图像背景(X 的补集)没有重合的结构元素原点构成的点集。

根据上述理论，在 OpenCV 中可采用 getStructuringElement() 和 erode() 函数实现结

构元素的设定和图像腐蚀操作。对二值图像实现腐蚀操作的具体步骤如下。

（1）读入图像，若为真彩色图像，则采用 cvtColor 将原图像转化为二值图像；

（2）设置结构元素类型、大小及锚点（结构元素中心点）位置。OpenCV 中定义了 3 种基本结构元素形状，对应为矩形（MORPH_RECT）、十字形（MORPH_CROSS）和椭圆形（MORPH_ELLIPSE），设定锚点为（1，1）的 3×3 矩形结构元素函数为

getStructuringElement(MORPH_RECT，Size(3，3)，Point(1，1))；

（3）调用 erode()函数实现腐蚀操作并保存图像。

图 6－7(a)是原始图像，图 6－7(b)是对应的二值图像，图 6－7(c)是采用 3×3 矩形结构元素进行腐蚀运算得到的结果。与图 6－7(c)相比，图 6－7(d)采用 5×5 矩形结构元素得到的图像几乎去掉了所有鱼鳞部分。图 6－7(d)、图 6－7(e)与图 6－7(f)均采用 5×5 结构元素，但结构元素形状不一样，可以看出，不同形状结构元素腐蚀得到的图像在鱼头、鱼背和鱼鳍部分都体现了一定的差异性。通过滚动条设置结构元素并实现二值图像腐蚀操作的完整代码请读者登录出版社网站下载，文件路径：code\src\chapter06\code06-01-erode.cpp。

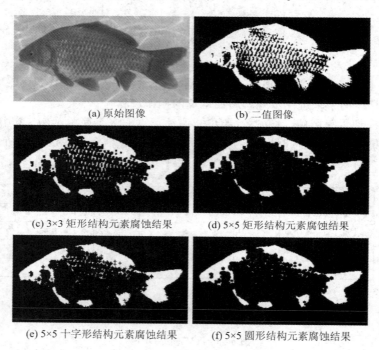

(a) 原始图像　　　　　　　　　　(b) 二值图像

(c) 3×3 矩形结构元素腐蚀结果　　　(d) 5×5 矩形结构元素腐蚀结果

(e) 5×5 十字形结构元素腐蚀结果　　(f) 5×5 圆形结构元素腐蚀结果

图 6－7　图像腐蚀运算

6.2.2　膨胀

腐蚀可以看作是将图像 X 中每一个与结构元素 S 全等的子集 $S+x$ 收缩为点 x。反之，也可以将 X 中的每一个点 x 扩大为 $S+x$，即膨胀运算，记为 $X \oplus S$。用集合语言定义为

$$X \oplus S = \bigcup \{X+s \mid s \in S\} \qquad (6-3)$$

与式(6－3)等价的膨胀运算的定义形式为

二值形态学的膨胀运算

$$X \oplus S = \bigcup \{S + x \mid x \in X\} \qquad (6-4)$$

事实上，还可以利用击中定义膨胀

$$X \oplus S = \{x \mid (S^V + x) \cap X \neq \varnothing\} \qquad (6-5)$$

式(6-5)利用击中输入图像，即与输入图像交集不为空的原点对称结构元素 S^V 的平移表示膨胀。利用式(6-5)进行膨胀的例子如图 6-8 所示，图 6-8(a)中黑点部分为集合 X，图 6-8(b)中黑点部分为结构元素 S，它的反射见图 6-8(c)，而图 6-8(d)中的黑点与灰点部分(灰点为扩大的部分)合起来为集合 $X \oplus S$。由图可见膨胀将图像区域扩大了。

该例表明用 S 膨胀 X 的过程是：先对 S 做关于原点的映射，再将其反射平移 x，这里 X 与 S 反射的交集不为空集。换句话说，用 S 来膨胀 X 得到的集合是 S^V 的平移与 X 至少有 1 个公共的非零元素相交时，S 的原点位置的集合。根据这个解释，式(6-5)也可以写成

$$X \oplus S = \{x \mid (S^V + x) \cap X \subseteq X\} \qquad (6-6)$$

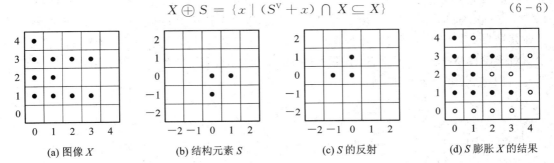

(a) 图像 X (b) 结构元素 S (c) S 的反射   (d) S 膨胀 X 的结果

图 6-8 按式(6-5)膨胀的结果

腐蚀和膨胀运算与集合运算的关系如下：

$$\begin{cases} X \ominus (Y \cap Z) = (X \ominus Y) \cup (X \ominus Z) \\ X \oplus (Y \cap Z) = (X \oplus Y) \cap (X \oplus Z) \\ (X \cap Y) \ominus Z \supset (X \ominus Z) \cap (Y \ominus Z) \\ (X \cap Y) \oplus Z = (X \oplus Z) \cap (Y \oplus Z) \\ (X \cup Y) \ominus Z = (X \ominus Z) \cup (Y \ominus Z) \\ (X \cup Y) \oplus Z \subseteq (X \oplus Z) \cup (Y \oplus Z) \end{cases} \qquad (6-7)$$

从式(6-7)可知，腐蚀和膨胀运算对集合运算的分配律只有在特定情况下才能成立。另外，用腐蚀和膨胀运算还可以实现图像的平移。如果在自定义结构元素时选择不在原点的一个点作为结构元素，则得到的图像形状没有任何改变，只是位置发生了移动。

与腐蚀操作类似，在 OpenCV 中采用 getStructuringElement() 和 dilate() 函数实现结构元素的设定和图像膨胀操作。图 6-9(b)是对二值图像 6-9(a)执行膨胀运算后的结果，经过膨胀，鱼鳞上的黑色孔洞已大部分被填充，如果选择较大尺寸的结构元素，可实现鱼

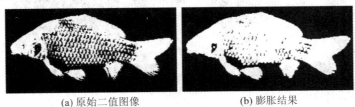

(a) 原始二值图像   (b) 膨胀结果

图 6-9 用 5×5 矩形结构元素进行膨胀

身体主要区域的提取。通过滚动条设置结构元素并实现二值图像膨胀操作的完整代码请读者登录出版社网站下载，文件路径：code\src\chapter06\code06-02-dilate.cpp。

6.2.3　开、闭运算

二值形态学的
开闭运算

1. 基本概念

如果结构元素为圆形，则膨胀操作可填充图像中比结构元素小的孔洞以及图像边缘处小的凹陷部分。而腐蚀可以消除图像中的毛刺及细小连接成分，并将图像缩小，从而使其补集扩大。但是，膨胀和腐蚀并非互为逆运算，所以它们可以结合使用。在腐蚀和膨胀两个基本运算的基础上，可以构造出形态学运算簇，它由膨胀和腐蚀两个运算的复合与集合操作(并、交、补等)组合成的所有运算构成。例如，可使用同一结构元素，先对图像进行腐蚀然后膨胀其结果，该运算称为开运算；或先对图像进行膨胀然后腐蚀其结果，称其为闭运算。开运算和闭运算是形态学运算族中两种最为重要的运算。

对于图像 X 及结构元素 S，用符号 $X \circ S$ 表示 S 对图像 X 作开运算，用符号 $X \cdot S$ 表示 S 对图像 X 作闭运算，它们的定义为

$$X \circ S = (X \ominus S) \oplus S \tag{6-8}$$

$$X \cdot S = (X \oplus S) \ominus S \tag{6-9}$$

由式(6-8)和式(6-9)可知，$X \circ S$ 可视为对腐蚀图像 $X \ominus S$ 用膨胀来进行恢复。而 $X \cdot S$ 可看作是对膨胀图像 $X \oplus S$ 用腐蚀来进行恢复。不过这一恢复不是信息无损的，即它们通常不等于原始图像 X。由开运算的定义式，可以推得

$$X \circ S = \bigcup \{S + x \mid S + x \subseteq X\} \tag{6-10}$$

因而 $X \circ S$ 是所有 X 的与结构元素 S 全等的子集的并集组成的。或者说对 $X \circ S$ 中的每一个点 x，均可找到某个包含在 X 中的结构元素 S 的平移 $S + y$，使得 $x \in S + y$，即 x 在 X 的近旁具有不小于 S 的几何结构。而对于 X 中不能被 $X \circ S$ 恢复的点，其近旁的几何结构总比 S 要小。该几何描述说明 $X \circ S$ 是一个基于几何结构的滤波器。图6-10给出了一个采用 25×25 圆形结构元素 S 实现开运算的例子，其中图6-10(a)是原始图像 X，图6-10(b)是用 S 对 X 进行开运算的结果。当使用圆形结构元素时，开运算对边界进行了平滑，去掉了凸角。在凸角点周围，图像的几何构形无法容纳给定的圆，从而使凸角点周围的点被开运算删除。图6-10(c)给出了原图像与开运算后图像的差值图像，可见 $X - X \circ S$ 体现了图像的凸出特征。

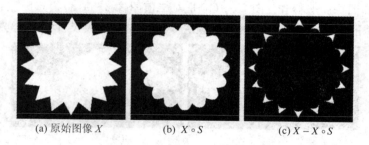

(a) 原始图像 X　　　　(b) $X \circ S$　　　　(c) $X - X \circ S$

图6-10　开运算去掉了凸角

由腐蚀和膨胀的对偶性，可知

$$\begin{cases} (X^{\mathrm{c}} \circ S)^{\mathrm{c}} = X \cdot S \\ (X^{\mathrm{c}} \cdot S)^{\mathrm{c}} = X \circ S \end{cases} \tag{6-11}$$

开、闭变换也是一对对偶变换，因此，闭运算的几何意义可以由补集开运算的几何意义导出。图 6-11 给出了一个闭运算的例子，其中图 6-11(a)是原始图像，图 6-11(b)是用 25×25 圆形结构元素 S 对 X 进行闭运算的结果，可见闭运算填充了图像的凹角，图 6-11(c)是闭运算图像与原图像的差值图像，$X \cdot S - X$ 给出的是图像的凹入特征。

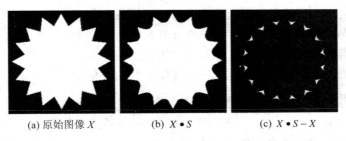

(a) 原始图像 X　　　　(b) $X \cdot S$　　　　(c) $X \cdot S - X$

图 6-11　闭运算填充了凹角

2．开闭运算的代数性质

由于开、闭运算是在腐蚀和膨胀运算的基础上定义的，根据腐蚀和膨胀运算的代数性质，不难得到开、闭运算性质。

1）对偶性

$$(X^{\mathrm{c}} \circ S)^{\mathrm{c}} = X \cdot S; \ (X^{\mathrm{c}} \cdot S)^{\mathrm{c}} = X \circ S$$

2）扩展性（收缩性）

$$X \circ S \subseteq X \subseteq X \cdot S$$

即开运算恒使原图像缩小，而闭运算恒使原图像扩大。

3）单调性

如果 $X \subseteq Y$，则

$$X \cdot S \subseteq Y \cdot S, \ X \circ S \subseteq Y \circ S$$

如果 $Y \subseteq Z$，且 $Z \cdot Y = Z$，则

$$X \cdot Y \subseteq X \cdot Z$$

根据这一性质可知，结构元素的扩大只有在保证扩大后的结构元素对原结构元素开运算不变的条件下方能保持单调性。

4）平移不变性

$$(X+h) \cdot S = (X \cdot S) + h, \quad (X+h) \circ S = (X \circ S) + h$$
$$X \cdot (S+h) = X \cdot S, \quad X \circ (S+h) = X \circ S$$

该性质表明开运算和闭运算不受原点是否在结构元素之中的影响。

5）等幂性

$$(X \cdot S) \cdot S = X \cdot S, \quad (X \circ S) \circ S = X \circ S$$

开、闭运算的等幂性意味着一次滤波即可将所有特定于结构元素的噪声滤除干净，而作重复的运算不会再有效果。这是一个与中值滤波、线性卷积等经典方法不同的性质。

6) 开运算和闭运算与集合的关系

在操作对象为多个图像的情况下，可借助集合的性质来进行开运算和闭运算，开运算和闭运算与集合的关系可用下式给出

$$\left(\bigcup_{i=1}^{n} X_i\right) \circ S \supseteq \bigcup_{i=1}^{n} (X_i \circ S), \quad \left(\bigcap_{i=1}^{n} X_i\right) \circ S \subseteq \bigcap_{i=1}^{n} (X_i \circ S)$$

$$\left(\bigcup_{i=1}^{n} X_i\right) \cdot S \supseteq \bigcup_{i=1}^{n} (X_i \cdot S), \quad \left(\bigcap_{i=1}^{n} X_i\right) \cdot S \subseteq \bigcap_{i=1}^{n} (X_i \cdot S)$$

上述开运算和闭运算与集合的关系可用语言描述如下：

(1) 开运算与并集：并集的开运算包含了开运算的并集；

(2) 开运算与交集：交集的开运算包含在开运算的交集中；

(3) 闭运算与并集：并集的闭运算包含了闭运算的并集；

(4) 闭运算与交集：交集的闭运算包含在闭运算的交集中。

3. 开运算的实现

根据上述理论，在 OpenCV 中先调用一次 erode()函数，再调用一次 dilate()函数即可实现开运算。实现开运算更简洁的方法是调用 morphologyEx()函数。不同于前面介绍的腐蚀与膨胀函数，morphologyEx()可通过设置第 3 个参数实现 5 种形态学操作，包括开(MORPH_OPEN)、闭(MORPH_CLOSE)、形态梯度(MORPH_GRADIENT)、顶帽(MORPH_TOPHAT)和黑帽(MORPH_BLACKHAT)运算，具体操作步骤如下。

(1) 读入图像，若为真彩色图像，则转化为二值图像；

(2) 设置结构元素。如 OpenCV 中设定锚点为(8,8)的 17×17 图形结构元素代码的函数为 getStructuringElement(MORPH_ELLIPSE, Size(17, 17), Point(8,8))；

(3) 指定形态学操作为开运算，设定 MORPH_OPEN 参数，调用 morphologyEx()函数实现开运算操作并保存图像。

对图 6-12(a)所示图像进行开运算的结果如图 6-12(b)所示，可以发现，开运算去掉了凸角且将原图像中的连通区域变成了非连通区域。通过滚动条设置结构元素并实现二值图像开运算操作的完整代码请读者登录出版社网站下载，文件路径：code\src\chapter06\code06-03-opening.cpp。

　　(a) 原始图像　　　　　　(b) 开运算结果　　　　　(c) 闭运算结果

图 6 - 12　　开、闭运算效果示意图

4. 闭运算的实现

在 OpenCV 中闭运算的实现与开运算类似，只需将 morphologyEx()函数中的第 3 个参数设为 MORPH_CLOSE 即可。采用 17×17 圆形结构元素对图 6 - 12(a)进行闭运算的效果如图 6 - 12(c)所示，与开运算正好相反，闭运算去掉了凹角且将原图像中的非连通区域变成了连通区域。通过滚动条设置结构元素并实现二值图像闭运算操作的完整代码请读

者登录出版社网站下载，文件路径：code\src\chapter06\code06-04-closing.cpp。

6.2.4　击中/击不中变换

二值形态学的击中
击不中变换

在 6.1.2 节中简要给出了击中/击不中的概念，下面讨论击中/击不中的严格定义及其在数字图像处理中的意义。一般地，一个物体的结构可以由物体内部各种成分之间的关系来确定。为了研究图像的结构，可以逐个地利用各种成分（例如各种结构元素）对其进行检验，判定哪些成分包括在图像之内，哪些在图像之外，从而最终确定图像的结构。击中/击不中变换就是基于该思路提出的。设 X 是被研究的图像，S 是结构元素，而且 S 由两个不相交的部分 S_1 和 S_2 组成，即 $S=S_1 \bigcup S_2$，且 $S_1 \bigcap S_2 = \varnothing$，则击中/击不中定义为

$$X \odot S = \{x \mid S_1 + x \subseteq X, \text{且 } S_2 + x \subseteq X^c\} \tag{6-12}$$

由式(6-12)可以看出，X 被 S 击中的结果仍是一个图像，其中每点 x 必须同时满足两个条件：S_1 被平移后包含在 X 内；S_2 被平移后不在 X 内。图 6-13 给出了一个 X 与 S 进行击中/击不中运算的例子。

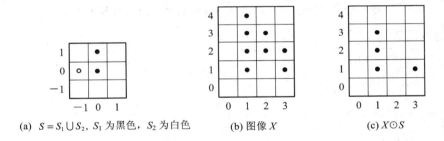

(a)　$S = S_1 \bigcup S_2$, S_1 为黑色, S_2 为白色　　(b) 图像 X　　(c) $X \odot S$

图 6-13　击中/击不中示意图

击中/击不中运算还有另外一种表达形式：

$$X \odot S = (X \ominus S_1) \bigcap (X^c \ominus S_2) \tag{6-13}$$

式(6-13)表明，X 与 S 进行击中/击不中运算的结果等价于 X 被 S_1 腐蚀的图像与 X 的补集被 S_2 腐蚀图像的交集。图 6-14 解释了这一过程。可见，击中/击不中运算可借助腐蚀运算实现。在图 6-14 中，如果 S 中不包含 S_2，则 $X \odot S$ 与 $X \ominus S_1$ 相同，即 X 中包含 3 个形如 S_1 的结构元素；将 S_2 加入 S 后，相当于对 $X \odot S$ 增加了一个约束条件：不仅要从 X 中找出那些形如 S_1 的点，而且要在 X 的补集中找出形如 S_2 的点，经过求交运算，最终构成 $X \odot S$。

由此可见，击中/击不中运算相当于一种条件比较严格的模板匹配，它不仅指出被匹配点所应满足的性质，即模板的形状，同时也指出这些点所不应满足的性质，即对周围环境背景的要求。因此击中/击不中变换可以用于形状识别和端点定位。图 6-15 描述了一个骨架端点定位的示例，由于骨架端点必定满足图 6-15(a)～图 6-15(d)所示的 4 种结构元素，结构元素 $S = S_1 \bigcup S_2$，S_1 对应黑色点集，S_2 对应白色点集，对图 6-15(a)所示骨架图像，依次采用这 4 种结构元素进行击中/击不中运算，最后将 4 次运算的端点图像合并得到的结果如图 6-15(f)所示。

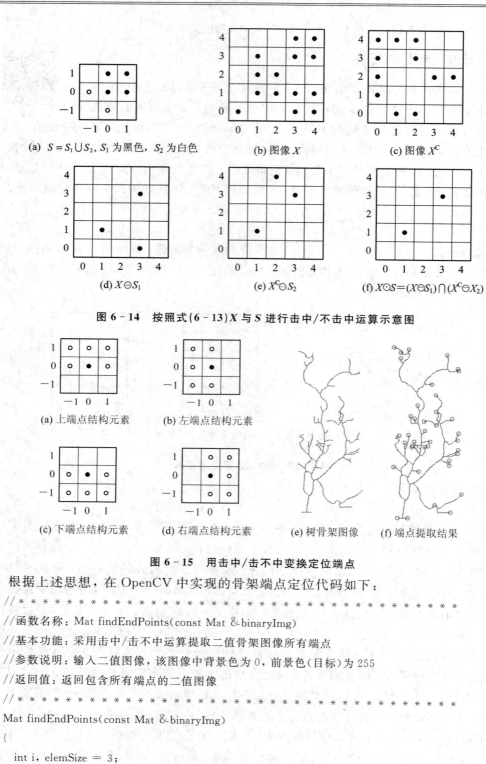

(a) $S = S_1 \cup S_2$, S_1 为黑色, S_2 为白色　　　(b) 图像 X　　　(c) 图像 X^c

(d) $X \ominus S_1$　　　(e) $X^c \ominus S_2$　　　(f) $X \odot S = (X \ominus S_1) \cap (X^c \ominus X_2)$

图 6 - 14　按照式(6 - 13)X 与 S 进行击中/不击中运算示意图

(a) 上端点结构元素　　　(b) 左端点结构元素

(c) 下端点结构元素　　　(d) 右端点结构元素　　　(e) 树骨架图像　　　(f) 端点提取结果

图 6 - 15　用击中/击不中变换定位端点

根据上述思想，在 OpenCV 中实现的骨架端点定位代码如下：

```
//＊＊＊＊＊＊＊＊＊＊＊＊＊＊＊＊＊＊＊＊＊＊＊＊＊＊＊＊＊＊＊＊＊＊
//函数名称：Mat findEndPoints(const Mat &binaryImg)
//基本功能：采用击中/击不中运算提取二值骨架图像所有端点
//参数说明：输入二值图像，该图像中背景色为 0，前景色(目标)为 255
//返回值：返回包含所有端点的二值图像
//＊＊＊＊＊＊＊＊＊＊＊＊＊＊＊＊＊＊＊＊＊＊＊＊＊＊＊＊＊＊＊＊＊＊
Mat findEndPoints(const Mat &binaryImg)
{
    int i, elemSize = 3;
    Mat dstImg, maskImg = Mat::zeros(binaryImg.size(), CV_8UC1);
    //设置上端点 3×3 结构元素 S2
```

```
Mat elemStruct(elemSize, elemSize, CV_8U, Scalar(1));
elemStruct. at<uchar>(1, 1) = 0;
for(i=0; i<elemSize; i++)elemStruct. at<uchar>(2, i) = 0;
dstImg = 255 - binaryImg;                    //计算原图像的补集
erode(dstImg, dstImg, elemStruct);           //腐蚀图像
//与结构元素 S₁ 腐蚀后的图像求交，端点存入图像 maskImg
maskImg = binaryImg&dstImg;
elemStruct = Mat∷ones(elemSize, elemSize, CV_8U);   //设置左端点 3×3 结构元素 S₂
elemStruct. at<uchar>(1, 1) = 0;
for(i=0; i<elemSize; i++)elemStruct. at<uchar>(i, 2) = 0;
dstImg = 255 - binaryImg;
erode( dstImg, dstImg, elemStruct);
//与结构元素 S₁ 腐蚀后的图像求交，并与上次求得的端点图像合并
maskImg |= binaryImg&dstImg;
//设置下端点 3×3 结构元素 S₂
elemStruct = Mat∷ones(elemSize, elemSize, CV_8U);
elemStruct. at<uchar>(1, 1) = 0;
for(i=0; i<elemSize; i++)elemStruct. at<uchar>(0, i) = 0;
dstImg = 255 - binaryImg;
erode( dstImg, dstImg, elemStruct);
//与结构元素 S₁ 腐蚀后的图像求交，并与上次求得的端点图像合并
maskImg |= binaryImg&dstImg;
elemStruct = Mat∷ones(elemSize, elemSize, CV_8U);   //设置右端点 3×3 结构元素 S₂
elemStruct. at<uchar>(1, 1) = 0;
for(i=0; i<elemSize; i++)elemStruct. at<uchar>(i, 0) = 0;
dstImg = 255 - binaryImg;
erode( dstImg, dstImg, elemStruct);
//与结构元素 S₁ 腐蚀后的图像求交，并与上次求得的端点图像合并
maskImg |= binaryImg&dstImg;
return maskImg;                              //返回端点图像
}
```

　　实现二值骨架图像端点提取和绘制的完整代码请读者登录出版社网站下载，文件路径：code\src\chapter06\code06-05-findEndPoints. cpp。

6.3　灰值形态学

　　二值形态学的 4 种基本运算，即腐蚀、膨胀、开运算和闭运算，可方便地推广到灰值图像空间。与二值形态学中不同的是，这里操作对象不再是集合而是图像函数。设 $f(x, y)$ 是输入图像，$b(x, y)$ 是结构元素子图像。

6.3.1　灰值腐蚀

　　用结构元素 b 对输入图像 $f(x, y)$ 进行灰值腐蚀运算，记为 $f \ominus b$，其定义为

$$(f \ominus b)(s,t) = \min\{f(s+x, t+y) \mid s+x, t+y \in D_f; x, y \in D_b\} \quad (6-14)$$

式中，D_f 和 D_b 分别是 f 和 b 的定义域，这里限制 $(s+x)$ 和 $(t+y)$ 在 f 的定义域之内，类似于二值腐蚀定义中要求结构元素完全包括在被腐蚀集合中。

为简单起见，用一维函数来简单介绍式(6-14)的含义和运算操作原理。则式(6-14)可简化为

$$(f \ominus b)(s) = \min\{f(s+x) \mid s+x \in D_f; x \in D_b\} \quad (6-15)$$

在相关计算中，对正的 s，$f(s+x)$ 移向右边，对负的 s，$f(s+x)$ 移向左边。

腐蚀的计算是在由结构元素确定的邻域中选取 $f \ominus b$ 的最小值，所以对灰值图像的腐蚀操作有两类效果：其一，如果结构元素的值均为正，则输出图像比输入图像暗；其二，如果输入图像中亮细节的尺寸比结构元素小，则其影响会被减弱，减弱的程度取决于这些亮细节周围的灰度值和结构元素的形状与幅值。

在 OpenCV 中，erode() 和 dilate() 函数也可处理灰度图像和真彩色图像，图 6-16(b)是采用 7×7 圆形结构元素对图 6-16(a)进行灰度腐蚀后的结果，可见灰度腐蚀后的苹果图像上的黑色斑点被扩大了，同时苹果上的光斑区域(亮细节)变小了。设置结构元素并实现灰度图像腐蚀和膨胀运算的完整代码请读者登录出版社网站下载，文件路径：code\src\chapter06\code06-06-grayMorphology.cpp。

(a) 原始图像　　　　(b) 灰度腐蚀后的图像　　(c) 灰度膨胀后的图像

图 6-16　灰值腐蚀与膨胀前后的图像

6.3.2　灰值膨胀

用结构元素 b 对输入图像 $f(x, y)$ 进行灰值膨胀定义为

$$(f \oplus b)(s,t) = \max\{f(s-x, t-y) \mid s-x, t-y \in D_f; x, y \in D_b\} \quad (6-16)$$

式中，D_f、D_b 分别是 f 和 b 的定义域。这里限制 $s-x$ 和 $t-y$ 在 f 的定义域之内，类似于在二值膨胀定义中要求两个运算集合至少有 1 个(非零)元素相交。式(6-16)与二维离散函数的卷积的形式很类似，区别是这里用 max 替换了卷积中的求和，用加法替换了卷积中的相乘。

用一维函数时，式(6-16)可简化为

$$(f \oplus b)(s) = \max\{f(s-x) \mid s-x \in D_f, x \in D_b\} \quad (6-17)$$

与卷积相似，$f(-x)$ 是对应 x 轴原点的映射。对正的 s，$f(s-x)$ 移向右边，对负的 s，$f(s-x)$ 移向左边。要求 $(s-x)$ 在 f 的定义域内及 x 在 b 的定义域内是为了避免 f 和 b 的交集为空。

膨胀的计算是在由结构元素确定的邻域中选取 $f \oplus b$ 的最大值，所以对灰值图像的膨

胀操作有两类效果：其一，如果结构元素的值均为正，则输出图像会比输入图像亮；其二，根据输入图像中暗细节的灰度值及形状相对于结构元素的大小，暗细节在膨胀中被消减或去除。

图 6-16(c) 是采用 7×7 圆形结构元素对图 6-16(a) 进行灰度膨胀后的结果，可见灰度膨胀后的苹果图像上的黑色斑点被去除了，同时苹果上的光斑区域（亮细节）变大了。

膨胀和腐蚀满足下列对偶关系

$$(f \oplus b)^{\mathrm{c}} = f^{\mathrm{c}} \ominus b^{\mathrm{v}} \tag{6-18}$$

$$(f \ominus b)^{\mathrm{c}} = f^{\mathrm{c}} \oplus b^{\mathrm{v}} \tag{6-19}$$

这里函数的补定义为 $f^{\mathrm{c}}(x,y) = -f(x,y)$，而函数的反射定义为：$b^{\mathrm{v}}(x,y) = b(-x,-y)$。

6.3.3　灰值开、闭运算

数学形态学中灰值图像开、闭运算的定义与二值图像开、闭运算的定义是一致的。用结构元素 b（灰值图像）对灰值图像 f 做开运算记为 $f \circ b$，其定义为

$$f \circ b = (f \ominus b) \oplus b \tag{6-20}$$

用结构元素 b 对灰值图像 f 做闭运算记为 $f \cdot b$，其定义为

$$f \cdot b = (f \oplus (b)) \ominus b \tag{6-21}$$

开、闭运算相对于函数的补和反射也是对偶的，对偶关系为

$$(f \circ b)^{\mathrm{c}} = (f^{\mathrm{c}} \cdot b^{\mathrm{v}}) \tag{6-22}$$

$$(f \cdot b)^{\mathrm{c}} = (f^{\mathrm{c}} \circ b^{\mathrm{v}}) \tag{6-23}$$

灰值开、闭运算简单的几何解释如图 6-17 所示。在图 6-17(a) 中，给出一幅图像 $f(x,y)$ 在 y 为常数时的一个剖面 $f(x)$，其形状为一连串的波峰波谷。假设结构元素 b 是球状的，投影到 x 和 $f(x)$ 平面上是一个圆形。

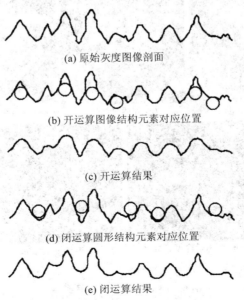

(a) 原始灰度图像剖面

(b) 开运算图像结构元素对应位置

(c) 开运算结果

(d) 闭运算圆形结构元素对应位置

(e) 闭运算结果

图 6-17　灰度图像剖面开、闭运算示意图

若用 b 对 f 做开运算,即 $(f \circ b)$,可看作将 b 贴着 f 的下沿从一端滚到另一端。图 6 - 17(b)给出了 b 在开运算中的几个位置,图 6 - 17(c)给出了开运算操作的结果。从图 6 - 17(c)可看出,对所有比 b 直径小的波峰其高度和尖锐度均减弱了。换句话说,当 b 贴着 f 的下沿滚动时,f 中没有与 b 接触的部位都消减到与 b 接触。实际中常用开运算操作消除与结构元素相比尺寸较小的亮细节,而保持图像整体灰度值和大的亮区域。具体来讲,就是第一步的腐蚀去除了小的亮细节并同时减弱了图像亮度,第二步的膨胀增加了图像亮度,但又不重新引入前面去除的细节。

若用 b 对 f 做闭运算,即 $f \cdot b$,可看作将 b 贴着 f 的上沿从一端滚到另一端。图 6 - 17(d)给出了 b 在闭运算操作中的几个位置,图 6 - 17(e)给出了闭运算操作的结果。从图6 - 17(e)可看出,波峰基本没有变化,而所有比 b 直径小的波谷则被填充。换句话说,当 b 贴着 f 的上沿滚动时,f 中没有与 b 接触的部位都得到填充。

实际应用中常用闭运算操作消除与结构元素相比尺寸较小的暗细节,而保持图像整体灰值和大的暗区域,这是因为第一步的膨胀去除了小的暗细节并同时增强了图像亮度,第二步的腐蚀减弱了图像亮度但又不重新引入前面去除的细节。

灰度图像的开、闭运算也可采用 OpenCV 中的 morphologyEx()函数实现。图 6 - 18 (b)和图 6 - 18(c)是对图 6 - 18(a)进行灰值开、闭运算的结果。经过开、闭运算后图像均变得光滑了,图 6 - 18(b)苹果图像上的亮点和较小的亮斑基本上看不到了,可见灰值开运算消除了尺寸较小的亮细节。另一方面,图 6 - 18(c)中苹果表面的小黑点消除了且底部凹陷部分的黑色区域模糊了,这表明灰值闭运算能够消除尺寸较小的暗细节。设置结构元素并实现灰度图像开运算和闭运算的完整代码请读者登录出版社网站下载,文件路径:code\src\chapter06\code06-06-grayMorphology.cpp。

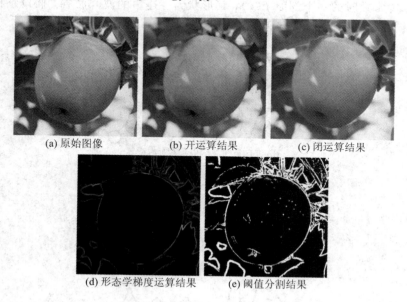

(a) 原始图像   (b) 开运算结果   (c) 闭运算结果

(d) 形态学梯度运算结果   (e) 阈值分割结果

图 6 - 18 灰值开闭运算实例

除开、闭运算外,通过组合形态学腐蚀、膨胀运算还可得到一系列形态学的实用算法。

例如，定义灰度图像形态梯度运算为$(f\oplus b)-(f\ominus b)$，即灰度膨胀与腐蚀运算图像之差，通过形态梯度运算可实现图像边缘的有效检测。设置 OpenCV 中 morphologyEx( )函数参数为 MORPH_GRADIENT，采用 3×3 圆形结构元素对图 6 - 18(a)进行形态梯度运算的结果如图 6 - 18(d)所示，最后进行阈值分割得到的结果如图 6 - 18(e)所示，结果表明，形态梯度运算较好地提取了苹果的边缘。

6.4　形态学的应用

灰值形态学的主要算法有灰值形态学梯度、形态学平滑、纹理分割和顶帽(Top hat)变换等。下面重点介绍二值图像形态学滤波、骨架提取、角点检测等重要算法。

6.4.1　形态学滤波

由于开、闭运算所处理的信息分别与图像的凸、凹处相关，因此，它们本身均为单边算子，可以利用开、闭运算去除图像的噪声、恢复图像，也可以交替使用开、闭运算以达到双边滤波的目的。一般地，可以将开、闭运算结合起来构成形态学噪声滤除器，例如$(X\circ S)\cdot S$ 或$(X\cdot S)\circ S$ 等。

图 6 - 19 给出了消除噪声的一个示例。图 6 - 19(a)是一幅细胞图像，在细胞内外均有一些椒盐噪声。首先采用 3×3 圆形结构元素对图像进行腐蚀得到图 6 - 19(b)，然后对腐蚀结果进行膨胀得到图 6 - 19(c)，这两组操作的结合就是开运算，它消除了细胞周围的白色噪声点；再对图 6 - 19(c)进行膨胀得到图 6 - 19(d)，最后对膨胀结果进行腐蚀得到图 6 - 19(e)，这两组操作的结合构成了闭运算，从实验结果来看，它消除了细胞内部的黑色噪声点。上述过程可表示为一个先开后闭运算：

$$\{[(X\ominus S)\oplus S]\oplus S\}\ominus S=(X\circ S)\cdot S \tag{6-24}$$

比较图 6 - 19(a)和图 6 - 19(e)可以看出，目标区域内外的噪声大部分都消除掉了，而目标本身形状无太大变化。为能使从噪声污染的图像中恢复图像的结果达到最优，在确定结构元素尺寸时，可将图像和噪声视为随机变量，通过统计优化分析获得合适的结构元素尺寸。

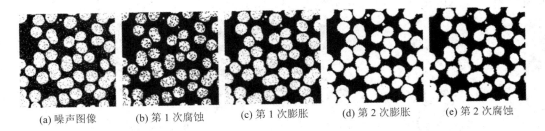

(a) 噪声图像　　(b) 第 1 次腐蚀　　(c) 第 1 次膨胀　　(d) 第 2 次膨胀　　(e) 第 2 次腐蚀

图 6 - 19　形态学去噪示例

相似的方法也可应用于灰值图像处理。灰值开运算可用于过滤最大噪声(高亮度噪声)，因为被滤掉的噪声位于信号的上方。如果将图 6 - 17(a)信号上方的尖峰视为噪声，则灰值开运算后可得到很好的滤波效果，如图 6 - 17(c)所示。根据对偶性，闭运算可以滤掉信号下方的噪声尖峰。图 6 - 17(e)给出了利用圆形结构元素进行灰值闭滤波的结果。与二值情况相似，可以利用适当的结构元素进行开、闭滤波，此时适当地选择结构元素的尺寸是非常关键的。此外，若信号中混杂有未能分离的不同尺寸的噪声脉冲，则可以选用一种交变序列滤波器，该滤波器使用逐渐增加宽度的结构元素，交替地做灰值开、闭运算。若这些噪声能够很好地分离开来，则可以利用开运算和闭运算的迭代运算或闭运算和开运算的迭代运算将其消除。

6.4.2 骨架提取

利用骨架提取技术得到区域的骨架结构是将平面区域简化成图常用的方法。在文字识别、地质构造识别和工业零件形状识别等领域，提取图像骨架有助于突出形状特点和减少冗余信息量。骨架提取(Skeletonization)可通过距离变换(Distance Transform)、Voronoi图或基于形态学运算的细化算法(Thinning)实现，下面介绍两种基于形态学思想的骨架提取算法。

1. 基于腐蚀和开运算的细化

骨架可从形态学的角度进行定义。对于 $k=0, 1, 2, \cdots, n$，定义骨架子集 $S_k(X)$ 为图像 X 内所有最大圆形结构元素 kB 的圆心 x 构成的集合。从骨架的定义可知，骨架是所有骨架子集的并，即

$$S(X) = \bigcup \{ S_k(X) \mid k = 0, 1, 2, \cdots, n \} \qquad (6-25)$$

可以证明骨架子集可表示为

$$S_k(X) = (X \ominus kB) - [(X \ominus kB) \circ B]$$

式中，B 为结构元素，$(X \ominus kB)$ 代表连续对 X 进行 k 次腐蚀，即 $(X \ominus kB) = ((\cdots(X \ominus B) \ominus B) \ominus \cdots \ominus B)$。由此可推得

$$S(X) = \bigcup \{ (X \ominus kB) - [(X \ominus kB) \circ B] \mid k = 0, 1, 2, \cdots, n \} \qquad (6-26)$$

式(6-26)即为骨架的形态学表示，它也是用数学形态学方法提取图像骨架技术的依据。对于给定的图像 X 以及结构元素 B，当腐蚀次数 k 达到一定次数时，$(X \ominus kB)$ 为空集，此时停止迭代，然后将所有 $(X \ominus kB) - [(X \ominus kB) \circ B]$ 骨架子集图像合并，最终形成完整骨架。

图 6-20 给出了采用上述思想提取图像骨架的实例。其中图 6-20(a)为一幅树的二值图像，图 6-20(b)是用 3×3 十字形结构元素得到的骨架，图 6-20(c)为采用 5×5 十字形

(a) 原始二值图像　　(b) 用 3×3 结构元素提取的骨架　　(c) 用 5×5 结构元素提取的骨架

图 6-20　骨架抽取示例

结构元素得到的骨架。比较不同大小结构元素处理结果可见，采用较大尺寸结构元素得到的骨架要比较小尺寸结构元素得到的骨架粗，此外，两组细化后的骨架均无法保持原始图像的连通性。

2. 快速形态学细化算法

为避免结构元素对细化图像的影响并保持被细化图像的连通性，下面给出另一种实用的快速形态学细化算法。

设已知目标点标记为 1，背景点标记为 0。边界点是指本身标记为 1 而其 8 连通邻域中至少有一个标记为 0 的点。如图 6－21(a)所示，考虑以边界点为中心的 8 邻域，设 p_1 为中心点，对其邻域的 8 个点逆时针绕中心点分别标记为 p_2，p_3，…，p_9，其中 p_2 位于 p_1 的上方。算法对一幅图像所有像素点的 $3×3$ 邻域连续进行下面两步迭代操作：

(1) 获取当前图像像素点颜色值 p_1，若 $p_1=0$（背景点），则跳过判断条件获取下一像素点；否则，若同时满足下面 4 个条件，则删除 p_1（将 p_1 设为 0）。

① $2 \leqslant N(p_1) \leqslant 6$，其中 $N(p_1)$ 是 p_1 的非零点的个数；

② $S(p_1) = 1$，其中 $S(p_1)$ 是以 p_2，p_3，p_4，…，p_9 为序时这些点的值从 0 到 1 变化的次数；

③ $p_2 × p_4 × p_6 = 0$；

④ $p_4 × p_6 × p_8 = 0$。

(2) 与第(1)步类似，仅将③中的条件改为 $p_2 × p_4 × p_8 = 0$ 和④中的条件改为 $p_2 × p_6 × p_8 = 0$。当对所有点都检验完毕后，将所有满足条件的点删除。

以上两步操作构成一次迭代，算法反复迭代，直至删除所有满足条件的目标点，剩下的点将组成区域骨架。图 6－21 给出了该算法的应用示例。其中，图 6－21(b)、图 6－21(c) 和图 6－21(d)是 p_1 不可删除的 3 种情况，在图 6－21(b)中删除 p_1 会分割区域，图 6－21(c) 中删除 p_1 会分割区域且缩短边缘，图 6－21(d)中满足 $2 \leqslant N(p_1) \leqslant 6$ 但 p_1 不可删除。

p_3	p_2	p_9
p_4	p_1	p_8
p_5	p_6	p_7

(a) 标记 p_1 和邻点

1	1	0
1	p_1	1
0	0	0

(b) 不可删除情况 1

0	0	0
1	p_1	0
0	0	0

(c) 不可删除情况 2

1	0	1
0	p_1	0
1	1	1

(c) 不可删除情况 3

(e) 细化前图像

(f) 细化后结果

图 6－21　细化算法示意图

根据上述细化算法，在 OpenCV 中采用 $3×3$ 结构元素的细化代码如下：

```
// ************************************************************
```

```
//函数名称：Mat thinning()
//基本功能：对二值图像进行细化运算
//参数说明：待细化二值图像，该图像中背景色为0，前景色(目标)为255
//返回值：返回细化后二值图像
// * * * * * * * * * * * * * * * * * * * * * * * * * * * * * * * * * * * * * *
Mat thinning(const Mat &binaryImg)
{
    int i, j, k;
    uchar p[11];
    int pos[9][2] = {{0,0},{-1,0},{-1,1},{0,1},{1,1},{1,0},{1,-1},{0,-1},{-1,-1}};
    int cond1, cond2, cond3, cond4, counter=0;
    bool pointsDeleted = true;
    Mat mask, dstImg;
    dstImg = binaryImg / 255;                            //转化为0，1二值图像
    while (pointsDeleted)                                //若存在可删除像素点，执行迭代
    {
        mask = Mat::zeros(dstImg.size(), CV_8UC1);       //初始化模板为全0
        pointsDeleted = false;
        for (i=1; i<dstImg.rows-1; i++)
        {
            for (j=1; j<dstImg.cols-1; j++)
            {
                //获取3×3结构元素p1~p9对应像素值，其中p1为中心点
                for (k=1; k<10; k++)
                    p[k] = dstImg.at<uchar>(i+pos[k-1][0], j+pos[k-1][1]);
                if(p[1]==0) continue;                    //若中心点为背景色(黑色)，跳过
                cond1 = 0;                               //计算中心点周围所有像素值之和
                for (k=2; k<10; k++) cond1 += p[k];      //计算p2~p9从0到1变化的次数
                cond2 = 0;
                p[10] = p[2];                            //用于处理k=8，p[k+2]越界情况
                for (k=2; k<10; k+=2)
                    cond2 += ((p[k]==0 && p[k+1]==1) + (p[k+1]==0 && p[k+2]==1));
                if(counter%2==0)                         //偶数次迭代判断条件
                {
                    cond3 = p[2] * p[4] * p[6];
                    cond4 = p[4] * p[6] * p[8];
                }
                else                                     //奇数次迭代判断条件
                {
                    cond3 = p[2] * p[4] * p[8];
                    cond4 = p[2] * p[6] * p[8];
                }//若同时满足条件1~条件4
                if ((2<=cond1 && cond1<= 6)&&(cond2==1)&&(cond3==0)&&(cond4==0))
```

```
        {
            pointsDeleted = true;
            mask.at<uchar>(i, j) = 1;              //写入待删除的像素点至模板
        }
    }
}
dstImg &= ~mask;                                   //通过逻辑与操作删除目标像素点(白色)
counter++;                                          //记录迭代次数
}
dstImg *= 255;                                      //恢复为 0, 255 二值图像
return dstImg;
}
```

对图 6 - 21(e)执行细化算法之前，由于目标像素点为黑色，需进行反色预处理。完整代码请读者登录出版社网站下载，文件路径：code\src\chapter06\code06-07-thinning.cpp。

6.4.3　角点检测

角点一般定义为图像边缘曲线上曲率取极大值的点。角点是图像中重要的特征，它们在保留图像目标重要特征的同时有效地减少了信息的存储量，在目标跟踪与识别、图像配准与匹配等领域有着重要作用。角点检测算法可分为基于灰度图像、基于二值图像和基于轮廓曲线的检测方法。下面将结合本章中的形态学运算介绍一种灰度图像角点检测算法。

灰度图像角点检测算法的基本思想如下：对如图 6 - 22(a)所示的矩形图像 f，先采用十字形结构元素 b_c（图 6 - 22(b)）对其进行膨胀运算，然后采用菱形结构元素 b_d

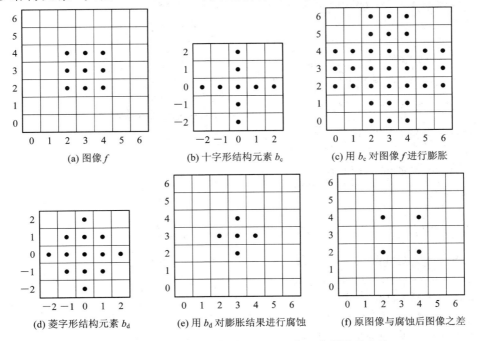

图 6 - 22　采用不同结构元素对矩形图像 f 先膨胀后腐蚀

(图 6 - 22(d))对膨胀后的图像进行腐蚀运算,最后计算原始图像与腐蚀后图像的差得到包含直角点的图像 f'(图 6 - 22(f))。该过程可用公式表示为

$$f' = f - (f \oplus b_c) \ominus b_d \qquad (6-27)$$

式(6 - 27)中的先膨胀后腐蚀操作类似于闭运算,但两次运算采用了不同形状的结构元素。采用式(6 - 27)仅能对直角点进行有效检测,对于非直角点的提取,需选用其他结构元素的组合。考虑对图 6 - 22(a)进行 45°旋转将产生非直角点,为检测这些角点,同时对十字形和菱形结构元素进行旋转,对应结构元素相应变为 X 形和矩形,分别记为 b_x 和 b_r。则非直角点的检测公式为

$$f' = f - (f \oplus b_x) \ominus b_r \qquad (6-28)$$

对输入灰度图像采用式(6 - 27)和式(6 - 28)即可提取图像中的所有角点。

根据上述思想,在 OpenCV 中采用 5×5 结构元素实现的角点检测代码如下:

```
// * * * * * * * * * * * * * * * * * * * * * * * * * * * * * * * * * * * *
//函数名称:Mat findCorners(const Mat &binaryImg)
//基本功能:提取图像中的角点
//参数说明:输入灰度图像
//返回值:返回含角点的二值图像
// * * * * * * * * * * * * * * * * * * * * * * * * * * * * * * * * * * * *
Mat findCorners(const Mat &grayImg)
{
    int i, elemSize = 5;
    Mat dstImg1, dstImg2, diffImg;
    //设置十字形结构元素
    Mat crossStruct = getStructuringElement( MORPH_CROSS,
                                  Size(elemSize, elemSize ),
                                  Point(elemSize/2, elemSize/2));
    //设置矩形结构元素
    Mat rectStruct = getStructuringElement( MORPH_RECT,
                                  Size(elemSize, elemSize ),
                                  Point(elemSize/2, elemSize/2));
    //自定义 X 形结构元素
    Mat xStruct(elemSize, elemSize, CV_8U, Scalar(0));
    for(i=0; i<elemSize; i++)
    {
        xStruct. at<uchar>(i, i) = 1;
        xStruct. at<uchar>(4-i, i) = 1;
    }
    //自定义菱形结构元素
    Mat diamondStruct(elemSize, elemSize, CV_8U, Scalar(1));
    diamondStruct. at<uchar>(0, 0) = 0;
    diamondStruct. at<uchar>(0, 1) = 0;
    diamondStruct. at<uchar>(1, 0) = 0;
    diamondStruct. at<uchar>(4, 4) = 0;
```

```
diamondStruct. at<uchar>(3, 4) = 0;
diamondStruct. at<uchar>(4, 3) = 0;
diamondStruct. at<uchar>(4, 0) = 0;
diamondStruct. at<uchar>(4, 1) = 0;
diamondStruct. at<uchar>(3, 0) = 0;
diamondStruct. at<uchar>(0, 4) = 0;
diamondStruct. at<uchar>(0, 3) = 0;
diamondStruct. at<uchar>(1, 4) = 0;
//用十字形结构元素膨胀原图像
dilate(grayImg, dstImg1, crossStruct);
//用菱形结构元素腐蚀膨胀后的图像
erode(dstImg1, dstImg1, diamondStruct);
//用 X 形结构元素膨胀原图像
dilate(grayImg, dstImg2, xStruct);
//用矩形结构元素腐蚀膨胀后的图像
erode(dstImg2, dstImg2, rectStruct);
//将两幅图像中的相异像素点写入 diffImg
absdiff(dstImg2, dstImg1, diffImg);
//阈值分割后得到角点二值图像
threshold(diffImg, dstImg1, 60, 255, THRESH_BINARY);
return dstImg1;
}
```

　　在 OpenCV 中，调用上述 findCorners()函数对图 6-23(a)和图 6-23(c)进行角点检测后的结果如图 6-23(b)和图 6-23(d)所示，结果表明，选用不同形状的结构元素，通过组合形态学腐蚀和膨胀等操作能较好地实现灰度图像的特征提取。完整代码请读者登录出版社网站下载，文件路径：code\src\chapter06\code06-08-findCorners. cpp。

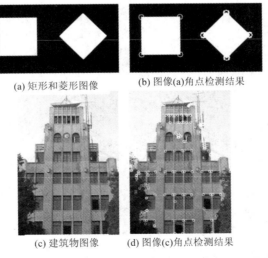

(a) 矩形和菱形图像　　　　(b) 图像(a)角点检测结果

(c) 建筑物图像　　　(d) 图像(c)角点检测结果

图 6-23　采用不同结构元素对矩形图像 *f* 先膨胀后腐蚀

习　题

第 6 章习题答案

1. 画图。

（1）画出用 1 个半径为 $r/4$ 的圆形结构元素膨胀 1 个半径为 r 的圆的示意图；

（2）画出用上述结构元素膨胀 1 个 $r \times r$ 的正方形的示意图；

（3）画出用上述结构元素膨胀 1 个侧边长为 r 的等腰三角形的示意图；

（4）将（1）、（2）、（3）中的膨胀改为腐蚀，分别画出示意图。

2. 设计 1 个形态学算法将 8 连通二值边界转化为 m 连通二值边界。注意这个算法不能切断连通性，可假设原边界是单像素宽且完全连通的（但可有分叉点）。

3. 灰值图 $f(x,y)$ 受到互不重叠的噪声干扰，这些噪声可用半径为 $R_{min} \leqslant r \leqslant R_{max}$ 和高度为 $H_{min} \leqslant h \leqslant H_{max}$ 的小圆柱状模型化。

（1）设计 1 个形态滤波器消除这些噪声；

（2）现设噪声是互相重叠的（最多 4 个），重复（1）。

4. 编写一个完整的程序，实现二值图像的腐蚀、膨胀以及开运算和闭运算，并能对二值图像进行处理。

5. 编写一个完整的程序，实现灰值图像的腐蚀、膨胀以及开运算和闭运算，并能对灰值图像进行处理。

6. 数学形态学的基本运算（腐蚀、膨胀、开运算和闭运算）是否有共同的性质？如果没有，说明原因；如果有，总结出它们有哪些共同性质？

第 7 章　图 像 分 割

为了识别和分析图像中感兴趣的目标，需要将这些相关的区域从图像背景中分离出来。图像分割就是指把图像分成一系列有意义的、各具特征的目标或区域的技术和过程。这里的特征是指图像中可用作标志的属性，它可以分为图像的统计特征和图像的视觉特征两类。图像的统计特征是指一些人为定义的特征，它通过变换才能得到，如图像的直方图、矩和频谱等；图像的视觉特征是指人的视觉可直接感受到的自然特征，如区域的亮度、纹理或轮廓等。图像分割是进行图像分析的关键步骤，也是进一步理解图像的基础。尽管已有大量的图像分割方法，但大都是针对具体问题的，没有适合所有图像的通用分割算法。

图像分割一般基于像素灰度值的两个性质：不连续性和相似性。区域之间的边界往往具有灰度不连续性，而区域内部一般具有灰度相似性。因此，图像分割算法可分为两类：利用灰度不连续性的基于边界的分割和利用灰度相似性的基于区域的分割。阈值分割、区域生长、区域分裂与合并都是基于灰度相似性的分割算法。

本章将介绍阈值分割、基于区域的分割、边缘检测、聚类分割、图论分割和活动轮廓模型等。

7.1　阈 值 分 割

阈值分割

7.1.1　概述

阈值化是最常用的一种图像分割技术，其特点是操作简单，分割结果是一系列连续区域。灰度图像的阈值分割一般基于如下假设：图像目标或背景内部的相邻像素间的灰度值是高度相关的；目标与背景之间的边界两侧像素的灰度值差别很大；图像目标与背景的灰度分布都是单峰的。如果图像目标与背景对应的两个单峰大小接近、方差较小且均值相差较大，则该图像的直方图具有双峰性质。阈值化常可以有效分割具有双峰性质的图像。

阈值分割过程如下：首先确定一个阈值 T，对于图像中的每个像素，若其灰度值大于 T，则将其置为目标点（值为 1），否则置为背景点（值为 0），或者相反，从而将图像分为目标区域与背景区域。用公式可表示为

$$g(x, y) = \begin{cases} 1, & f(x, y) > T \\ 0, & f(x, y) \leqslant T \end{cases} \tag{7-1}$$

在编程实现时，也可以将目标像素置为 255，背景像素置为 0，或者相反。当图像中含

有多个目标且灰度差别较大时，可以设置多个阈值实现多阈值分割。多阈值分割可表示为

$$g(x, y) = \begin{cases} 0, & f(x, y) \leqslant T_1 \\ k, & T_k < f(x, y) \leqslant T_{k+1}, \ k = 1, 2, \cdots, K-1 \\ 255, & f(x, y) > T_K \end{cases} \quad (7-2)$$

式中：T_k 为一系列分割阈值；k 为赋予每个目标区域的标号；K 为阈值个数。

　　阈值分割的关键是如何确定适合的阈值，不同的阈值其处理结果差异很大，会影响特征测量与分析等后续过程。如图 7-1 所示，阈值过大，会过多地把背景像素错分为目标；而阈值过小，又会过多地把目标像素错分为背景。确定阈值的方法有多种，可分为不同类型。如果选取的阈值仅与各个像素的灰度有关，则称其为全局阈值。如果选取的阈值与像素本身及其局部性质(如邻域的平均灰度值)有关，则称其为局部阈值。如果选取的阈值不仅与局部性质有关，还与像素的位置有关，则称其为动态阈值或自适应阈值。阈值一般可用下式表示：

$$T = T[x, y, f(x, y), p(x, y)] \quad (7-3)$$

式中：$f(x, y)$ 是点 (x, y) 处的像素灰度值；$p(x, y)$ 是该像素邻域的某种局部性质。

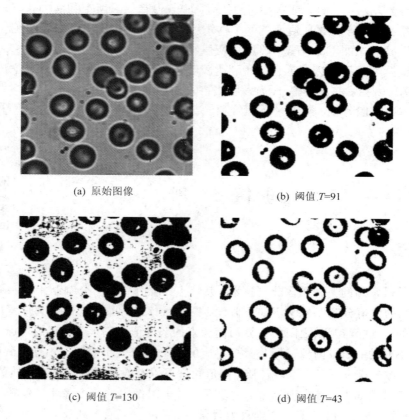

(a) 原始图像　　　　　　　　　　(b) 阈值 T=91

(c) 阈值 T=130　　　　　　　　　(d) 阈值 T=43

图 7-1　不同阈值对图像分割的影响

　　当图像目标和背景之间灰度对比较强时，阈值选取较为容易。实际上，由于不良的光照条件或过多图像噪声的影响，目标与背景之间的对比往往不够明显，此时阈值选取并不容易。一般需要对图像进行预处理，如先进行图像平滑去除噪声，再确定阈值进行分割。

7.1.2 全局阈值

当图像目标与背景之间具有高对比度时，利用全局阈值可以成功地分割图像。在图 7-2 中，点状目标与背景之间具有鲜明的对比，其直方图表现出双峰性质，左侧峰对应较暗的目标，右侧峰对应较亮的背景，双峰之间的波谷对应目标与背景之间的边界。当选择双峰之间的谷底点对应的灰度值 124 作为阈值时，便可以很好地将目标从背景中分离出来。

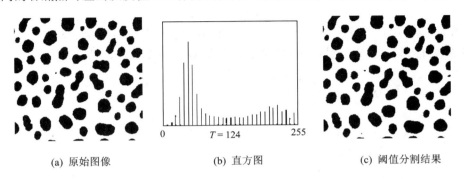

(a) 原始图像   (b) 直方图   (c) 阈值分割结果

图 7-2　直方图具有双峰性质的阈值分割

确定全局阈值的方法很多，当具有明显的双峰性质时，可直接从直方图的波谷处选取一个阈值，也可以根据某个准则自动计算出阈值，如极小点阈值法、迭代阈值法、最优阈值法、Otsu 阈值法、最大熵法和 p 参数法等。实际使用时，可根据图像特点确定合适的阈值，一般需要用几种方法进行对比试验，以确定分割效果最好的阈值。

1. 极小点阈值法

如果将直方图的包络线看作一条曲线，则通过求取曲线极小值的方法可以找到直方图的谷底点，作为分割阈值。设 $p(z)$ 代表直方图，则极小点应满足：

$$p'(z) = 0 \quad 且 \quad p''(z) > 0 \tag{7-4}$$

在求极小值点之前，若对直方图进行平滑处理，则效果会更好。例如 3 点平滑，平滑后的灰度级 i 的相对频数用灰度级 $i-1, i, i+1$ 的相对频数的平均值代替。

2. 迭代阈值法

迭代阈值算法如下：

(1) 选择一个初始阈值 T_1。

(2) 根据阈值 T_1 将图像分割为 G_1 和 G_2 两部分。G_1 包含所有小于等于 T_1 的像素，G_2 包含所有大于 T_1 的像素。分别求出 G_1 和 G_2 的平均灰度值 μ_1 和 μ_2。

(3) 计算新的阈值 $T_2 = (\mu_1 + \mu_2)/2$。

(4) 如果 $|T_2 - T_1| \leqslant T_0$（$T_0$ 为预先指定的很小的正数），即迭代过程中前后两次阈值很接近时，终止迭代，否则 $T_1 = T_2$，重复 (2) 和 (3)。最后的 T_2 就是所求的阈值。

设定常数 T_0 的目的是为了加快迭代速度，如果不关心迭代速度，则可以设置为 0。当目标与背景的面积相当时，可以将初始阈值 T_1 置为整幅图像的平均灰度。当目标与背景的面积相差较大时，更好的选择是将初始阈值 T_1 置为最大灰度值与最小灰度值的中间值。

3. 最优阈值法

由于目标与背景的灰度值往往有部分相同，因而用一个全局阈值并不能准确地把它们绝对分开，总会出现分割误差。一部分目标像素被错分为背景，一部分背景像素被错分为目标。最优阈值法的基本思想就是选择一个阈值，使得总的分类误差概率最小。

假定图像中仅包含两类主要的灰度区域(目标和背景)，z 代表灰度值，则 z 可看作是一个随机变量，直方图看作是对灰度概率密度函数 $p(z)$ 的估计。$p(z)$ 实际上是目标和背景的两个概率密度函数之和。设 $p_1(z)$ 和 $p_2(z)$ 分别表示背景与目标的概率密度函数，P_1 和 P_2 分别表示背景像素与目标像素出现的概率($P_1 + P_2 = 1$)，则混合概率密度函数 $p(z)$ 为

$$p(z) = P_1 p_1(z) + P_2 p_2(z) \tag{7-5}$$

如图 7-3 所示，如果设置一个阈值 T，使得灰度值小于 T 的像素分为背景，而使得大于 T 的像素分为目标，则把目标像素分割为背景的误差概率 $E_1(T)$ 为

$$E_1(T) = \int_{-\infty}^{T} p_2(z) \, \mathrm{d}z \tag{7-6}$$

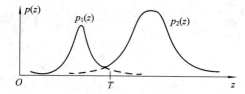

图 7-3　灰度概率密度函数

把背景像素分割为目标的误差概率 $E_2(T)$ 为

$$E_2(T) = \int_{T}^{\infty} p_1(z) \, \mathrm{d}z \tag{7-7}$$

总的误差概率 $E(T)$ 为

$$E(T) = P_2 E_1(T) + P_1 E_2(T) \tag{7-8}$$

为了求出使总的误差概率最小的阈值 T，可将 $E(T)$ 对 T 求导并使其导数为 0，可得

$$P_1 p_2(T) = P_2 p_1(T) \tag{7-9}$$

由式(7-9)可以看出，当 $P_1 = P_2$ 时，灰度概率密度函数 $p_1(z)$ 与 $p_2(z)$ 的交点对应的灰度值就是所求的最优阈值 T。在用式(7-9)求解最优阈值时，不仅需要知道目标与背景像素的出现概率 P_1 和 P_2，还要知道两者的概率密度函数 $p_1(z)$ 与 $p_2(z)$。然而，这些数据往往未知，需要进行估计。实际上，对概率密度函数进行估计并不容易，这也正是最优阈值的缺点。一般假设目标与背景的灰度均服从高斯分布，可以简化估计。此时，$p(z)$ 为

$$p(z) = \frac{P_1}{\sqrt{2\pi}\sigma_1} \mathrm{e}^{-\frac{(z-\mu_1)^2}{2\sigma_1^2}} + \frac{P_2}{\sqrt{2\pi}\sigma_2} \mathrm{e}^{-\frac{(z-\mu_2)^2}{2\sigma_2^2}} \tag{7-10}$$

式中：μ_1 和 μ_2 分别是目标与背景的平均灰度值；σ_1 和 σ_2 分别是两者的标准方差。将上式代入式(7-9)可得

$$AT^2 + BT + C = 0 \tag{7-11}$$

A、B、C 分别为

$$\begin{cases} A = \sigma_1^2 - \sigma_2^2 \\ B = 2(\mu_1 \sigma_2^2 - \mu_2 \sigma_1^2) \\ C = \sigma_1^2 \mu_2^2 - \sigma_2^2 \mu_1^2 + 2\sigma_1^2 \sigma_2^2 \ln\left(\frac{\sigma_2 P_1}{\sigma_1 P_2}\right) \end{cases} \tag{7-12}$$

式(7-11)一般有两个解，需要在两个解中确定最优阈值。若 $\sigma_1 = \sigma_2 = \sigma$，则只有一个最优阈值：

$$T = \frac{\mu_1 + \mu_2}{2} + \frac{\sigma^2}{\mu_1 - \mu_2} \ln\left(\frac{P_2}{P_1}\right) \tag{7-13}$$

若目标与背景像素出现的概率相等，则目标平均灰度与背景平均灰度的中值就是所求的最优阈值。利用最小均方误差法从直方图 $h(z_i)$ 中可以估计图像的混合概率密度函数：

$$e_{ms} = \frac{1}{n} \sum_{i=1}^{n} \left[p(z_i) - h(z_i) \right]^2 \tag{7-14}$$

最小化上式一般需要数值求解，例如共轭梯度法或牛顿法。

4. Otsu 法

Otsu 法(又称最大类间方差法或大津法)是阈值化中常用的自动确定阈值的方法之一。Otsu 法确定最佳阈值的准则是使阈值分割后各个像素类的类间方差最大。

设图像总像素数为 N，灰度级总数为 L，灰度值为 i 的像素数为 N_i。令 $\omega(k)$ 和 $\mu(k)$ 分别表示从灰度级 0 到灰度级 k 像素的出现概率和平均灰度，分别表示为

$$\omega(k) = \sum_{i=0}^{k} \frac{N_i}{N} \tag{7-15}$$

$$\mu(k) = \sum_{i=0}^{k} \frac{i \cdot N_i}{N} \tag{7-16}$$

其中，$\omega(-1) = 0$，$\mu(-1) = 0$。设有 M 个阈值 t_0，t_1，…，t_{M-1}($0 \leqslant t_0 < t_1 < \cdots < t_{M-1} \leqslant L-1$；$1 \leqslant M \leqslant L-1$)，将图像分成 $M+1$ 个像素类 C_j($C_j \in [t_{j-1}+1$，…，$t_j]$；$j = 0$，1，2，…，M；$t_{-1} = -1$；$t_M = L-1$)，则 C_j 的出现概率 ω_j、平均灰度 μ_j 和方差 σ_j^2 为

$$\omega_j = \omega(t_j) - \omega(t_{j-1}) \tag{7-17}$$

$$\mu_j = \frac{\mu(t_j) - \mu(t_{j-1})}{\omega(t_j) - \omega(t_{j-1})} \tag{7-18}$$

$$\sigma_j^2 = \frac{\sum_{i=t_{j-1}+1}^{t_j} (i - \mu_j)^2 \left(\frac{N_i}{N}\right)}{\omega_j} \tag{7-19}$$

图像像素的总出现概率 ω_T 和图像的平均灰度 μ_T 分别如下：

$$\omega_T = \omega(L-1) = \sum_{i=0}^{L-1} \frac{N_i}{N} = \sum_{j=0}^{M} \omega_j = 1 \tag{7-20}$$

$$\mu_T = \mu(L-1) = \sum_{i=0}^{L-1} \frac{i \cdot N_i}{N} = \sum_{j=0}^{M} \omega_j \mu_j \tag{7-21}$$

类内方差定义为

$$\sigma_W^2(t_0, t_1, \cdots, t_{M-1}) = \sum_{j=0}^{M} \omega_j \cdot \sigma_j^2 \tag{7-22}$$

类间方差定义为

$$\sigma_B^2(t_0, t_1, \cdots, t_{M-1}) = \sum_{j=0}^{M} \omega_j \cdot (\mu_j - \mu_T)^2 \tag{7-23}$$

总方差定义为

$$\sigma_T^2(t_0, t_1, \cdots, t_{M-1}) = \sum_{i=0}^{L-1}(i - \mu_T)^2 \frac{N_i}{N} = \sigma_W^2 + \sigma_B^2 \tag{7-24}$$

由于类间方差与类内方差之和即图像的总方差是一个常数,因而类间方差最大化准则与类内方差最小化准则是等价的。求出使式(7-22)最小或式(7-23)最大的阈值组 $(t_0, t_1, \cdots, t_{M-1})$,将其作为 $M+1$ 类阈值化的最佳阈值组。

5. p 参数法

p 参数法的基本思想是选取一个阈值 T,使得目标面积在图像中占的比例为 p,背景所占的比例为 $1-p$。p 参数法仅适用于事先已知目标所占全图像百分比的场合。

7.1.3　局部阈值

当图像目标与背景在直方图上对应的两个波峰陡峭、对称且双峰之间有较深的波谷或双峰相距很远时,利用前面介绍的全局阈值方法可以确定具有较好分割效果的阈值。但是,由于图像噪声等因素的影响,会使得图像直方图双峰之间的波谷被填充或者双峰相距很近。另外,当图像目标与背景面积差别很大时,在直方图上的表现就是较小的一方被另一方淹没。上面这两种情况都使得本应具有双峰性质的图像基本上变成了单峰,难以检测到双峰之间的波谷。为解决这一问题,除了利用像素自身的性质外,还可以借助像素邻域的局部性质(如像素的梯度值与拉普拉斯值)来确定阈值,这种阈值即为局部阈值。常用的两种局部阈值方法有直方图变换法和散射图法。

1. 直方图变换法

直方图变换法是指利用像素的某种局部性质,将原来的直方图变换成具有更深波谷的直方图,或者使波谷变换成波峰,使得谷点或峰点更易检测到。由微分算子的性质可以推知,目标与背景内部像素的梯度小,而目标与背景之间的边界像素的梯度大。于是,可以根据像素的梯度值或灰度级的平均梯度作出一个加权直方图。例如,可以作出仅具有低梯度值像素的直方图,即对梯度大的像素赋予权值 0,而梯度小的像素赋予权值 1。这样,新直方图中对应的波峰基本不变,但因为减少了边界点,所以波谷应比原直方图更深。也可赋予相反的权值,作出仅具有高梯度值的像素的直方图,它的一个峰主要由边界像素构成,对应峰的灰度级可作为分割阈值。图 7-4(a)是图 7-2(a)的直方图,图 7-4(b)是原

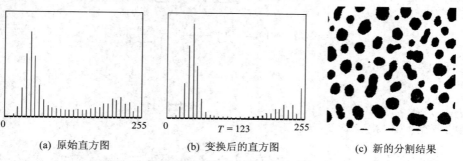

(a) 原始直方图	(b) 变换后的直方图	(c) 新的分割结果

图 7-4　灰度级平均梯度变换直方图及分割结果

直方图除以对应灰度级的平均梯度得到的新的直方图，可见波谷更深、波峰更高。利用 Otsu 法由新直方图求得新的最佳阈值为 132，图 7 - 4(c)是新的分割结果。

2. 散射图法

散射图也可看作是一个二维直方图，其横轴表示灰度值，纵轴表示某种局部性质（如梯度），图中各点的数值是同时具有某个灰度值与梯度值的像素个数。

图 7 - 5(b)是对图 7 - 5(a)作出的灰度值和梯度值散射图的一部分，只取实际散射图左下角 128×32 大小的区域并放大 3 倍，其他部分均为黑色。散射图中某点的颜色越亮，表示图像中同时具有与该点坐标对应的灰度值和梯度值的像素越多。由图可见，散射图中有两个接近横轴且沿横轴相互分开的较大的亮色聚类，分别对应目标与背景的内部像素。离横轴稍远的地方有一些较暗的点，位于两个亮色聚类之间，它们对应目标与背景边界上的像素点。如果图像中存在噪声，则它们在散射图中位于离横轴较远的地方。如果在散射图中将两个聚类分开，根据每个聚类的灰度值和梯度值即可实现图像的分割。

散射图中，聚类的形状与图像像素的相关程度有关。如果目标与背景内部的像素都有较强的相关性，则各个聚类会很集中，且接近横轴，否则会远离横轴。

(a) 原始图像　　　　　　　　　　　(b) 图(a)的散射图

图 7 - 5　图像的灰度和梯度散射图

7.1.4　动态阈值

在许多情况下，由于光照不均匀等因素的影响，图像背景的灰度值并不恒定，目标与背景的对比度在图像中也会有所变化，图像中还可能存在不同的阴影。如果只使用单一的全局阈值对整幅图像进行分割，则某些区域的分割效果好，而另外一些区域的分割效果可能很差。解决方法之一就是使阈值随图像中的位置缓慢变化，可以将整幅图像分解成一系列子图像，对不同的子图像使用不同的阈值进行分割。这种与像素坐标有关的阈值就称为动态阈值或自适应阈值。子图像之间可以部分重叠，也可以只相邻。图像分解之后，如果子图像足够小，则受光照等因素的影响就会较小，背景灰度也更均匀，目标与背景的对比度也更趋一致。此时可选用前述全局阈值方法来确定各个子图像的阈值。

图 7 - 6(a)中各圆形目标与背景的对比度并不一致，左上角目标与背景的对比度很小。图 7 - 6(b)为用 Otsu 法全局阈值化的结果，可见左上角的圆形目标未被检测出来。图 7 - 6(c)为所用的分区网格，它把原始图像均匀地分解为 16 幅子图像。对每幅子图像单独使用 Otsu 阈值法进行分割，分割结果如图 7 - 6(d)所示。由图可见，左上角目标被清晰地从背景中分离出来。

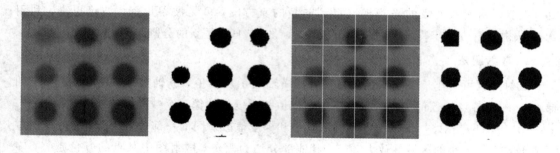

| (a) 原始图像 | (b) 全局阈值化结果 | (c) 分区网格 | (d) 动态阈值化结果 |

图 7-6　自适应阈值分割

下面简要介绍一种动态阈值方法,其基本步骤如下:

(1) 将整幅图像分解成一系列相互之间有 50% 重叠的子图像。

(2) 检测各子图像的直方图是否具有双峰性质。如果是则采用最优阈值法确定该子图像的阈值,否则不进行处理。

(3) 根据已得到的部分子图像的阈值,插值得到其他不具备双峰性质的子图像的阈值。

(4) 根据各子图像的阈值插值得到所有像素的阈值。对于每个像素,如果其灰度值大于该点处的阈值,则分为目标像素,否则分为背景像素。

7.2　基于区域的分割

区域生长

7.2.1　区域生长

区域生长的基本思想是把具有相似性质的像素集合起来构成区域。首先对每个要分割的区域找出一个种子像素作为生长的起点,然后将种子像素邻域中与种子像素有相同或相似性质的像素合并到种子像素所在的区域中。将这些新像素当作新的种子像素继续上述过程,直到无可接受的邻域像素时停止生长。

图 7-7 为区域生长的一个示例。图 7-7(a)为待分割的图像,已知有 1 个种子像素(标有下划线)。相似性准则是邻近像素与种子像素的灰度值差小于 3。图 7-7(b)、图 7-7(c)分别是第 1 步、第 2 步接受的像素,图 7-7(d)是最后的生长结果。

5	5	8	6
4	2	9	7
2	2	8	3
3	3	3	3

(a) 待分割的图像

5	5	8	6
4	2	9	7
2	2	8	3
3	3	3	3

(b) 第 1 步接受像素

5	5	8	6
4	8	9	7
2	2	8	3
3	3	3	3

(c) 第 2 步接受像素

5	5	8	6
4	8	9	7
2	2	8	3
3	3	3	3

(d) 生长结果

图 7-7　区域生长示例

区域生长法需要选择一组能正确代表所需区域的种子像素,确定在生长过程中的相似性准则，制定让生长停止的条件或准则。相似性准则可以是灰度级、彩色、纹理及梯度等特性。选取的种子像素可以是单个像素，也可以是包含若干个像素的小区域。种子像素的选取一般需要先验知识，若没有则可借助生长准则对每个像素进行相应计算。如果计算结果出现聚类，则接近聚类中心的像素可选取为种子像素。制定生长准则时有时还需要考虑像素间的连通性，否则会出现无意义的分割结果。

7.2.2　区域分裂与合并

上文介绍的区域生长法需要根据先验知识选取种子像素。当无先验知识时，区域生长法将存在困难。这时，可用区域分裂与合并实现区域检测。该方法的核心思想是将图像分成若干个子区域，对于任意一个子区域，如果不满足某种一致性准则（一般用灰度均值和方差来度量），则将其继续分裂成若干个子区域，否则该子区域不再分裂。如果相邻的两个子区域满足某个相似性准则，则合并为一个区域。直到没有可以分裂和合并的子区域为止。通常基于如图 7-8 所示的四叉树来表示区域分裂与合并，每次将不满足一致性准则的区域分裂为 4 个大小相等且互不重叠的子区域。

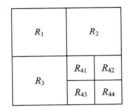
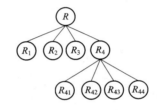

图 7-8　区域分裂与合并的四叉树表示

下面以一个简单例子说明区域分裂与合并的过程。假设分裂时的一致性准则为：若某个子区域的灰度均方差大于 1.5，则将其分裂为 4 个子区域，否则不分裂。合并时的相似性准则为：若相邻两个子区域的灰度均值之差不大于 2.5，则合并为一个区域。对图 7-7(a) 进行区域分裂与合并，结果如图 7-9 所示。

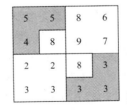
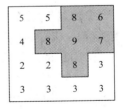

(a) 第 1 次分裂结果　　　(b) 第 2 次分裂结果　　　(c) 第 1 次合并结果　　　(d) 最后的分割结果

图 7-9　区域分裂与合并示例

首先计算出全图的灰度均方差为 $\sigma_R = 2.65$，因不满足一致性准则，故需分裂为 4 个子区域。分别计算出 4 个子块的均值和方差为

$$\mu_{R1} = 5.5, \ \sigma_{R1} = 1.73; \ \mu_{R2} = 7.5, \ \sigma_{R2} = 1.29;$$

$$\mu_{R3} = 2.5, \ \sigma_{R3} = 0; \ \mu_{R4} = 3.75, \ \sigma_{R4} = 2.87$$

根据一致性准则判断出 R_2 和 R_3 无需分裂，而 R_1 和 R_4 需要继续分裂，且刚好分裂为单个像素。根据相似性准则，先合并同节点下满足一致性准则的相邻子区域，R_{11}、R_{12} 和 R_{13} 合并为一个子区域(记为 G_1)，R_{42}、R_{43} 和 R_{44} 合并为另一个子区域(记为 G_2)，如图 7-9(c)所示。最后合并具有相似性、不同节点下的相邻区域，即 R_{14}、R_{41} 和 R_2 合并在一起，G_1、G_2 和 R_3 合并在一起，如图 7-9(d)所示。

7.2.3　分水岭分割

分水岭分割算法(Watershed Segmentation Algorithm)把地形学和水文学的概念引入到基于区域的图像分割中，特别适合粘连区域的分割。灰度图像可以看作是一片地形，像素的灰度值代表该点的地形高度，在地形中有高地、分水线和集水盆地等地貌特征。地形表面上总会有一些局部最小点(Regional Minima)，又称为低洼，落在这些点的雨水不会流向他处。在一些点上，降落的雨水会沿着地形表面往低处流，最终流向同一个低洼，把这些点称为与该低洼相关的集水盆地 (Catchment Basin)。在另外一些点上，降落的雨水可能会等概率地流向不同的低洼，将这些点称为分水线(Watershed Line or Divide Line)，如图 7-10(a)所示。

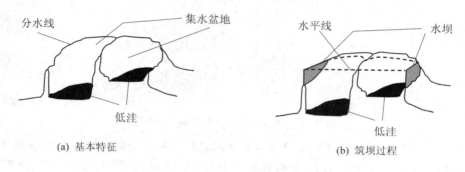

(a) 基本特征　　　　　　　　　　(b) 筑坝过程

图 7-10　分水岭示意图

7.2.4　基本分水岭算法

分水岭分割算法的主要目的就是找出集水盆地之间的分水线。降雨法(Rainfall)和淹没法(Flooding)是常用的两种基本算法。

降雨法的基本思想是：首先找出图像中的低洼，给每个低洼赋予不同的标记；落在未标记点上的雨水将流向更低的邻点，最终到达一个低洼，将低洼的标记赋予该点；如果某点的雨水流向多个低洼，则标记为分水线点。所有点处理完毕后，便形成了不同标记的区域和区域之间的分水线。

淹没法的基本思想是：假想每个低洼都有一个洞，把整个地形逐渐沉入湖中，则处在水平面以下的低洼不断涌入水流，逐渐填满与低洼相关的集水盆地；当来自不同低洼的水在某些点将要汇合时，即水将要从一个盆地溢出时，就在这些点上筑坝(Dam Construction)，阻止水流溢出；当水淹没至地形最高点时，筑坝过程停止；最终所有的水坝就形成了分水线，地形就被分成了不同的区域或盆地。图 7-10(b)是筑坝过程示意图，黑色区域为低洼，灰色区域为所筑的水坝，虚线表示被水淹没的高度。

　　最简单的筑坝方法就是形态膨胀。从最低灰度开始，逐灰度级膨胀各低洼，当膨胀结果使得两个盆地汇合时，标记这些点为分水线点。膨胀被限制在连通区域内，最后的分水线便将不同的区域分开。

7.2.5　Vincent – Soille 算法

　　除了上述两种分水岭基本算法外，还有其他一些算法。下面介绍一种模拟沉浸(Immersion)的 Vincent – Soille 算法。

　　设 h_{min} 和 h_{max} 是灰度图像 I 的最低灰度和最高灰度，$T_h(I)$ 表示灰度值小于等于阈值 h 的所有像素，即 $T_h(I) = \{p \mid I(p) \leqslant h\}$。$M_1$，$M_2$，$\cdots$，$M_R$ 为图像的局部最小点(低洼)，R 为低洼数。$C(M_i)$ 表示与低洼 M_i 相对应的集水盆地。$C_h(M_i)$ 表示 $C(M_i)$ 的一个子集，它由该集水盆地中灰度值小于或等于 h 的所有像素组成，即 $C_h(M_i) = C(M_i) \bigcap T_h(I)$。$\min_h(I)$ 表示灰度值等于 h 的所有局部最小点。

　　令 $C[h]$ 表示所有集水盆地中灰度值小于等于阈值 h 的像素集合，即

$$C[h] = \bigcup_{i=1}^{R} C_h(M_i) \tag{7 - 25}$$

　　那么，$C[h_{max}]$ 即为所有集水盆地的并集。显然，$C[h-1]$ 是 $T_h(I)$ 的一个子集。

　　假设已经得到阈值 $h-1$ 下的 $C[h-1]$，现在需要从 $C[h-1]$ 获得 $C[h]$。若 Y 为包含于 $T_h(I)$ 的一个连通成分，则 Y 与 $C[h-1]$ 的交集有以下三种可能：

　　(1) $Y \bigcap C[h-1]$ 为空集。显然，此时，Y 是一个灰度值为 h 的新的低洼。

　　(2) $Y \bigcap C[h-1]$ 不为空且是连通的。此时，Y 位于某个集水盆地，其灰度小于或等于 h。

　　(3) $Y \bigcap C[h-1]$ 不为空且包含 $C[h-1]$ 中的多个连通区域。此时，Y 中含有将多个集水盆地分割的分水线。当继续淹没时，可能需要筑坝。

　　于是，$C[h]$ 就包含对 $C[h-1]$ 中的各集水盆地在水平 h 下扩展得到的区域以及水平 h 下新出现的低洼。模拟沉浸法将 $C[h_{min}]$ 初始化为 $T_{h_{min}}(I)$，从最小灰度 h_{min} 开始，逐灰度级由 $C[h-1]$ 构造出 $C[h]$，直到 h_{max}，此时，得到的 $C[h_{max}]$ 就是所需标记的集水盆地。其他不属于任何一个集水盆地的点就是分水线点，通过在图像中求 $C[h_{max}]$ 的补集即可得到。

　　Vincent – Soille 算法分为两步：

　　(1) 按照灰度值对像素从小到大排序，以便直接获取某个灰度级的像素；

　　(2) 从最低的低洼开始，逐灰度级淹没集水盆地。

　　因为在淹没过程中，每一步仅处理某一灰度级的像素，为了提高处理速度，故需要对像素排序。排序过程可以借助直方图来实现，由直方图确定出各灰度级在数组中的偏移地址。

　　淹没过程从最低灰度开始，逐灰度级淹没。取出当前灰度级的所有像素，置一个特殊的标记，如 MASK，对这些像素进行处理。若某个像素的邻域有已标记的像素，则通过比较距离来确定该像素应标记为哪一个集水盆地或是分水线。剩余的无相邻标记的像素，就是新发现的局部最小点，根据连通性给每一个连通成分赋予一个新的标记。

　　图 7 – 11(a) 是一幅二值图像，有许多圆形目标粘连在一起，需要自动计算出圆形目标的数目。为了计数，首先应该将粘连的目标分开，然后才能利用区域标记的办法算出圆形目标数目。利用距离变换使二值图像变换为包含距离信息的灰度图像，某个目标像素的灰

度值用该点到背景的最小距离表示。图 7-11(b)为图 7-11(a)的距离变换结果，为了便于显示，对变换结果进行了反色与对比度增强。由图 7-11(b)可以看出，相互粘连的目标中间都有各自的局部最小点(黑色区域)，粘连处有较高的灰度，因而可以对距离变换结果的负像进行分水岭分割。图 7-11(c)为分割结果，由图可见，除了少数几个粘连特别严重的目标外，其余目标均被正确地分割出来。

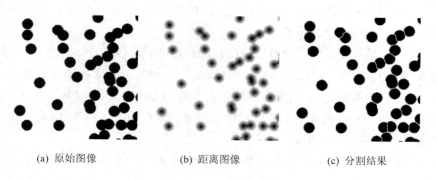

(a) 原始图像　　　　　　　　(b) 距离图像　　　　　　　　(c) 分割结果

图 7-11　分水岭算法实现二值图像中粘连目标的分割

分水岭分割算法的主要缺点是会产生过分割，即分割出大量的细小区域，这些区域对于图像分析可以说是毫无意义。这是由于噪声等影响，导致图像中出现很多低洼。避免过分割现象的有效方法之一就是分割前先对图像进行平滑，以减少局部最小点数目，也就是对分割后的图像按照某种准则合并相邻区域。另一种有效控制过分割现象的方法是基于标记(Marker)的分水岭分割算法，它使用内部标记(Internal Marker)和外部标记(External Marker)。一个标记就是属于图像的一个连通成分，内部标记与某个感兴趣的目标相关，外部标记与背景相关。标记的选取包括预处理和定义一组选取标记的准则。标记选择准则可以是灰度值、连通性、尺寸、形状和纹理等特征。有了内部标记之后，就只以这些内部标记为低洼进行分割，分割结果的分水线作为外部标记，然后对每个分割出来的区域利用其他分割技术(如阈值化)将背景与目标分离出来。

图 7-12(b)是利用 Vincent-Soille 算法对图 7-12(a)的梯度图像进行分割的结果。图中出现了大量的细小区域，这对研究原图的深色圆状目标毫无意义。究其原因，是由于梯度图像存在大量局部最小点，如图 7-12(d)所示。通过图像平滑在一定程度上可以减少局部最小点的数目，如 3×3 的方形结构元素对梯度图像进行形态学开启和闭合运算。图 7-12(c)是对开闭运算后的梯度图像的分水岭分割结果，可见过分割现象受到了一定程度的抑制，但该分割结果对于图像分析仍无用处。借助于某些先验知识，可以找出一些内部标记和外部标记，基于标记来分割图像。根据原图像的特点，指定内部标记的选取准则为：每一个内部标记都应该是由相同灰度的像素构成的一个连通区域，周围像素与内部标记的灰度之差应大于 2。外部标记的选取准则为：内部标记之间的分水线作为外部标记。可以先对内部标记图像作距离变换，再进行分水岭分割得到外部标记。图 7-12(e)是把内部标记与外部标记叠加到原始图像中的效果，浅灰色区域为内部标记，白色线条为外部标记。图 7-12(f)是基于内部标记和外部标记对梯度图像的分水岭分割结果。由此可见，只要指定恰当的标记选取准则，基于标记的分水岭分割可以得到比较满意的结果。

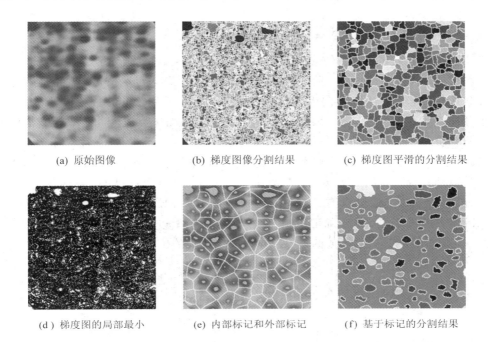

(a) 原始图像   (b) 梯度图像分割结果   (c) 梯度图平滑的分割结果

(d) 梯度图的局部最小   (e) 内部标记和外部标记   (f) 基于标记的分割结果

图 7 - 12   基于标记的分水岭分割

7.3   边 缘 检 测

边缘检测

图像的边缘是图像最基本的特征，它是灰度不连续的结果。通过计算一阶导数或二阶导数可以方便地检测出图像中每个像素在其邻域内的灰度变化，从而检测出边缘。图像中具有不同灰度的相邻区域之间总存在边缘。常见的边缘类型有阶跃型、斜坡型、线状型和屋顶型，如图 7 - 13 所示（第 1 行为具有边缘的图像，第 2 行为其灰度表面图）。阶跃型边缘是一种理想的边缘，由于采样等缘故，边缘处总有一些模糊，因而边缘处会有灰度斜坡，形成了斜坡型边缘。斜坡型边缘的坡度与被模糊的程度成反比，模糊程度高的边缘往往表现为厚边缘。线状型边缘有一个灰度突变，对应图像中的细线条，而屋顶型边缘两侧的灰度斜坡相对平缓，对应粗边缘。

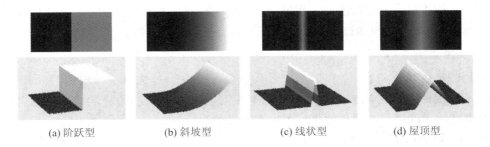

(a) 阶跃型   (b) 斜坡型   (c) 线状型   (d) 屋顶型

图 7 - 13   图像中不同类型的边界

7.3.1　微分算子

图 7-14 给出了几种典型的边缘及其相应的一阶导数和二阶导数。对于斜坡型边缘，在灰度斜坡的起点和终点，其一阶导数均有一个阶跃，在斜坡处为常数，其他地方为 0；其二阶导数在斜坡起点产生一个向上的脉冲，在终点产生一个向下的脉冲，其他地方为 0，在两个脉冲之间有一个过零点。因此，通过检测一阶导数的极大值，可以确定斜坡型边缘，通过检测二阶导数的过零点，可以确定边缘的中心位置。对于线状型边缘，在边缘的起点与终点处，其一阶导数都有一个阶跃，分别对应极大值和极小值；在边缘的起点与终点处，其二阶导数都对应一个向上的脉冲，在边缘中心对应一个向下的脉冲，在边缘中心两侧存在两个过零点。因此，通过检测二阶差分的两个过零点，便可以确定线状型边缘的范围；检测二阶差分的极小值，可以确定边缘中心位置。屋顶型边缘的一阶导数和二阶导数与线状型类似，通过检测其一阶导数的过零点可以确定屋顶的位置。

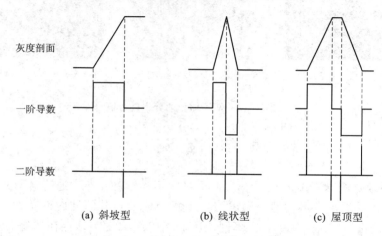

图 7-14　典型边缘的一阶导数与二阶导数

由上述分析可以得出以下结论：一阶导数的幅度值可用来检测边缘的存在；通过检测二阶导数的过零点可以确定边缘的中心位置；利用二阶导数在过零点附近的符号可以确定边缘像素位于边缘的暗区还是亮区。另外，一阶导数和二阶导数对噪声非常敏感，尤其是二阶导数。因此，在边缘检测之前应先进行图像平滑处理，以减弱噪声的影响。在数字图像处理中，常利用差分近似微分来求取导数。边缘检测可借助微分算子(包括梯度算子和拉普拉斯算子)在空间域通过模板卷积来实现。

1. 梯度算子

常用的梯度算子如表 3-3 所示(星号代表模板中心)。梯度算子一般由两个模板组成，分别对应梯度的两个偏导数，用于计算两个相互垂直方向上的边缘响应。在适当的阈值下，对得到的梯度图像二值化即可检测出有意义的边缘。

Krisch 算子由 8 个模板组成，其他模板可以由其中一个模板绕其中心旋转得到，每个模板都对特定的边缘方向作出最大响应。当把最大响应模板的序号输出时，就构成了边缘方向的编码。Prewitt 算子和 Sobel 算子也可以像 Krisch 算子那样，扩展到两个对角方向，使其在对角方向上作出最大响应。Prewitt 和 Sobel 算子在两个对角方向上的模板如图 7-15 所示。

$$\begin{bmatrix} -1 & -1 & 0 \\ -1 & 0^* & 1 \\ 0 & 1 & 1 \end{bmatrix} \quad \begin{bmatrix} 0 & 1 & 1 \\ -1 & 0^* & 1 \\ -1 & -1 & 0 \end{bmatrix} \qquad \begin{bmatrix} -2 & -1 & 0 \\ -1 & 0^* & 1 \\ 0 & 1 & 2 \end{bmatrix} \quad \begin{bmatrix} 0 & 1 & 2 \\ -1 & 0^* & 1 \\ -2 & -1 & 0 \end{bmatrix}$$

(a) Prewitt算子45°和−45°方向模板　　　　(b) Sobel算子45°和−45°方向模板

图 7 - 15　Prewitt 算子和 Sobel 算子检测对角方向边缘的模板

图 7 - 16(b)为用 Sobel 水平模板(表 3 - 3 中的 H1 模板)对图 7 - 16(a)进行卷积运算得到的水平梯度图,它对垂直边缘有较强的响应。图 7 - 16(c)为用 Sobel 垂直模板(表 3 - 3 中的 H2 模板)对图 7 - 16(a)进行卷积运算得到的垂直梯度图,它对水平边缘有较强的响应。图 7 - 16(d)为根据式(3 - 28)得到的 Sobel 梯度图。

(a) 原始图像　　　　(b) 水平梯度图　　　　(c) 垂直梯度图　　　　(d) Sobel算子梯度图

图 7 - 16　Sobel 算子边缘检测

2. 高斯-拉普拉斯(LOG)算子

拉普拉斯算子由式(3 - 35)定义,常用的两个拉普拉斯模板如图 3 - 18(a)和 3 - 18(b)所示。其中,第一个模板在水平和垂直 4 个方向上具有各向同性,而第二个模板在水平、垂直和对角 8 个方向上具有各向同性。然而,拉普拉斯算子一般不直接用于边缘检测,因为它作为一种二阶微分算子对噪声相当敏感,常产生双边缘,且不能检测边缘方向。主要利用拉普拉斯算子的过零点性质确定边缘位置,以及根据其值的正负来确定边缘像素位于边缘的暗区还是明区。

高斯-拉普拉斯(LOG)算子把高斯平滑滤波器和拉普拉斯锐化滤波器结合起来实现边缘检测,即先通过高斯平滑抑制噪声,以减轻噪声对拉普拉斯算子的影响,再进行拉普拉斯运算,通过检测其过零点来确定边缘位置。因此,高斯-拉普拉斯算子是一种性能较好的边缘检测器。二维高斯平滑函数表示如下:

$$h(x, y) = -\exp\left(-\frac{x^2 + y^2}{2\sigma^2}\right) \qquad (7-26)$$

式中:σ 为高斯分布的均方差,图像被模糊的程度与其成正比。令 $r^2 = x^2 + y^2$,通过上式对 r 求二阶导数来计算其拉普拉斯值,则有

$$\nabla^2 h(r) = -\left(\frac{r^2 - \sigma^2}{\sigma^4}\right)\exp\left(-\frac{r^2}{2\sigma^2}\right) \qquad (7-27)$$

式(7 - 27)是一个轴对称函数,由于其曲面形状(图 7 - 17(a)是它的一个剖面)很像一顶墨西哥草帽,所以又叫墨西哥草帽函数。给定均方差 σ 后,对其离散化就可以得到相应的 LOG 算子模板,图 7 - 17(b)是常用的 5×5 模板之一(模板并不唯一)。利用 LOG 算子检测边缘时,可直接用其模板与图像卷积,也可以先与高斯函数卷积,再与拉普拉斯模板卷积,两者是等价的。由于 LOG 算子模板一般比较大,用第二种方法可以提高速度。图

7-18 是 Prewitt 算子、Sobel 算子和 LOG 算子对图 7-18(a)的边缘检测结果。由图可以看出，前两种算子的检测结果基本相同，而 LOG 算子则能提取对比度弱的边缘(如后面的高楼)，边缘定位精度高。

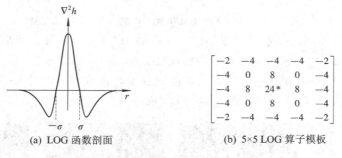

(a) LOG 函数剖面　　　　　　(b) 5×5 LOG 算子模板

图 7-17　LOG 算子剖面及其常用的 5×5 模板

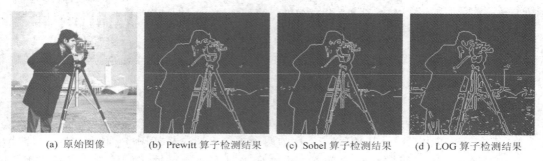

(a) 原始图像　　(b) Prewitt 算子检测结果　　(c) Sobel 算子检测结果　　(d) LOG 算子检测结果

图 7-18　三种边缘检测算子的检测结果

3. Canny 边缘检测

Canny 边缘检测算子是一个非常普遍和有效的算子。Canny 算子首先对灰度图像用均方差为 σ 的高斯滤波器进行平滑，然后对平滑后图像的每个像素计算梯度幅值和梯度方向。梯度方向用于细化边缘，如果当前像素的梯度幅值不高于梯度方向上两个邻点的梯度幅值，则抑制该像素响应，从而使得边缘细化，这种方法称为非最大抑制(Non-maximum Suppression)。该方法也可以结合其他边缘检测算子来细化边缘。为了便于处理，需要将梯度方向量化到 8 个邻域方向上。Canny 算子使用两个幅值阈值，高阈值用于检测梯度幅值大的强边缘，低阈值用于检测梯度幅值较小的弱边缘。低阈值通常取为高阈值的一半。边缘细化后，就开始跟踪具有高幅值的轮廓。最后，从满足高阈值的边缘像素开始，顺序跟踪连续的轮廓段，把与强边缘相连的弱边缘连接起来。图 7-19 是 Canny 算子与 Robert 算

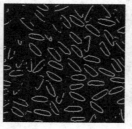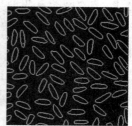

(a) 原始图像　　　(b) Robert 边缘检测　　　(c) Sobel 边缘检测　　　(d) Canny 边缘检测

图 7-19　几种边缘检测效果的比较

子和 Sobel 算子对大米图像的边缘检测效果对比，可见 Canny 算子检测的边缘比较完整。

7.3.2 边界连接

由于噪声等因素的影响，各种算子的检测结果通常是一些分散的边缘，没有形成分割区域所需的闭合边界。为此，需要将检测出的边缘像素按照某种准则连接起来。常用的一种方法是根据邻近的边缘像素在梯度幅度和梯度方向上具有的一定相似性而将它们连接起来。设 T 是幅度阈值，A 是角度阈值，若像素(p, q)在像素(s, t)的邻域内，且它们的梯度幅度和梯度方向分别满足以下两个条件，则可以将其连接起来

$$|\nabla f(p, q) - \nabla f(s, t)| \leqslant T \tag{7-28}$$

$$|\alpha(p, q) - \alpha(s, t)| \leqslant A \tag{7-29}$$

另外，利用数学形态学的一些操作也可以实现边界连接。

7.3.3 哈夫变换

在已知区域形状的条件下，利用哈夫变换（Hough Transform）可以方便地检测到边界曲线。哈夫变换的主要优点是受噪声和曲线间断的影响小，但计算量较大，通常用于检测已知形状的目标，如直线、圆等。

1. 直线检测

在图像空间 xy 里，过点(x_i, y_i)的直线方程可表示为 $y_i = ax_i + b$，其中 a 和 b 分别表示直线的斜率和截距。如果将直线方程改写为 $b = -x_i a + y_i$，则它表示 ab 空间（称之为参数空间）中斜率为 $-x_i$、截距为 y_i 的一条直线，且经过点(a, b)。对于图像空间中与(x_i, y_i)共线的另一点(x_j, y_j)，它满足方程 $y_j = ax_j + b$，对应于参数空间中斜率为 $-x_j$、截距为 y_j 的一条直线，也必然经过点(a, b)。因此，可以推知，图像空间中同一条直线（斜率为 a，截距为 b）上的点，对应于参数空间中相交于一点（坐标为(a, b)）的一系列直线。哈夫变换就是利用这种点-线对应关系，把图像空间中的检测问题转换到参数空间中处理。

哈夫变换需要建立一个累加数组，数组的维数与所检测曲线方程中的未知参数个数相同。对于直线，它有 a 和 b 两个未知参数，因而需要一个二维累加数组。具体计算时，需要对未知参数的可能取值进行量化，以减少运算量。如果将参数 a 和 b 分别量化为 m 和 n 个数，则定义一个累加数组 $A(m, n)$ 并将其初始化为零。

假设 a 和 b 量化之后的可能取值分别为 $\{a_0, a_1, \cdots, a_{m-1}\}$ 和 $\{b_0, b_1, \cdots, b_{n-1}\}$。对于图像空间中的每个目标点$(x_k, y_k)$，让 a 取遍所有可能的值，根据 $b = -x_k a + y_k$ 计算出相应的 b，并将结果取为最接近的可能取值。根据每一对计算结果(a_p, b_q)（$p \in [0, m-1]$，$q \in [0, n-1]$），对数组进行累加：$A(p, q) = A(p, q) + 1$。处理完所有像素后，根据 $A(p, q)$ 的值便可知道斜率为 a_p、截距为 b_q 的直线上有多少个点。通过查找累加数组中的峰值，可以得知图像中最有可能的直线参数。

如果需要检测的直线接近竖直方向，则会由于斜率和截距的取值趋于无穷大而需要很大的累加数组，导致计算量增大。解决方法之一是用图 7-20(a)所示的极坐标来表示直线方程：

$$\rho = x \cos\theta + y \sin\theta \tag{7-30}$$

式中：ρ 表示原点到直线的距离；θ 为垂线与 x 轴的夹角。

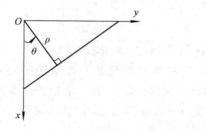

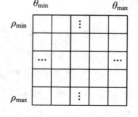

(a) 直线的极坐标　　　　　　　　　　(b) 检测直线的累加数组

图 7-20　直线的极坐标表示及其对应的累加数组

对 ρ 和 θ 量化后建立一个累加数组(见图 7-20(b))，其特点在于取值都是有限的。原先的点-线对应关系就变成了点-正弦曲线的对应关系。计算方法与前面相似。为了提高效率，可以先计算出每一点的梯度幅值和梯度方向。如果该点的梯度幅值小于某个阈值，即属于边缘点的可能性很小，则不计算该点的参数，否则将梯度方向角代入式(7-30)得出 ρ。这样，对于每一个边缘点，不必将所有 θ 值代入方程求解，而只需根据梯度方向角计算一次。

2. 圆的检测

圆的直角坐标系方程为

$$(x-a)^2 + (y-b)^2 = r^2 \tag{7-31}$$

方程中有 3 个未知参数：圆心坐标 a 和 b，半径 r。需要建立一个三维数组，对于每一个像素，依次变化 a 和 b，由式(7-31)计算出 r。但该方法计算量非常大。不难发现，圆周上任意一点的梯度方向均指向圆心或背离圆心。因此，只要知道半径和圆周上一点的梯度方向，便可确定出圆心位置。

圆的极坐标系方程为

$$x = a + r\cos\theta \quad y = b + r\sin\theta \tag{7-32}$$

则圆的参数方程为

$$a = x - r\cos\theta \quad b = y - r\sin\theta \tag{7-33}$$

式中：r 为半径；θ 为点 (x, y) 到圆心 (a, b) 的连线与水平轴的夹角。有了某点的梯度方向之后，可让 r 取遍所有值，由式(7-33)计算出对应的圆心坐标。

3. 任意曲线检测

哈夫变换可以推广到具有解析形式 $f(x, a) = 0$ 的任意曲线，其中，x 表示图像像素坐标，a 是参数向量。任意曲线的检测过程如下：

(1) 根据参数个数建立并初始化累加数组 $A[a]$ 为 0。

(2) 根据某个准则，如梯度幅值大于某个阈值，确定某点是否为边缘点。对于每个边缘点 x，确定 a，使得 $f(x, a) = 0$，并累加对应的数组元素：$A[a] = A[a] + 1$。

(3) A 的局部最大值对应图像中的曲线，它表示图像中有多少个点满足该曲线。

对 A 中某元素对应的所有点的连通性进行判断，可以将对应的线段连接起来。还可以利用最小二乘拟合法将这些点拟合成对应的曲线。哈夫变换能够抽取明显的断线或虚线特征，如一排石子或者一条被落下树枝分割的道路等。

7.4 聚 类 分 割

7.4.1 Mean Shift

Mean Shift(均值偏移)算法是一种非参数聚类方法，基本思想是沿着概率密度梯度方向寻找局部极值，通过迭代移动基准点到样本点相对于基准点的偏移均值来实现。Comaniciu 等证明了在满足一定条件下均值偏移算法可以收敛到概率密度函数的一个稳态点，因而可以用来检测概率密度函数中存在的模态。Mean Shift 算法无需概率分布的先验知识，已应用于特征聚类、图像平滑、图像分割和目标跟踪等方面。

给定 d 维空间 X 中的 n 个样本点 $\boldsymbol{x}_i(i=1, 2, \cdots, n)$，在 X 中任选一点 $\boldsymbol{x}$(用列向量表示)，则相对于 $\boldsymbol{x}$ 的均值偏移向量(Mean Shift Vector)的基本形式定义为

$$\boldsymbol{M}_h(\boldsymbol{x}) = \frac{1}{k} \sum_{\boldsymbol{x}_i \in S_h(\boldsymbol{x})} (\boldsymbol{x}_i - \boldsymbol{x}) \tag{7-34}$$

式中：$S_h(\boldsymbol{x})$ 是圆心为 $\boldsymbol{x}$、半径为 h 的高维球区域；k 为落在 $S_h(\boldsymbol{x})$ 内的样本点数；$\boldsymbol{M}_h(\boldsymbol{x})$ 为相对于基准点 $\boldsymbol{x}$ 的均值偏移向量。

由式(7-34)可以看出，$(\boldsymbol{x}_i - \boldsymbol{x})$ 是样本点 $\boldsymbol{x}_i$ 相对于基准点 $\boldsymbol{x}$ 的偏移向量，$\boldsymbol{M}_h(\boldsymbol{x})$ 就是 S_h 区域中的 k 个样本点相对于基准点 $\boldsymbol{x}$ 的偏移向量的均值，如图 7-21 所示。

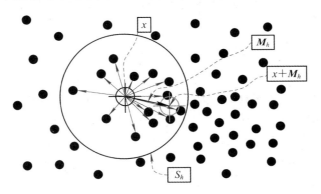

图 7-21 均值偏移向量示意图

Yizong Cheng(1995)通过引入核函数和样本点的权系数，扩展了 Mean Shift 算法。均值偏移向量的扩展形式定义为

$$\boldsymbol{M}(\boldsymbol{x}) = \frac{\sum_{i=1}^{n} G_H(\boldsymbol{x}_i - \boldsymbol{x}) w(\boldsymbol{x}_i) (\boldsymbol{x}_i - \boldsymbol{x})}{\sum_{i=1}^{n} G_H(\boldsymbol{x}_i - \boldsymbol{x}) w(\boldsymbol{x}_i)} \tag{7-35}$$

式中：$w(\boldsymbol{x}_i)$ 是样本点 $\boldsymbol{x}_i$ 的权重；$G_H(\boldsymbol{x}) = |\boldsymbol{H}|^{-\frac{1}{2}} G(\boldsymbol{H}^{-\frac{1}{2}}(\boldsymbol{x}_i - \boldsymbol{x}))$，其中 $G(\boldsymbol{x})$ 是一个单位核函数，$\boldsymbol{H}$ 是正定的 $d \times d$ 对称矩阵(一般称之为带宽矩阵)。实际应用中，带宽矩阵 $\boldsymbol{H}$ 一般限定为对角矩阵。若 $\boldsymbol{H} = h^2 \boldsymbol{I}$，其中 $\boldsymbol{I}$ 为单位矩阵，h 为系数，则均值偏移向量的扩展形式改写为

$$M_h(x) = \frac{\sum_{i=1}^{n} G\left(\frac{x_i - x}{h}\right) w(x_i)(x_i - x)}{\sum_{i=1}^{n} G\left(\frac{x_i - x}{h}\right) w(x_i)} = \frac{\sum_{i=1}^{n} G\left(\frac{x_i - x}{h}\right) w(x_i) x_i}{\sum_{i=1}^{n} G\left(\frac{x_i - x}{h}\right) w(x_i)} - x = m_h(x) - x$$

$$(7-36)$$

设 $\mathbf{R}$ 表示实数域，x 的模 $\|x\| = x^{\mathrm{T}} x$，如果函数 $K: X \to \mathbf{R}$ 存在一个剖面函数 $k:$ $[0, \infty] \to \mathbf{R}$，即 $K(x) = k(\|x\|^2)$，其中 k 是非负、非增、分段连续且有界的，则函数 $K(x)$ 就是核函数。Mean Shift 算法中常用的核函数有 Epanechnikov 核函数 $K_E(x)$、均匀核函数 $K_U(x)$ 和高斯核函数 $K_N(x)$，分别定义如下：

$$K_E(x) = \begin{cases} c(1 - \|x\|^2), & \|x\| \leqslant 1 \\ 0, & \text{其他} \end{cases} \tag{7-37}$$

$$K_U(x) = \begin{cases} c, & \|x\| \leqslant 1 \\ 0, & \text{其他} \end{cases} \tag{7-38}$$

$$K_N(x) = c \cdot \exp\left(-\frac{1}{2}\|x\|^2\right) \tag{7-39}$$

式中：c 为常系数。

Mean Shift 的扩展形式考虑了样本点的权重影响，还考虑了样本点相对于基准点的距离的影响，认为距离近的点影响更大。若 $w(x_i) = 1$，采用系数 $c = 1$ 的均匀核函数 $K_U(x)$，则均值偏移向量退化为如式(7-34)的基本形式。

若样本点 $x_i(i = 1, 2, \cdots, n)$ 是概率密度函数 $f(x)$ 的采样点，则 $f(x)$ 的核函数估计为

$$\hat{f}(x) = \frac{\sum_{i=1}^{n} K\left(\frac{x_i - x}{h}\right) w(x_i)}{h^d \sum_{i=1}^{n} w(x_i)} \tag{7-40}$$

式中：$K(x)$ 为核函数。设核函数 $K(x)$ 的剖面函数为 $k(x)$，即 $K(x) = k(\|x\|^2)$，令 $g(x)$ 为 $k(x)$ 的负导数，即 $g(x) = -k'(x)$，对应的核函数 $G(x) = g(\|x\|^2)$，则概率密度函数 $f(x)$ 的梯度 $\nabla f(x)$ 的估计为

$$\nabla^{\wedge} f(x) = \nabla \hat{f}(x) = \frac{2 \sum_{i=1}^{n} (x - x_i) k'\left(\left\|\frac{x_i - x}{h}\right\|^2\right) w(x_i)}{h^{d+2} \sum_{i=1}^{n} w(x_i)}$$

$$= \frac{2 \sum_{i=1}^{n} (x_i - x) G\left(\frac{x_i - x}{h}\right) w(x_i)}{h^{d+2} \sum_{i=1}^{n} w(x_i)}$$

$$= \frac{2}{h^2} \left[\frac{\sum_{i=1}^{n} G\left(\frac{x_i - x}{h}\right) w(x_i)}{h^d \sum_{i=1}^{n} w(x_i)}\right] \left[\frac{\sum_{i=1}^{n} (x_i - x) G\left(\frac{x_i - x}{h}\right) w(x_i)}{\sum_{i=1}^{n} G\left(\frac{x_i - x}{h}\right) w(x_i)}\right] \tag{7-41}$$

式中，右边第一个中括号表示以 $G(x)$ 为核函数对概率密度函数 $f(x)$ 的估计，第二个中括号即为式(7-36)定义的 Mean Shift 向量，于是可以得到

$$\nabla^{\wedge} f(\pmb{x}) = \nabla \hat{f}(\pmb{x}) = \frac{2}{h^2} \hat{f}(\pmb{x}) \pmb{M}_h(\pmb{x}) \Rightarrow \pmb{M}_h(\pmb{x}) = \frac{1}{2} h^2 \frac{\nabla \hat{f}(\pmb{x})}{\hat{f}(\pmb{x})} \qquad (7-42)$$

由此可见，Mean Shift 向量 $M_h(\pmb{x})$ 正比于归一化的用核函数估计的概率密度函数的梯度，即 Mean Shift 向量指向概率密度增加的最大方向。

给定初始基准点 $\pmb{x}$、核函数 $G(\pmb{x})$ 和容许误差 ε，Mean Shift 算法的基本步骤如下：

(1) 计算 $\pmb{m}_h(\pmb{x})$；

(2) 将 $\pmb{m}_h(\pmb{x})$ 赋给 $\pmb{x}$，即将基准点 $\pmb{x}$ 平移至偏移均值；

(3) 重复步骤(1)和步骤(2)，直到 $\parallel \pmb{m}_h(\pmb{x}) - \pmb{x} \parallel < \varepsilon$ 为止。

Mean Shift 算法应用的关键是如何将问题转化为概率密度估计，即如何设计核函数。对于颜色通道数为 p 的图像，将每个像素的空间信息和颜色信息组成一个 $p+2$ 维的向量 $\pmb{x} = (\pmb{x}^s, \pmb{x}^r)$，其中 $\pmb{x}^s$ 表示像素的坐标，$\pmb{x}^r$ 表示像素的颜色向量，可定义如下的核函数：

$$K_{h_s, h_r}(\pmb{x}) = \frac{C}{h_s^2 h_r^p} k_s \left(\left\| \frac{\pmb{x}^s - \pmb{x}_i^s}{h_s} \right\|^2 \right) k_r \left(\left\| \frac{\pmb{x}^r - \pmb{x}_i^r}{h_r} \right\|^2 \right) \qquad (7-43)$$

式中：C 是归一化常数；h_s 和 h_r 分别表示坐标空间和颜色空间的窗口半径；k_s 表示位置信息，离基准点越近，其值就越大；k_r 表示颜色信息，颜色越相似，则其值越大。

利用 Mean Shift 算法对图像平滑的具体步骤如下：对于每一个像素点，利用 Mean Shift 算法求出其收敛点，用收敛点的颜色值替换该像素点的颜色值，即可得到平滑结果。

基于 Mean Shift 的图像分割与图像平滑非常类似，只需把收敛到同一点的起始点归为一类，然后把这一类的标号赋给这些起始点，即可得到分割结果。

图 7-22 是利用 Mean Shift 算法对两幅自然场景图像的分割结果，其中 h_s 和 h_r 分别取为 25 和 32。若排除像素数较少的类别，则能得到更好的分割结果。

(a) 原始图像 1

(b) 图像 1 的分割结果

(c) 原始图像 2

(d) 图像 2 的分割结果

图 7-22 基于 Mean Shift 算法的图像分割

7.4.2 超像素分割

超像素是 2003 年由 Xiaofeng Ren 提出并在之后发展起来的图像分割技术，它是由一系列位置相邻且颜色、亮度、纹理等特征相似的像素点组成的小区域，这些小区域大多保留了进一步进行图像分割的有效信息，且一般不会破坏图像中物体的边界信息。用少量的超像素代替大量像素表达图像特征，降低了图像处理的复杂度，一般作为分割算法的预处理步骤。

超像素具有计算效率高、感知信息多的特点。虽然计算超像素本身需要一定的计算量，但是超像素可以将图像的复杂性从几十万像素降低到几百像素，每一个超像素都包含可感知的、有意义的语义值，这意味着可以用较少的像素高效表示大量信息。

SLIC(Simple Linear Iterative Clustering)是一种思想简单、实现高效的算法。它首先将 RGB 空间下的彩色图像转化为 CIE Lab 颜色空间(由三个通道组成，L 是明度，a 通道的颜色从红色到深绿，b 通道从蓝色到黄色)和空间坐标下的五维特征向量$[l, a, b, x, y]$，然后对该特征向量构造距离度量标准，对图像像素进行 K-means 局部聚类生成结果。SLIC算法能生成紧凑、近似均匀的超像素，在运算速度、物体轮廓保持、超像素形状方面具有较高的表现，比较符合人们期望的分割效果。

SLIC 算法具体过程如下：

(1) 假设图像的初始像素点数为 N，预分割为 K 个相同尺寸的超像素，则需要初始化 K 个聚类中心(种子点)。为了产生大小大致相同的超像素，则需相邻种子点的距离(步长)近似为 $S = \mathrm{sqrt}(N/K)$。

(2) 为了避免超像素集中于边缘上，并减少噪声像素的影响，将种子点微调至 3×3 邻域中梯度最低的位置。具体方法为：计算该邻域内所有像素点的梯度值，将种子点移到该邻域内梯度最小的地方。

(3) 在每个种子点周围的邻域内为每个像素点分配类标签。与标准的 K-means 算法在整幅图中搜索不同，SLIC 算法的搜索范围限制为 $2S\times2S$，这样可以加速算法收敛，如图 7-23 所示。

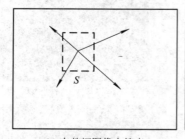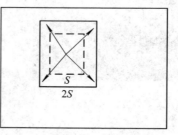

(a) 在整幅图像中搜索　　　　　(b) SLIC在限定区域内搜索

图 7-23　减少像素的搜索范围

(4) 更新聚类中心点。对于每个搜索到的像素点，根据五维特征向量分别计算它和该种子点的距离 D。迭代重复，直到误差收敛，将聚类中心更新至距离最小的像素点。距离计算方法如下：

$$d_c = \sqrt{(l_j - l_i)^2 + (a_j - a_i)^2 + (b_j - b_i)^2} \tag{7-44}$$

$$d_s = \sqrt{(x_j - x_i)^2 + (y_j + y_i)^2} \tag{7-45}$$

$$D' = \sqrt{\left(\frac{d_c}{N_c}\right)^2 + \left(\frac{d_s}{N_s}\right)^2} \tag{7-46}$$

式中：d_c 代表颜色距离；d_s 代表空间距离；N_s 是类内最大空间距离，定义为 $N_s = S = \sqrt{N/K}$，适用于每个聚类；最大的颜色距离 N_c 在不同的图片中有不同的表现，也会随着聚类的变化而发生变化，所以需取一个固定常数 m（取值范围[1,40]）代替。最终的距离度量 D' 如下：

$$D' = \sqrt{d_c^2 + \left(\frac{d_s}{S}\right)^2} \tag{7-47}$$

（5）迭代优化。理论上上述步骤不断迭代直到误差收敛（可以理解为每个像素点聚类中心不再发生变化为止），实践发现 10 次迭代对绝大部分图片都可以得到较理想的效果，所以一般迭代次数取 10。

（6）增强连通性。在聚类过程结束时，可能会出现多连通、超像素尺寸过小、单个超像素被切割成多个不连续超像素等情况，可通过使用连接组件算法纠正这些问题。该算法的主要思路是：新建一张标记表，表内元素均为 -1，按照"Z"形走向将不连续的超像素、尺寸过小的超像素重新分配给邻近的超像素，遍历过的像素点分配给相应的标签，直到所有像素点遍历完毕为止。

SLIC 主要优点总结如下：

（1）生成的超像素如同细胞一般紧凑整齐，邻域特征容易表达。这样基于像素的方法可以比较容易地改造为基于超像素的方法。

（2）不仅可以分割彩色图，也可以兼容分割灰度图。

（3）需要设置的参数非常少，默认情况下只需要设置一个预分割的超像素的数量。

（4）相比其他的超像素分割方法，SLIC 在运行速度、生成超像素的紧凑度、轮廓保持方面都比较理想。

图 7-24 是利用 SLIC 算法对自然场景图像的分割结果，其中迭代次数取 10。

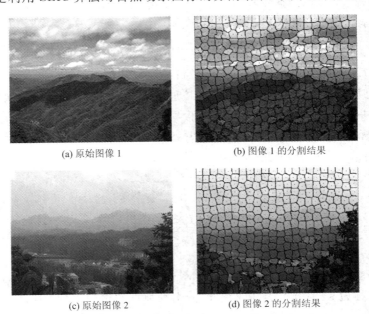

(a) 原始图像 1　　　　　　　　　　(b) 图像 1 的分割结果

(c) 原始图像 2　　　　　　　　　　(d) 图像 2 的分割结果

图 7-24　基于 SLIC 算法的图像分割

7.5　图　论　分　割

Graph Cuts(图割)是一种基于图论的全局能量优化算法,普遍应用于图像分割、立体视觉(Stereo Vision)和抠图(Image Matting)等场合。前景(目标)和背景的图像分割可以看作是一个图像标记过程,前景像素被标记为 1,背景像素被标记为 0。图像分割的理想结果是希望在满足一定的约束条件下,使得图像分割后的能量或者代价最小。设 P 表示图像像素的集合,N 表示邻域像素对$\{p,q\}$的集合,$L=\{l_1,\cdots,l_p,\cdots,l_n\}$表示像素标记的集合,每个像素 p 的标记l_p取 0 或 1。综合考虑区域的相似性和边界的不连续性,图像能量可以定义为

$$E(L) = \lambda \cdot R(L) + B(L) \tag{7-48}$$

式中:$E(L)$是图像标记为 L 时的能量函数或损失函数;$R(L)$为区域能量项;$B(L)$为边界平滑能量项;λ 是区域能量项的相对重要因子,λ 为 0 时表示只考虑边界因素。

区域能量项 $R(L)$ 定义为

$$R(L) = \sum_{p \in P} R_p(l_p) \tag{7-49}$$

式中:$R_p(l_p)$表示将像素 p 标记为l_p的惩罚或代价。如果像素 p 属于目标的概率大于其属于背景的概率,则一般将该像素标记为目标像素,否则标记为背景像素。为了使得正确标记的代价小,$R_p(l_p)$可以定义如下:

$$R_p(l_p) = \begin{cases} -\ln P_r(I_p \mid O), & l_p = 1 \\ -\ln P_r(I_p \mid B), & l_p = 0 \end{cases} \tag{7-50}$$

式中:I_p为像素 p 的特征(如灰度、梯度等);$P_r(I_p|O)$和 $P_r(I_p|B)$分别为像素 p 属于目标 O 和背景 B 的概率,可以根据目标与前景的特征直方图来获得。

边界平滑能量项 $B(L)$定义为

$$B(L) = \sum_{\{p,q\} \in N} B_{\{p,q\}} \delta(l_p, l_q) \tag{7-51}$$

式中:$\delta(l_p,l_q)$表示只考虑边缘的邻域像素对;$B_{\{p,q\}}$是像素 p 和 q 之间不连续的惩罚。如果 p 和 q 越相似,则 $B_{\{p,q\}}$越大,否则越接近于 0。如果邻域像素 p 和 q 的特征很相似,则它们属于同一目标或同一背景的可能性很大,否则很可能属于目标与背景之间的边缘。为了使得正确标记的代价较小,当相邻像素 p 和 q 的特征差别越大时应该使得 $B_{\{p,q\}}$越小。$\delta(l_p,l_q)$和 $B_{\{p,q\}}$可以分别定义如下:

$$\delta(l_p, l_q) = \begin{cases} 0, & l_p = l_q \\ 1, & l_p \neq l_q \end{cases} \tag{7-52}$$

$$B_{\{p,q\}} \propto \exp\left(-\frac{(I_p - I_q)^2}{2\sigma^2}\right) \frac{1}{\text{dist}(p,q)} \tag{7-53}$$

式中:$\text{dist}(p,q)$表示像素 p 和 q 之间的距离。

Graph Cuts 把图像分割与图的最小割(Min Cut)相关联,利用无向图 $G=(V,E)$表示要分割的图像(称为 s-t 图),其中 V 和 E 分别是顶点和边的集合。顶点 V 分为普通顶点和终端顶点两类,普通顶点对应于图像中的每个像素,终端顶点包括源点 S(Source)和汇点 T(Sink)。边 E 分为 n-link 和 t-link 两类,n-link 是由两个相邻的普通顶点连接形成

的边，t-link 是由普通顶点和终端顶点连接形成的边。s-t 图中的每条边都有一个非负的
权值 w_e，其可以理解为代价。一个 Cut(割)就是边集合 E 的一个子集 C，这些边的断开能
够将图 G 分割为互不相交的 s 子图和 t 子图，即分割后每个普通顶点只剩一个 t-link。在
图像分割中，s 子图中的普通顶点构成前景 O，而 t 子图中的普通顶点构成背景 B，如图
7-25 所示。割 C 由以下 3 种边组成：

(1) 如果两个相邻的普通顶点 p 和 q 连接到不同的终端顶点，则边 $\{p, q\} \in C$；

(2) 如果普通顶点 p 属于前景 O，则边 $\{p, T\} \in C$；

(3) 如果普通顶点 p 属于背景 B，则边 $\{p, S\} \in C$。

割的代价 $|C|$ 等于 C 中所有边的权值之和。如果割 C 的代价在所有割中最小，则称此
割为最小割。福特-富克森定理表明最大流 max flow 与最小割 min cut 等效，因而可以利
用 max-flow/min-cut 算法来获得 s-t 图的最小割，主要算法有 Goldberg-Tarjian 和
Ford-Fulkerson。Graph Cuts 方法通过寻找图的最小割来最小化能量函数，从而实现图像
分割，图中边的权值决定了最后的分割结果。

对图像进行分割时，首先构建 s-t 图，n-link 边的权值由 $B_{\{p, q\}}$ 决定，与终端顶点 S
相连的 t-link 边的权值由 $R_p(1)$ 决定，与终端顶点 T 相连的 t-link 边的权值由 $R_p(0)$ 决
定。s-t 图构造完成后，选取两个种子点(人为指定分别属于目标和背景的两个像素点)，
可以通过 min-cut 算法来找到最小割，对应于能量的最小化，从而将图像的目标(s 子图
中的普通顶点集)与背景(t 子图中的普通顶点集)分开，如图 7-25 所示。

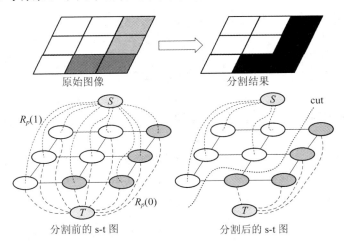

图 7-25　Graph Cuts 图像分割示意图

7.6　活动轮廓模型

活动轮廓模型(Active Contour Model)的基本思想是使用可变形的连续曲线(称为活动
轮廓)来表达目标边界，并定义一个以曲线为自变量的能量泛函，将图像分割过程转变为
求解能量泛函最小值的过程，能量达到最小时的曲线位置即为目标轮廓位置。根据轮廓的
表示方法，活动轮廓模型可以分为参数活动轮廓模型(Parametric Active Contour Model)
和几何活动轮廓模型(Geometric Active Contour Model)。前者的轮廓是用参数表示的，如

Snakes 模型;后者的轮廓是用几何表示的,如 Level Set(水平集)方法。

Kass 等(1987)提出了 Snakes 模型,用参数曲线表示目标的初始轮廓,参数曲线在内部能量(内力)和外部能量(外力)的作用下向着能量最小化的方向发生变形,逐渐收敛到目标边缘,从而实现图像分割。轮廓曲线表示为参数曲线 $v(s) = (x(s), y(s))$,其中 $s \in [0, 1]$ 是归一化的弧长参数。曲线能量定义为内部能量与外部能量(包括图像能量、约束能量)之和:

$$E_{\text{snake}} = \int_0^1 \left[E_{\text{int}}(v(s)) + E_{\text{img}}(v(s)) + E_{\text{con}}(v(s)) \right] \mathrm{d}s \tag{7-54}$$

式中:E_{snake} 为曲线能量;E_{int} 为内部能量,与曲线属性有关,等于曲线的弹性势能与弯曲势能之和,控制着曲线的连续性和光滑性;E_{img} 为图像能量,与图像特征有关,用于将曲线吸引到感兴趣特征(如目标边缘);E_{con} 为约束能量,用于使曲线满足某种局部约束。

曲线可以被看作是有弹性的橡皮筋,当有外力使其伸展时就会产生弹性势能使其收缩,曲线的弹性势能 E_{elastic} 定义如下:

$$E_{\text{elastic}} = \int_0^1 \frac{1}{2} \alpha(s) \mid v'(s) \mid^2 \mathrm{d}s \tag{7-55}$$

式中:$\alpha(s)$ 为弹力系数,控制着曲线的弹性,一般取为常量。

曲线也可以被看作是薄的钢板,其弯曲势能 E_{bending} 定义如下:

$$E_{\text{bending}} = \int_0^1 \frac{1}{2} \beta(s) \mid v''(s) \mid^2 \mathrm{d}s \tag{7-56}$$

式中:$\beta(s)$ 为曲线上各点的强度系数,控制着曲线的刚性。当曲线为一个圆时,曲线的弯曲势能最小。若 $\alpha(s)$ 和 $\beta(s)$ 在点 s 处均为零,则允许曲线在该点不连续;若仅 $\beta(s)$ 为 0,则允许曲线在该处的切线不连续。

图像能量可能表示为直线、边缘和端点的能量之和:

$$E_{\text{img}} = w_{\text{line}} E_{\text{line}} + w_{\text{edge}} E_{\text{edge}} + w_{\text{term}} E_{\text{term}} \tag{7-57}$$

式中:w_{line}、w_{edge} 和 w_{term} 分别为直线、边缘和端点能量的权重。通过调整权重,可使活动轮廓表现出不同的行为。

对于灰度图像 $I(x, y)$,直线、边缘和端点的能量一般定义如下:

$$E_{\text{line}} = I(x, y) \tag{7-58}$$

$$E_{\text{edge}} = - \mid \nabla I(x, y) \mid^2 \quad \text{或} \quad E_{\text{edge}} = - \mid \nabla (G_\sigma(x, y) * I(x, y)) \mid^2 \tag{7-59}$$

$$E_{\text{term}} = \frac{\partial \theta}{\partial \boldsymbol{n}_\perp} = \frac{I_{yy} I_x^2 - 2 I_{xy} I_x I_y + I_{xx} I_y^2}{(I_x^2 + I_y^2)^{3/2}} \tag{7-60}$$

式中:G_σ 为标准差为 σ 的高斯平滑算子,用于消除噪声;θ 为梯度角;$\boldsymbol{n}_\perp$ 为单位向量 $(-\sin\theta, \cos\theta)$。对式(7-54)应用变分法的 Euler-Lagrange 方程,可以得到:

$$\alpha(s) v''(s) - \beta(s) v''''(s) - \nabla E_{\text{img}}(v(s)) - \nabla E_{\text{con}}(v(s)) = 0 \tag{7-61}$$

式(7-61)可解释为力的平衡方程,每一项都是由对应能量项产生的力,曲线正是在弹性力、弯曲力、图像力和约束力的共同作用下产生变形。

Snakes 模型存在以下问题:

(1) 对初始轮廓位置敏感,需要依赖其他机制将活动轮廓放置在感兴趣的图像特征附近;

(2) 在搜索凹形边界时无法步入凹形区;

（3）参数活动轮廓模型在变形过程中无法自由改变曲线的拓扑结构，因而在轮廓提取时必须预先知道图像中目标个数或增加其他附加的控制条件。

针对上述问题，人们提出了一些改进的参数活动轮廓模型。Cohen 等提出了 Balloon 模型，在轮廓外法线方向增加膨胀力，使得活动轮廓在图像力为零时也能收敛到目标轮廓附近，解决了 Snakes 对初始位置敏感的问题。Xu 等提出了 GVF（Gradient Vector Flow）模型，通过求解基于图像势能函数梯度的矢量扩散方程所获得的矢量场来确定外部约束力，能够更好地捕捉深度凹形边界，但对参数特别敏感且计算梯度矢量流场比较耗时。McInerney 等人提出了 T－snakes 模型，在迭代过程中采用仿射单元分解（Affine Cell Decomposition）对轮廓模型进行重新采样来处理曲线运动时的拓扑结构变化。基于水平集的几何活动轮廓模型，将二维轮廓嵌入到三维曲面的零水平面来表达，能够更好地解决轮廓曲线的拓扑结构变化问题。

习　　题

1. 设一幅二值图像中含有水平、垂直、倾斜 45°和 135°的各种直线，设计一组可以用来检测这些直线中单像素间断的 3×3 模板。

2. 设计一组 3×3 模板，使其可以用于检测二值图像中的各种角点。

3. 证明类间方差最大法与类内方差最小法确定的阈值相同。

4. 如果图像背景和目标灰度均为正态分布，其均值分别为 μ 和 ν，而且图像与背景面积相等，试确定其最佳阈值。

5. 查阅文献，如何自动确定边缘检测中的阈值。

6. 编写利用哈夫变换实现直线检测的程序。

7. 找一些灰度图像进行试验，用多种方法分割图像，比较哪一种图像分割方法的效果更理想，分析为什么。

第 7 章习题答案

第 8 章　图像特征与理解

　　图像特征用于描述一幅图像内部最基本的属性或特征，各种描述法总是反映或隐含了被描述物体的某些特性。图像特征可看作是一个数字图像中"有趣"的部分，是许多计算机图像分析算法的起点。图像特征可以是人的视觉能够识别的自然特征，也可以是通过对图像测量和处理、人为定义的某些特征，其对图像理解等高层次的处理有重要的作用。图像特征可分为全局特征和局部特征，全局特征用于描述图像或目标的颜色和形状等整体特征，而局部特征指一些能够稳定出现并且具有良好的可区分性的一些特征。

　　一个好的特征描述符应该具有可重复性、可区分性及高效等特性，还需要具有一定的鲁棒性，以应对图像亮度、尺度、旋转和仿射变换等变化的影响。本章将介绍图像的基本特征、角点特征、纹理分析、不变矩特征、图像匹配、局部不变特征点提取。

8.1　图像的基本特征

　　本节主要介绍几何特征和形状特征。几何特征尽管比较直观和简单，但在许多图像分析问题中起着十分重要的作用。提取图像几何特征之前，常要对图像进行分割和二值化处理，即处理成只有 0 和 1 两种值的黑白图像。尽管二值图像只能给出物体的轮廓信息，但在图像分析、计算机视觉系统中，二值图像及其几何特征特别有用，可用来完成分类、检验、定位和轨迹跟踪等任务。当物体从图像中分割出来以后，形状描述特征与几何特征结合起来，可以作为区分不同物体的依据，它在机器视觉系统中起着十分重要的作用。

8.1.1　几何特征

1. 位置和方向

　　(1) 位置。图像中物体(图形或区域)的位置，定义为物体的面积中心。面积中心就是图形的质心 O(见图 8-1)。因二值图像质量分布是均匀的，故质心和形心重合。若图像中的物体对应的像素位置坐标为 (x_i, y_j) $(i=0, 1, \cdots, n-1; j=0, 1, \cdots, m-1)$，则可用式(8-1)计算其质心位置坐标：

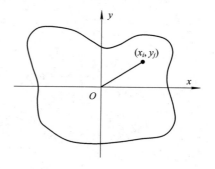

图 8-1　物体位置由质心表示

$$\overline{x} = \frac{1}{mn}\sum_{i=0}^{n-1}\sum_{j=0}^{m-1}x_i,\qquad \overline{y} = \frac{1}{mn}\sum_{i=0}^{n-1}\sum_{j=0}^{m-1}y_j \qquad (8-1)$$

（2）方向。确定物体的方向有一定难度。如果物体是细长的，则可以把较长方向的轴定为物体的方向，如图 8-2 所示。通常，将最小二阶矩轴（最小惯量轴在二维平面上的等效轴）定义为较长物体的方向。也就是说，要找出一条直线，使式（8-2）定义的 E 值最小：

$$E = \iint_l r^2 f(x,y)\,\mathrm{d}x\,\mathrm{d}y \qquad (8-2)$$

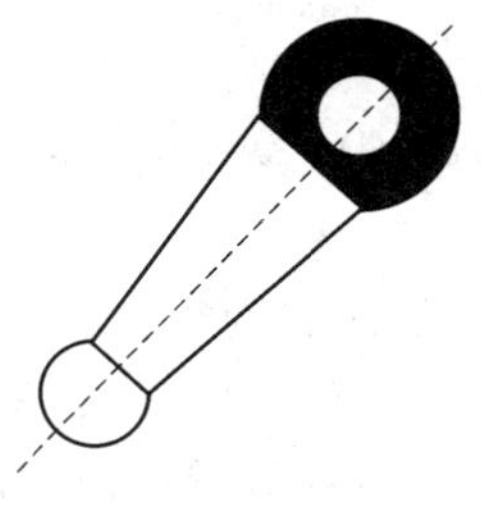

图 8-2　物体方向可由最小惯量轴定义

式中：r 是点 (x,y) 到直线的垂直距离。

最小二阶矩轴的计算请参考 8.4 节。

2. 周长

区域的周长定义为区域的边界长度。区域的周长在区别具有简单或复杂形状物体时特别有用。一个形状简单的物体用相对较短的周长来包围它所占有的面积。通常，测量这个距离时包含了许多 90°的转弯，从而导致周长值估计偏大。

由于周长表示方法不同，因而计算方法不同，常用的简便方法如下：

（1）当把图像中的像素看作单位面积小方块时，则图像中的区域和背景均由小方块组成。区域的周长即为区域和背景缝隙的长度和，此时，边界以隙码表示。因此，求周长就是计算隙码的长度。

（2）当把像素看作一个个点时，则周长用链码表示，求周长也即计算链码长度。此时，当链码值为奇数时，其长度记作 $\sqrt{2}$；当链码值为偶数时，其长度记作 1。即周长 p 表示为

$$p = N_e + \sqrt{2}N_o \qquad (8-3)$$

式中：N_e、N_o 分别是边界链码（8 方向）中走偶步与走奇步的数目。

周长也可以简单地通过计算边界上相邻像素的中心距离的和得到。

（3）周长用边界所占面积表示，也即边界点数之和，每个点占面积为 1 的一个小方块。

边界的编码方法请参考 8.1.2 节形状描述子部分。

以图 8-3 所示的区域为例，采用上述三种计算周长的方法求得边界的周长分别是：

① 边界用隙码表示时，周长为 24；

② 边界用链码表示时，周长为 $10+5\sqrt{2}$；

③ 边界用面积表示时，周长为 15。

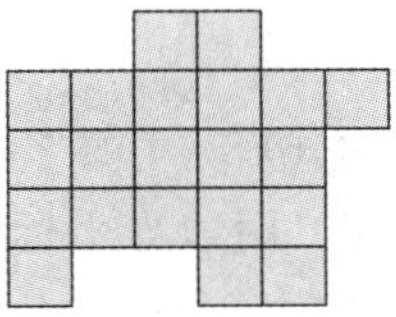

图 8-3　周长计算实例

3. 面积

面积只与物体的边界有关，而与其内部灰度级的变化无关。一个形状简单的物体用相对较短的周长来包围它所占有的面积。

（1）像素计数面积。最简单的（未校准的）面积计算方法是统计边界内部（也包括边界上）的像素的数目。面积 A 计算公式为

$$A = \sum_{x=0}^{N-1} \sum_{y=0}^{M-1} f(x, y) \tag{8-4}$$

对二值图像而言，若用 1 表示物体，用 0 表示背景，其面积就是统计 $f(x, y) = 1$ 的像素点个数。

（2）由边界行程码或链码计算面积。由各种封闭边界区域的描述来计算面积也很方便，可分如下情况：

① 已知区域的行程编码，只需把值为 1 的行程长度相加，即为区域面积；

② 若给定封闭边界的某种表示，则相应连通区域的面积应为区域外边界包围的面积，减去它的内边界包围的面积（孔的面积）。

下面，以边界链码表示为例，说明通过边界链码求出所包围面积的方法。

设屏幕左上角为坐标原点，起始点坐标为 (x_0, y_0)，第 k 段链码终端的 y 坐标为

$$y_k = y_0 + \sum_{i=1}^{k} \Delta y_i \tag{8-5}$$

式中：

$$\Delta y_i = \begin{cases} -1, & \varepsilon_i = 1, 2, 3 \\ 0, & \varepsilon_i = 0, 4 \\ 1, & \varepsilon_i = 5, 6, 7 \end{cases} \tag{8-6}$$

ε_i 是第 i 个码元。设

$$\Delta x_i = \begin{cases} 1, & \varepsilon_i = 0, 1, 7 \\ 0, & \varepsilon_i = 2, 6 \\ -1, & \varepsilon_i = 3, 4, 5 \end{cases}$$

$$a = \begin{cases} \dfrac{1}{2}, & \varepsilon_i = 1, 5 \\ 0, & \varepsilon_i = 0, 2, 4, 6 \\ -\dfrac{1}{2}, & \varepsilon_i = 3, 7 \end{cases}$$

则相应边界所包围的面积为

$$A = \sum_{i=1}^{n} (y_{i-1} \Delta x_i + a) \tag{8-7}$$

用式(8-7)求得的面积，即用链码表示边界时边界内所包含的单元方格数。

（3）用边界坐标计算面积。Green 定理表明，在 x-y 平面中的一个封闭曲线包围的面积由其轮廓积分给定，即

$$A = \frac{1}{2} \oint (x \, dy - y \, dx) \tag{8-8}$$

其中，积分沿着该闭合曲线进行。将其离散化，式(8-8)变为

$$A = \frac{1}{2} \sum_{i=1}^{N_b} [x_i(y_{i+1} - y_i) - y_i(x_{i+1} - x_i)] = \frac{1}{2} \sum_{i=1}^{N_b} (x_i y_{i+1} - x_{i+1} y_i) \tag{8-9}$$

式中：N_b 为边界点的数目。

4. 长轴和短轴

当物体的边界已知时，用其外接矩形的尺寸来刻画它的基本形状是最简单的方法，如

图 8-4(a)所示。求物体在坐标系方向上的外接矩形，只需计算物体边界点的最大和最小坐标值，便可得到物体的水平和垂直跨度。但是，对任意朝向的物体，需要先确定物体的主轴，然后计算主轴方向上的长度和与之垂直方向上的宽度，这样的外接矩形是物体的最小外接矩形（Minimum Enclosing Rectangle，MER）。

计算 MER 的一种方法是以每次 3°左右的增量在 90°范围内旋转物体边界。每旋转 1 次，记录外接矩形边界点的最大和最小 x，y 值。旋转到某一个角度后，外接矩形的面积达到最小，这时外接矩形的长度和宽度分别为长轴和短轴，如图 8-4(b)所示。此外，主轴可以通过矩（Moments）的计算得到，也可以用求物体的最佳拟合直线的方法求出。

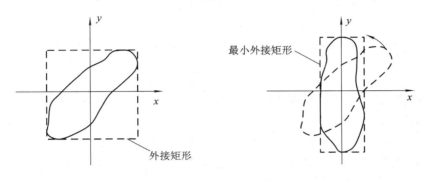

(a) 坐标系方向上的外接矩形　　　　　　(b) 旋转物体使外接矩形最小

图 8-4　MER 法求物体的长轴和短轴

5. 距离

图像中两点 $P(x, y)$ 和 $Q(u, v)$ 之间的距离是重要的几何性质，常用如下三种方法量测：

（1）欧几里得距离：

$$d_e(P, Q) = \sqrt{(x-u)^2 + (y-v)^2} \tag{8-10}$$

（2）市区距离：

$$d_4(P, Q) = |x-u| + |y-v| \tag{8-11}$$

（3）棋盘距离：

$$d_8(P, Q) = \max(|x-u|, |y-v|) \tag{8-12}$$

显然，欧几里得距离为 P、Q 间的直线距离。设 t 为两点之间的距离，以 P 为起点的市区距离小于等于 t 的点形成以 P 为中心的菱形，图 8-5(a)为 $t \leqslant 2$ 时用点的距离表示的这些点。可见，$d_4(P, Q)$ 是从 P 到 Q 最短的 4 路径的长度。同样，以 P 为起点的棋盘距离小于等于 t 的点形成以 P 为中心的正方形。例如，$t \leqslant 2$，用点的距离表示这些点时，如图 8-5(b)所示。同样由图可见，$d_8(P, Q)$ 是从 P 到 Q 最短的 8 路径的长度。

```
          2                 2 2 2 2 2
        2 1 2               2 1 1 1 2
      2 1 0 1 2             2 1 0 1 2
        2 1 2               2 1 1 1 2
          2                 2 2 2 2 2
```

(a) $d_4(P,Q) \leqslant 2$　　(b) $d_8(P,Q) \leqslant 2$

图 8-5　两种距离表示法

d_4、d_8 计算简便，且为正整数，因此常用来测距离，而欧几里得距离很少被采用。

8.1.2　形状特征

1. 矩形度

矩形度反映物体对其外接矩形的充满程度，用物体的面积与其最小外接矩形的面积之比来描述，即

$$R = \frac{A_O}{A_{MER}} \tag{8-13}$$

式中：A_O 是该物体的面积；A_{MER} 是 MER 的面积。

R 的值在 0~1 之间，当物体为矩形时，R 取得最大值 1.0；圆形物体的 R 取值为 $\pi/4$；细长的、弯曲的物体的 R 取值变小。

另外一个与形状有关的特征是长宽比 r，其计算公式为

$$r = \frac{W_{MER}}{L_{MER}} \tag{8-14}$$

r 即为 MER 宽与长的比值。利用 r 可以将细长的物体与圆形或方形的物体区分开来。

2. 圆形度

圆形度用来刻画物体边界的复杂程度。有四种圆形度测度。

(1) 致密度 $C_{致密度}$。度量圆形度最常用的是致密度，即周长(P)的平方与面积(A)的比：

$$C_{致密度} = \frac{P^2}{A} \tag{8-15}$$

(2) 边界能量 E。边界能量是圆形度的另一个指标。假定物体的周长为 P，用变量 p 表示边界上的点到某一起始点的距离。边界上任一点都有一个瞬时曲率半径 $r(p)$，它是该点与边界相切圆的半径(见图 8-6)。p 点的曲率函数是

$$K(p) = \frac{1}{r(p)}$$

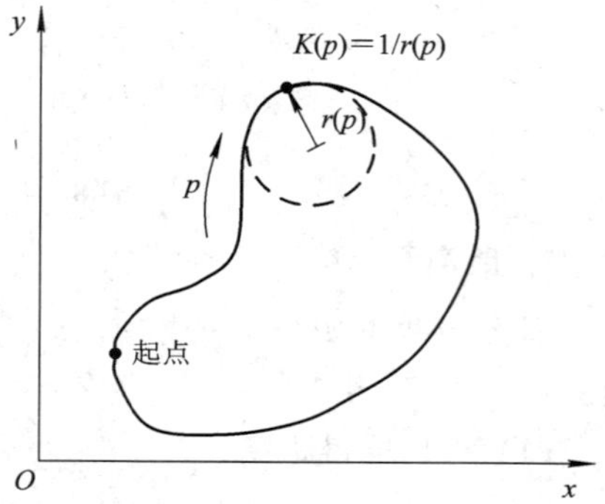

函数 $K(p)$ 是周期为 P 的周期函数。可用式(8-16)计算单位边界长度的平均能量：

图 8-6　曲率半径

$$E = \frac{1}{P} \int_0^P |K(p)|^2 \, dp \tag{8-16}$$

在面积相同的条件下，圆具有最小边界能量 $E_0 = (2\pi/P)^2 = (1/R)^2$，其中 R 为圆的半径。曲率可以由链码算出，因而边界能量也可方便计算。

(3) 圆形性(Circularity)。圆形性 C 是一个用区域 R 的所有边界点定义的特征量，即

$$C = \frac{\mu_R}{\delta_R} \tag{8-17}$$

式中：μ_R 是从区域质心到边界点的平均距离；δ_R 是从区域质心到边界点的距离均方差，计算方式为

$$\mu_R = \frac{1}{K} \sum_{k=0}^{K-1} \| (x_k, y_k) - (\bar{x}, \bar{y}) \| \tag{8-18}$$

$$\delta_R = \frac{1}{K} \sum_{k=0}^{K-1} [\| (x_k, y_k) - (\bar{x}, \bar{y}) \| - \mu_R]^2 \tag{8-19}$$

式中，K 为区域边界点的个数。

当区域 R 趋向圆形时，特征量 C 是单调递增且趋向无穷的，它不受区域平移、旋转和尺度变化的影响，可以推广用以描述三维目标。

（4）面积与平均距离平方的比值。圆形度的第 4 个指标利用了物体内部的点到与其最近的边界点的平均距离 $\overline{d}$，即

$$\overline{d} = \frac{1}{N}\sum_{i=1}^{N} x_i \tag{8-20}$$

式中：x_i 是从具有 N 个点的物体中的第 i 个点到与其最近的边界点的距离。相应的形状度量为

$$g = \frac{A}{\overline{d}^2} = \frac{N^3}{\left(\sum_{i=1}^{N} x_i\right)^2} \tag{8-21}$$

3. 球状性

球状性（Sphericity）S 既可以描述二维目标也可以描述三维目标，其定义为

$$S = \frac{r_i}{r_c} \tag{8-22}$$

在二维情况下，r_i 代表区域内切圆（Inscribed Circle）的半径，而 r_c 代表区域外接圆（Circumscribed Circle）的半径，两个圆的圆心都在区域的质心上，如图 8-7 所示。

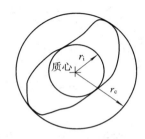

图 8-7　球状性定义示意图

当区域为圆时，S 达到最大值 1.0，而当区域为其他形状时，则有 $S<1.0$。S 不受区域平移、旋转和尺度变化的影响。

4. 偏心率

偏心率（Eccentricity）E 也可叫伸长度（Elongation），在一定程度上描述了区域的紧凑性。偏心率 E 有多种计算公式。一种简单方法是用区域主轴（长轴）长度与辅轴（短轴）长度的比值作为其值，如图 8-8 所示。不过这种计算受物体形状和噪声影响较大。

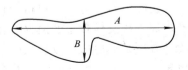

图 8-8　偏心率度量：A/B

另一种方法是计算惯性主轴比。Tenebaum 提出计算偏心率的近似公式如下：

$$E = \frac{(M_{20} - M_{02})^2 + 4M_{11}}{A} \tag{8-23}$$

主轴方向角：

$$\theta = \frac{1}{2}\arctan\left(\frac{2M_{11}}{M_{20} - M_{02}}\right) + N\left(\frac{\pi}{2}\right) \tag{8-24}$$

式中，M_{20}、M_{02} 和 M_{11} 为区域的二阶中心矩。

5. 形状描述子

对物体进行描述时，我们希望使用一些比单个参数提供的细节更丰富，但又比用图像本身更紧凑的方法描述物体形状。形状描述子便能对物体形状进行简洁的描述，包括边界链码、一阶差分链码和傅里叶描述子等。

1) 边界链码

链码是边界点的一种编码表示方法，其特点是利用一系列具有特定长度和方向且相连的直线段来表示目标的边界。因为每个线段的长度固定而方向数目有限，所以，只有边界的起点需要用绝对坐标表示，其余点均可只用接续方向来代表偏移量。由于表示一个方向数比表示一个坐标值所需比特数少，而且对每一个点只需一个方向数就可以代替两个坐标值，因此，链码表达可大大减少边界表示的数据量。

数字图像一般是按固定间距的网格采集的，因此，最简单的链码是跟踪边界并赋给每两个相邻像素的连线一个方向值。常用的有 4 方向和 8 方向链码，其方向定义分别如图 8-9(a)、(b)所示。

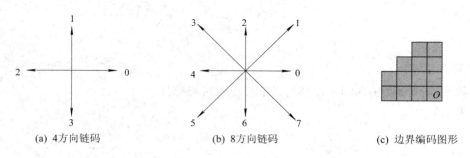

(a) 4方向链码　　　　　(b) 8方向链码　　　　　(c) 边界编码图形

图 8-9　码值与方向对应关系

对图 8-9(c)所示边界，若设起始点 O 的坐标为(5,5)，则分别用如下 4 方向和 8 方向链码表示区域边界：

4 方向链码：(5,5)1 1 1 2 3 2 3 2 3 0 0；

8 方向链码：(5,5)2 2 2 4 5 5 6 0 0。

实际中直接对分割所得的目标边界编码有可能出现两个问题：一是码串比较长；二是噪声等干扰会导致小的边界变化从而使链码发生与目标整体形状无关的较大变动。常用的改进方法是对原边界以较大的网格重新采样，并把与原边界点最接近的大网格点定为新的边界点。这种方法也可用于消除目标尺度变化链码的影响。

链码与选择的起点有关。对同一个边界，若用不同的边界点作为链码起点，则得到的链码是不同的。为解决这个问题，可把链码归一化，下面介绍一种具体的做法。

给定一个从任意点开始而产生的链码，可把它看作是一个由各方向数构成的自然数。首先，将这些方向数依一个方向循环，以使它们所构成的自然数的值最小；然后，将转换后所对应的链码起点作为这个边界的归一化链码的起点。

2) 一阶差分链码

用链码表示目标边界时，若目标平移，链码不会发生变化，而目标旋转则链码会发生变化。为解决这个问题，可利用链码的一阶差分来重新构造一个表示原链码各段之间方向变化的新序列，这相当于把链码进行旋转归一化。一阶差分可用相邻两个方向数按反方向相减(后一个减去前一个)得到。如图 8-10 所示，上面一行为原链码(括号中为最右一个方向数循环到左边)，下面一行为上面一行的数两两相减得到的差分码(注意：若差为 -1，则表示 1 的相反方向 3)。左边的目标在逆时针旋转 90°后成为右边的形状，可见，原链码发生了变化，但差分码并没有变化。

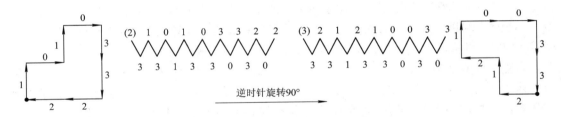

图 8 - 10 利用一阶差分对链码旋转归一化

3）傅里叶描述子

对边界的离散傅里叶变换表达可以作为定量描述边界形状的基础。采用傅里叶描述的一个优点是将二维问题简化为一维问题，即将 $x-y$ 平面中的曲线段转化为一维函数 $f(r)$（在 $r-f(r)$ 平面上），也可将 $x-y$ 平面中的曲线段转化为复平面上的一个序列。具体就是将 $x-y$ 平面与复平面 $u-v$ 重合，其中实部 u 轴与 x 轴重合，虚部 v 轴与 y 轴重合。这样可用复数 $u+jv$ 的形式来表示给定边界上的每个点 (x, y)。这两种表示在本质上是一致的，是点点对应的（见图 8 - 11）。

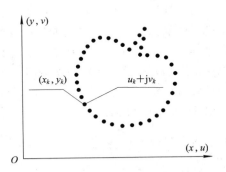

图 8 - 11 边界点的两种表示方法

现考虑一个由 N 个点组成的封闭边界，从任一点开始绕边界一周便得到一个复数序列，即

$$s(k) = u(k) + jv(k), \quad k = 0, 1, \cdots, N-1$$

$s(k)$ 的离散傅里叶变换是

$$S(\omega) = \frac{1}{N} \sum_{k=0}^{N-1} s(k) \exp\left(\frac{-j2\pi\omega k}{N}\right), \quad \omega = 0, 1, \cdots, N-1 \tag{8-25}$$

$S(\omega)$ 可称为边界的傅里叶描述，它的傅里叶逆变换是

$$s(k) = \frac{1}{N} \sum_{\omega=0}^{N-1} S(\omega) \exp\left(\frac{j2\pi\omega k}{N}\right), \quad k = 0, 1, \cdots, N-1 \tag{8-26}$$

可见，离散傅里叶变换是个可逆线性变换，在变换过程中信息没有任何增减。但这为我们有选择地描述边界提供了方便。只取 $S(\omega)$ 的前 M 个系数即可得到 $s(k)$ 的一个近似：

$$\bar{s}(k) = \frac{1}{N} \sum_{\omega=0}^{M-1} S(\omega) \exp\left(\frac{j2\pi\omega k}{N}\right), \quad k = 0, 1, \cdots, N-1 \tag{8-27}$$

需注意，式（8-27）中 k 的范围不变，即在近似边界上的点数不变，但 ω 的范围缩小了，即为重建边界点所用的频率项少了。傅里叶变换的高频分量对应一些细节而低频分量对应总体形状，因此，用一些低频分量的傅里叶系数足以近似描述边界形状。

8.2 角 点 特 征

角点没有一个准确的数学定义，通常认为角点是二维图像亮度变化最剧烈或图像边缘曲线上曲率值最大的像素点。作为一个重要的局部特征，

角点特征

角点利用极少的像素，集中了图像很多重要的形状信息，具有旋转不变的特点，且对光照变化不敏感。利用角点可以大大减少信息数据量，有效提高计算速度，因而在图像匹配、摄像机标定、三维重建、运动物体的跟踪及模式识别等领域有着重要的应用。

　　角点检测算法应满足 4 个准则：① 检测性，即在不考虑噪声的条件下，算法应能检测出图像中所有的角点；② 定位性，即检测出的角点位置应尽可能准确；③ 稳定性，即从同一场景的图像序列中检测到的角点应能互相对应；④ 复杂性，即应具有较低的计算复杂度，减少人工干预，使得算法能快速实现。

　　角点检测方法可大致分为两类：基于边缘的检测算法和基于灰度变化的检测算法。基于边缘的检测算法先提取图像的边缘信息，然后寻找轮廓上曲率最大的点或拐点，或进行多边形拟合寻找特征点。此类方法仅处理边界像素，因此计算量小且运算速度快，但容易受噪声影响，且对边缘提取结果具有依赖性。基于灰度变化的检测算法通过对图像的局部结果进行分析，直接利用角点本身的性质检测，已成为角点检测算法的主要趋势。本节将介绍 Moravec、Harris 和 SUSAN 等 3 个基于灰度变化的角点检测算法。

8.2.1　Moravec 算法

　　Moravec 在 1977 年提出了基于灰度变化的角点提取算法。它通过判断一个窗中各个方向的灰度值的变化来检测角点，当各个方向的灰度值均有较大的变化时，则认为存在一个角点。以像素点 (x_0, y_0) 为中心的局部窗口中沿 (u, v) 方向的图像灰度变化 $E(u, v)$ 可表示为

$$E(u, v) = \sum_{(x, y) \in W} (I(x+u, y+v) - I(x, y))^2 \qquad (8-28)$$

　　分别计算该局部窗口沿水平、垂直、斜线($45°$ 和 $135°$)4 个方向的灰度变化，如果 4 个方向的最小值大于或等于某个阈值，并且为局部极大值，则认为其是一个角点。

　　Moravec 算法的思想具有合理性。如图 8-12 所示，例如，当该窗口周围为一个光滑区域时，其在各个方向的灰度变化都小；当该窗口周围为边结构时，沿着边界方向的灰度值变化较小；而当该窗口周围为一个角结构时，其在各个方向的灰度值都有较大的变化。因此 Moravec 算法能将角点检测出来。Moravec 算法虽然简单，但计算复杂度高，效率低。由于该算法只对 4 个方向进行取样并取极小值，所以对图像边缘、孤立点和噪声点特别敏感，误检测率很高。

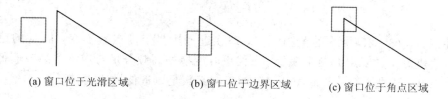

(a) 窗口位于光滑区域　　　　(b) 窗口位于边界区域　　　　(c) 窗口位于角点区域

图 8-12　Moravec 算法检测角点示意图

8.2.2　Harris 算法

　　1988 年，Harris 在 Moravec 算法的基础上，提出了一种新的角点检测算法。为了克服噪声的影响，Harris 考虑了窗口中不同位置的点对图像灰度变化统计的影响，将式

(8-28)改写为

$$E(u, v) = \sum_{(x, y \in W)} w(x, y)[I(x+u, y+v) - I(x, y)]^2 \qquad (8-29)$$

式中：E 称为能量；$w(x, y) = \exp^{-[(x-x_o)^2 + (y-y_o)^2]/2\sigma^2}$ 是二维高斯窗口函数，通常靠近窗口中心位置的权值较大，靠近窗口边界处可靠性降低，因而权值较小。根据全微分公式，对式(8-29)右边 $I(x+u, y+v)$ 项进行泰勒展开：

$$I(x+u, y+v) = I(x, y) + uI_x + vI_y$$

将上式代入式(8-29)，并整理成矩阵相乘的形式，得到下式：

$$E(u, v) = \begin{bmatrix} u & v \end{bmatrix} \boldsymbol{M} \begin{bmatrix} u \\ v \end{bmatrix} \qquad (8-30)$$

其中

$$\boldsymbol{M} = \sum_{(x, y) \in W} w(x, y) \begin{bmatrix} I_x^2 & I_x I_y \\ I_x I_y & I_y^2 \end{bmatrix} = \begin{bmatrix} a & c \\ c & b \end{bmatrix} \qquad (8-31)$$

矩阵 $\boldsymbol{M}$ 称为 Harris 矩阵，它决定了图像在各个方向的能量变化。矩阵 $\boldsymbol{M}$ 的性质由其两个特征值 λ_1 和 λ_2 所决定。图 8-13 显示了 λ_1 和 λ_2 与图像特征之间的关系。

根据矩阵的特征值与图像特征的对应关系，Harris 采用矩阵的行列式和迹检测角，定义如下：

$$R = \det(\boldsymbol{M}) - k \cdot (\mathrm{trace}(\boldsymbol{M}))^2 \qquad (8-32)$$

式中：$\det(\boldsymbol{M}) = ab - c^2$；$\mathrm{trace}(\boldsymbol{M}) = a + b$；$k$ 是一个常量，通常取 $0.04 \sim 0.06$。当 R 大于某个给定的阈值，并且是一个局部极大值时，即认为相应局部窗口的中心点是一个角点。

OpenCV 提供了 Harris 角点检测算法，实现函数为 cornerHarris。图 8-14 是对一幅建筑物场景的角点检测结果。Harris 角点检测的完整代码请读者登录出版社网站下载，文件路径：code\src\chapter08\code08-01-harrisCorDet.cpp。

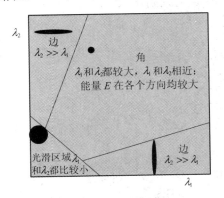

图 8-13　矩阵 $\boldsymbol{M}$ 的特征值与图像
特征间的对应关系

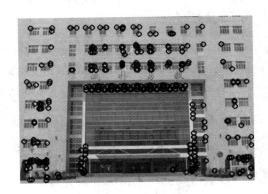

图 8-14　Harris 角点检测结果

8.2.3　SUSAN 算法

SUSAN 算法是 1997 年由 Smith 和 Brady 提出的一种直接利用灰度值进行角点检测的算法。它基于一个圆形模板，统计每个以像素为中心的模板邻域的灰度值与中心点灰度值相近点的个数，称为 SUSAN 面积。如果 SUSAN 面积小于某个阈值，则认为该点是一个候选角点。

SUSAN 设计了一个半径为 3 的圆形模板，含 37 个像素。如图 8-15(a)所示，模板中心点称为核子，表示待检测的点。如图 8-15(b)所示，将模板在图像的每个像素点上移动，当模板核子位于图像中亮度一致的区域内时，SUSAN 面积最大，其值为圆形模板的面积；随着模板核子离图像边缘越来越近，其面积越来越小；当模板中心靠近角点时，其面积值进一步减少，当模板中心落在角点上时，其面积达到局部最小值。

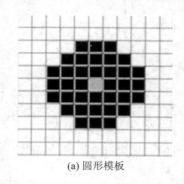

(a) 圆形模板

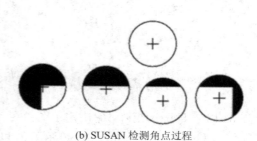

(b) SUSAN 检测角点过程

图 8-15　SUSAN 角点检测算法

SUSAN 检测角点的算法过程如下：

(1) 将 SUSAN 模板在图像上滑动，遍历整个图像，在每个位置上比较模板核子与邻域内位置的灰度值：

$$c(r_0, r) = \begin{cases} 1, & |I(r) - I(r_0)| \leqslant t \\ 0, & |I(r) - I(r_0)| > t \end{cases} \tag{8-33}$$

式中，r_0 是模板的核子；r 是模板内的其他点；I 为图像的灰度值；t 为判断两个点灰度值是否相似的阈值；$c(r_0, r)$ 是判断 r 是否属于 SUSAN 区域的判别函数。式(8-34)是另一种常用的判别函数：

$$c(r_0, r) = e^{-\frac{[I(r) - I(r_0)]^2}{t}} \tag{8-34}$$

(2) 统计模板内与核子灰度值相近的像素总数：

$$n(r_0) = \sum_r c(r_0, r) \tag{8-35}$$

(3) 根据设置的阈值 g，得到角点响应值：

$$R(r_0) = \begin{cases} g - n(r_0), & n(r_0) < g \\ 0, & \text{其他} \end{cases} \tag{8-36}$$

(4) 将具有局部极大值的点认为是角点。

图 8-16 是利用 SUSAN 算法检测的角点结果。SUSAN 算法的优点在于直接对像素的邻域灰度值比较进行角点检测，不需要计算梯度，不需插值而且不依赖于图像分割的结果。因此，其计算复杂度低于 Harris 算法，在图像处理中得到广泛的应用。但它限制角点检测区域在相似亮度的集中范围，这与角点的分布定义有一定的冲突。另外，SUSUAN 方法只能提供角点的位置，

图 8-16　SUSAN 角点检测结果

无法给出角点的尺度和方向，这给后续的图像匹配带来一定的局限性。

SUSAN 角点检测的完整代码请读者登录出版社网站下载，文件路径：code\src\chapter08\code08-02-susanCorDet.cpp。

8.3　纹　理　分　析

纹理特征

当物体在纹理上与其周围背景或其他物体有较大差别时，图像分割必须以纹理为基础。目前对纹理尚无统一的定义。纹理（Texture）一词最初指纤维物的外观，一般来说，可以认为纹理是由许多相互接近的、互相编织的元素构成的，它们富有周期性。因此，可将纹理定义为"任何事物构成成分的分布或特征，尤其是涉及外观或触觉的品质"。与图像分析直接有关的定义是：一种反映一个区域中像素灰度级的空间分布的属性。

纹理可分为人工纹理和自然纹理。人工纹理是某种符号的有序排列，这些符号可以是线条、点和字母等，是有规则的。自然纹理是具有重复排列现象的自然景象，如砖墙、森林和草地等照片，往往是无规则的。图 8 - 17(a)是人工纹理图例，图 8 - 17(b)是自然纹理图例。

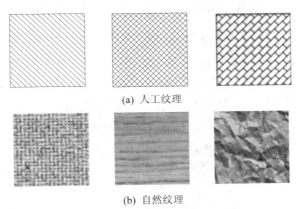

(a)　人工纹理

(b)　自然纹理

图 8 - 17　人工纹理与自然纹理

认识纹理有两种方法：一是凭人们的直观印象，二是凭图像本身的结构。从直观印象的观点出发，便会产生多种不同的统计纹理特征，当然可以采用统计方法对纹理进行分析。从图像结构的观点出发，则认为纹理是结构，纹理分析应该采用句法结构方法。一般常用统计法、结构法和频谱法来描述和度量纹理。

8.3.1　统计法

统计法是利用灰度直方图的矩来描述纹理的，又可分为灰度差分统计法和行程长度统计法。

1. 灰度差分统计法

设(x, y)为图像中的一点，该点与和它只有微小距离的点$(x+\Delta x, y+\Delta y)$的灰度差分值为

$$g_\Delta(x, y) = g(x, y) - g(x+\Delta x, y+\Delta y) \tag{8-37}$$

式中，$g_\triangle$ 为灰度差分。设灰度差分的所有可能取值共有 m 级，令点 (x,y) 在整幅图像上移动，累计出 $g_\triangle(x,y)$ 取各个数值的次数，由此便可以作出 $g_\triangle(x,y)$ 的直方图。由直方图可以知道 $g_\triangle(x,y)$ 取值的概率 $p_\triangle(i)$，i 在 $1\sim m$ 间取值。

当较小 i 值的概率 $p_\triangle(i)$ 较大时，说明纹理较粗糙；当 $p_\triangle(i)$ 的各个取值较接近时，即概率分布较平坦时，说明纹理较细。

该方法采用如下参数描述纹理图像的特征：

(1) 对比度：

$$CON = \sum_i i^2 p_\triangle(i) \tag{8-38}$$

(2) 角度方向二阶矩：

$$ASM = \sum_i [p_\triangle(i)]^2 \tag{8-39}$$

(3) 熵：

$$ENT = -\sum_i p_\triangle(i)\,\lg p_\triangle(i) \tag{8-40}$$

(4) 平均值：

$$MEAN = \frac{1}{m}\sum_i i\,p_\triangle(i) \tag{8-41}$$

在上述公式中，$p_\triangle(i)$ 较平坦时，ASM 较小，ENT 较大；$p_\triangle(i)$ 分布离原点越近，则 MEAN 值越小。

2. 行程长度统计法

设点 (x,y) 的灰度值为 g，与其相邻点的灰度值也可能为 g。统计出从任一点出发沿 θ 方向上连续 n 个点均具有灰度值 g 发生的概率，记为 $p(g,n)$。在同一方向上具有相同灰度值的像素个数 n 称为行程长度。由 $p(g,n)$ 可以定义出如下参数，这些参数能够较好地描述纹理特征。

(1) 长行程加重法：

$$LRE = \frac{\sum\limits_{g,n} n^2 p(g,n)}{\sum\limits_{g,n} p(g,n)} \tag{8-42}$$

(2) 灰度值分布：

$$GLD = \frac{\sum\limits_{g}\left(\sum\limits_{n} p(g,n)\right)^2}{\sum\limits_{g,n} p(g,n)} \tag{8-43}$$

(3) 行程长度分布：

$$RLD = \frac{\sum\limits_{g}\sum\limits_{n} p(g,n)}{\sum\limits_{g,n} p(g,n)} \tag{8-44}$$

(4) 行程比：

$$RPG = \frac{\sum\limits_{g,n} P(g,n)}{N^2} \tag{8-45}$$

式中：N^2 为像素总数。

8.3.2 空间自相关函数纹理测度

纹理常用它的粗糙度来描述。例如，在相同观察条件下，毛料织物要比丝织品粗糙。粗糙度的大小与局部结构的空间重复周期有关，周期越小纹理越细。这种感觉上的粗糙与否不足以定量纹理的测度，但可说明纹理测度的变化倾向。即小数值的纹理测度表示细纹理，大数值的纹理测度表示粗纹理。空间自相关函数可以作为纹理测度，具体方法如下。

设图像为 $f(m, n)$，自相关函数可由式(8-46)定义：

$$C(\varepsilon, \eta, j, k) = \frac{\sum\limits_{m=j-w}^{j+w} \sum\limits_{n=k-w}^{k+w} f(m, n) f(m-\varepsilon, n-\eta)}{\sum\limits_{m=j-w}^{j+w} \sum\limits_{n=k-w}^{k+w} [f(m, n)]^2} \qquad (8-46)$$

式(8-46)对 $(2w+1) \times (2w+1)$ 窗口内的每一个像素点 (j, k) 与偏离值为 ε，$\eta = 0$，$\pm 1, \pm 2, \cdots, \pm T$ 的像素之间的相关值进行计算。给定偏离 (ε, η) 时，一般纹理区的相关性比细纹理区高，因而纹理粗糙性与自相关函数的扩展成正比。自相关函数扩展的一种测度是二阶矩，即

$$T(j, k) = \sum_{\varepsilon=-T}^{j} \sum_{\eta=-T}^{k} \varepsilon^2 \eta^2 C(\varepsilon, \eta, j, k) \qquad (8-47)$$

纹理越粗糙则 T 越大，因此，可以用 T 作为度量粗糙度的一种参数。

8.3.3 频谱法

频谱法借助于傅里叶频谱的频率特性，来描述周期的或近似周期的二维图像模式的方向性。常用的 3 个性质是：

(1) 傅里叶频谱中突起的峰值对应纹理模式的主方向；

(2) 频谱中的峰在频域平面的位置对应模式的基本周期；

(3) 若用滤波去除周期性成分，则剩下的非周期性部分可用统计方法来描述。

实际检测中，为简便起见可将频谱转化到极坐标系中，此时频谱可用函数 $S(r, \theta)$ 表示，如图 8-18 所示。对每个确定的方向 θ，$S(r, \theta)$ 是一个一维函数 $S_\theta(r)$；对每个确定的频率 r，$S(r, \theta)$ 是一个一维函数 $S_r(\theta)$。对给定的 θ，分析 $S_\theta(r)$ 可得到频谱沿原点射出方向的行为特性；对给定的 r，分析 $S_r(\theta)$ 可得到频谱在以原点为中心的圆上的行为特性。如果将这些函数对下标求和则可得到更为全局性的描述：

$$S(r) = \sum_{\theta=0}^{\pi} S_\theta(r) \qquad (8-48)$$

$$S(\theta) = \sum_{r=1}^{R} S_r(\theta) \qquad (8-49)$$

式中：R 为以原点为中心的圆的半径。

$S(r)$ 和 $S(\theta)$ 构成整个图像或图像区域纹理频谱能量的描述。图 8-18(a)、(b)给出了两个纹理区域和频谱示意图，比较两条频谱曲线可看出两种纹理的朝向区别，还可从频谱曲线计算其最大值的位置等。

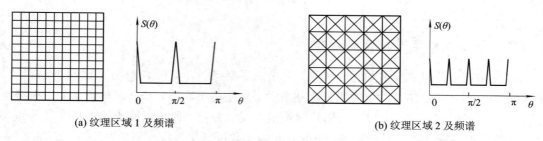

(a) 纹理区域 1 及频谱　　　　　　　　　　　(b) 纹理区域 2 及频谱

图 8-18　纹理和对应的频谱示意图

8.3.4　联合概率矩阵法

联合概率矩阵法是对图像所有像素进行统计调查，以描述其灰度分布的一种方法。取图像中任意一点(x, y)及偏离它的另一点$(x+a, y+b)$，设该点对的灰度值为(g_1, g_2)。令点(x, y)在整个图像上移动，将得到各种(g_1, g_2)值，设灰度值的级数为k，则(g_1, g_2)的组合共有k^2种。对于整个图像，统计出每一种(g_1, g_2)值出现的次数，然后排列成一个方阵，再用(g_1, g_2)出现的总次数将它们归一化为出现的概率$p(g_1, g_2)$，该方阵称为联合概率矩阵，也称为共生矩阵。

图 8-19 为一个简单示例。图 8-19(a)为原图像，灰度级为 16 级，为使联合概率矩阵简单些，首先将其灰度级数减为 4 级。这样，图 8-19(a)变为图 8-19(b)的形式。(g_1, g_2)分别取值为 0、1、2、3，由此，将(g_1, g_2)各种组合出现的次数排列起来，便可得到图 8-19(c)～图 8-19(e)所示的联合概率矩阵。

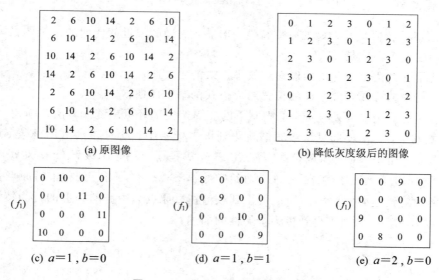

(a) 原图像　　　　　　　　　　　　　　　(b) 降低灰度级后的图像

(f_1)　　　　　　　　　(f_1)　　　　　　　　　(f_1)

(c) $a=1, b=0$　　　　(d) $a=1, b=1$　　　　(e) $a=2, b=0$

图 8-19　联合概率矩阵计算示例

可见，距离差分值(a, b)取不同的数值组合，便可得到不同情况下的联合概率矩阵。(a, b)取值要根据纹理周期分布的特性来选择，对于较细的纹理，选取$(1, 0)$、$(1, 1)$、$(2, 0)$等小的差分值。当(a, b)取值较小时，对应于变化缓慢的纹理图像，其联合概率矩阵对角线上的数值较大；当纹理变化越快时，则对角线上的数值越小，而对角线两侧上的元素值越大。为了能描述纹理的状况，需要选取能综合表现联合概率矩阵状况的参数，典型参数如下：

$$Q_1 = \sum_{g_1} \sum_{g_2} \left[P(g_1, g_2) \right]^2 \tag{8-50}$$

$$Q_2 = \sum_{k} k^2 \left[\sum_{g_1} \sum_{g_2} P(g_1, g_2) \right], \quad k = | g_1 - g_2 | \tag{8-51}$$

$$Q_3 = \frac{\sum_{g_1} \sum_{g_2} g_1, g_2 P(g_1, g_2) - \mu_x \mu_y}{\sigma_x \sigma_y} \tag{8-52}$$

$$Q_4 = - \sum_{g_1} \sum_{g_2} P(g_1, g_2) \lg P(g_1, g_2) \tag{8-53}$$

式中

$$\mu_x = \sum_{g_1} g_1 \sum_{g_2} p(g_1, g_2), \quad \mu_y = \sum_{g_2} g_2 \sum_{g_1} p(g_1, g_2)$$

$$\sigma_x = \left[\sum_{g_1} (g_1 - \mu_x)^2 \sum_{g_2} p(g_1, g_2) \right]^{1/2}, \quad \sigma_y = \left[\sum_{g_2} (g_2 - \mu_y)^2 \sum_{g_1} p(g_1, g_2) \right]^{1/2}$$

$Q_1 \sim Q_4$ 代表的图像特征并不是很直观，但它们是描述纹理特征相当有效的参数。

8.3.5　纹理的句法结构分析法

在纹理的句法结构分析中，把纹理定义为结构基元按某种规则重复分布所构成的模式。为了分析纹理结构，可按如下两个步骤描述结构基元的分布规则：① 从输入图像中提取结构基元并描述其特征；② 描述结构基元的分布规则。具体做法如下：

首先，把一幅纹理图片分成许多窗口，也就是形成子纹理。最小的小块就是最基本的子纹理，即基元。纹理基元可以是一个像素，也可以是 4 个或 9 个灰度比较一致的像素集合。纹理的表达可以是多层次的，如图 8 - 20(a) 所示。它可以从像素或小块纹理一层一层地向上拼合。当然，基元的排列可有不同规则，如图 8 - 20(b) 所示，第一级纹理排列为 ABA，第二级排列为 BAB 等，其中 A、B 代表基元或子纹理。这样便组成一个多层的树状结构，可用树状文法产生一定的纹理并用句法加以描述。

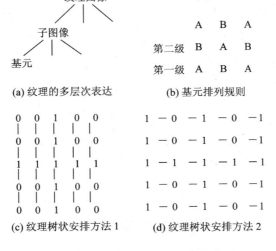

(a) 纹理的多层次表达　　　　(b) 基元排列规则

(c) 纹理树状安排方法 1　　　　(d) 纹理树状安排方法 2

图 8 - 20　纹理的树状描述及排列

纹理树状安排的第一种方法如图 8-20(c)所示,树根安排在中间,树枝向两边伸出,每个树枝有一定的长度。第二种方法如图 8-20(d)所示,树根安排在一侧,分枝都向另一侧伸展。

在纹理判别时,首先将纹理图像分成固定尺寸的窗口,用树状文法说明属于同纹理图像的窗口,可以用树状自动机识别树状,因此,对每一个纹理文法可建立一个"结构保存的误差修正树状自动机"。该自动机不仅可以接收每个纹理图像中的树,而且能用最小距离判据,辨识类似的有噪声的树。此后,可以对分割成窗口的输入图像进行分类。

8.4　不 变 矩 特 征

图 8-21 是对一幅图像经过旋转、左右镜像和缩放变换后的结果,表 8-1 是对其计算 6 个不变矩的结果,可以看出,这些图像的不变矩具有不变性。

(a) Lena 图像　　　　　(b) 旋转变换　　　　　(c) 左右镜像　　　　　(d) 缩放变换

图 8-21　不变矩分析中图像的变换举例

表 8-1　Lena 图像经过不同变换后的不变矩值

不变矩	原图	旋转变换	左右镜像	缩放变换
φ_1	6.4542	6.4542	6.4542	6.4554
φ_2	18.1089	18.1090	18.1089	18.1127
φ_3	26.5081	26.5076	26.5081	26.5134
φ_4	24.3803	24.3797	24.3083	24.3859
φ_5	52.4662	52.2990	53.0024	52.4880
φ_6	33.6603	33.6599	33.6603	33.6675

注:表中是对不变矩取对数后的结果。

由于图像区域的某些矩对于平移、旋转和尺度等几何变换具有不变性,因此,矩的表示方法在物体分类和识别方面具有重要意义。

8.4.1　矩的定义

对于二元有界函数 $f(x, y)$,它的 $(j+k)$ 阶矩 M_{jk} 定义为

$$M_{jk} = \int_{-\infty}^{\infty} \int_{-\infty}^{\infty} x^j y^k f(x, y) \, \mathrm{d}x \, \mathrm{d}y, \quad j, k = 0, 1, 2, \cdots \tag{8-54}$$

由于 j 和 k 可取所有的非负整数值,因此形成一个矩的无限集。而且,该集合完全可

以确定函数 $f(x, y)$ 本身。换句话说，集合 $\{M_{jk}\}$ 对于函数 $f(x, y)$ 是唯一的，也只有 $f(x, y)$ 才具有该特定的矩集。

为了描述形状，假设 $f(x, y)$ 在目标物体取值为 1，背景为 0，即函数只反映了物体的形状而忽略其内部的灰度细节。

参数 $j+k$ 称为矩的阶。特别地，零阶矩是物体的面积，即

$$M_{00} = \int_{-\infty}^{\infty} \int_{\infty}^{\infty} f(x, y) \mathrm{d}x \, \mathrm{d}y \qquad (8-55)$$

对二维离散函数 $f(x, y)$，零阶矩可表示为

$$M_{00} = \sum_{x=1}^{N} \sum_{y=1}^{M} f(x, y) \qquad (8-56)$$

8.4.2　质心坐标与中心矩

当 $j=1, k=0$ 时，M_{10} 对二值图像来讲就是物体上所有点的 x 坐标的总和，类似地，M_{01} 就是物体上所有点的 y 坐标的总和，所以：

$$\bar{x} = \frac{M_{10}}{M_{00}}, \quad \bar{y} = \frac{M_{01}}{M_{00}} \qquad (8-57)$$

即为二值图像中一个物体的质心的坐标。

为了获得矩的不变特征，常采用中心矩以及归一化的中心矩。中心矩定义为

$$M'_{jk} = \sum_{x=1}^{N} \sum_{y=1}^{M} (x-\bar{x})^j (y-\bar{y})^k f(x, y) \qquad (8-58)$$

式中：$\bar{x}, \bar{y}$ 是物体的质心坐标。中心矩以质心为原点进行计算，因此，它具有位置无关性。

8.4.3　不变矩

相对于主轴计算并用面积归一化的中心矩，在物体放大、平移、旋转时保持不变。只有三阶或更高阶的矩经过归一化后不能保持不变性。

对于 $j+k=2, 3, 4, \cdots$ 的高阶矩，定义归一化的中心矩为

$$\mu_{jk} = \frac{M'_{jk}}{(M'_{00})^r}, \quad r = \left(\frac{j+k}{2} + 1\right) \qquad (8-59)$$

利用归一化的中心矩，可以获得 6 个不变矩组合，它们对于平移、旋转、尺度等变换都是不变的，6 个不变矩为

$$\varphi_1 = \mu_{20} + \mu_{02} \qquad (8-60\mathrm{a})$$

$$\varphi_2 = (\mu_{20} - \mu_{02})^2 + 4\mu_{11}^2 \qquad (8-60\mathrm{b})$$

$$\varphi_3 = (\mu_{30} - 3\mu_{12})^2 + (\mu_{03} - 3\mu_{21})^2 \qquad (8-60\mathrm{c})$$

$$\varphi_4 = (\mu_{30} + \mu_{12})^2 + (\mu_{03} + \mu_{21})^2 \qquad (8-60\mathrm{d})$$

$$\varphi_5 = (\mu_{30} - 3\mu_{12})(\mu_{03} + \mu_{12}) \times [(\mu_{30} + \mu_{12})^2 - 3(\mu_{21} + \mu_{03})^2]$$
$$+ (\mu_{03} - 3\mu_{21})(\mu_{30} + \mu_{21}) \times [(\mu_{03} + \mu_{21})^2 - 3(\mu_{12} + \mu_{30})^2] \qquad (8-60\mathrm{e})$$

$$\varphi_6 = (\mu_{20} - \mu_{02})[(\mu_{30} + \mu_{12})^2 - (\mu_{21} + \mu_{03})^2] + 4\mu_{11}(\mu_{30} + \mu_{12})(\mu_{03} + \mu_{21}) \qquad (8-60\mathrm{f})$$

不变矩及其组合具备了好的形状特征具有的性质，已用于印刷体字符识别、飞机形状区分、景物匹配和染色体分析中。

8.4.4　主轴

使二阶中心矩从 μ_{11} 变得最小的旋转角 θ 可由式(8-61)得出:

$$\tan 2\theta = \frac{2\mu_{11}}{\mu_{20} - \mu_{02}} \tag{8-61}$$

将 x,y 轴分别旋转 θ 角得坐标轴 x',y',称为该物体的主轴。式(8-61)中在 θ 为 $90°$ 时的不确定性可以通过如下条件限定解决:

$$\mu_{20} < \mu_{02},\ \mu_{30} > 0$$

如果物体在计算矩之前旋转 θ 角,或相对于 x'、y' 轴计算矩,那么矩具有旋转不变性。

8.5　图　像　匹　配

图像匹配

　　一个复杂的视觉系统,其内部常同时存在多种输入和其他知识共存的表达形式。感知是把视觉输入与事前已有表达结合的过程,而识别也需要建立或发现各种内部表达式之间的联系。本节介绍模板匹配和直方图匹配等简单的图像匹配方法。

8.5.1　模板匹配

1. 什么是模板匹配

　　模板就是一幅已知的小图像。模板匹配就是在一幅大图像中搜寻目标,已知该图中有要找的目标,且该目标同模板有相同的尺寸、方向和图像元素,通过一定的算法可以在图中找到目标,确定其坐标位置。如图 8-22 所示,输入图像中含有大熊猫,用事先设置的模板(熊猫头部图像)在输入图像中按一定规律移动,并计算模板和输入图像中重合部分的特征向量的相关性,从而判断输入图像中是否有熊猫。

(a) 输入图像　　　　　　　　　　　　(b) 模板

图 8-22　输入图像和模板

2. 模板匹配算法

1) 相关法

　　以 8 位灰度图像为例,模板 $T(m,n)$ 叠放在被搜索图 $S(W,H)$ 上平移,模板覆盖被搜索图的那块区域叫子图 S_{ij},i,j 为子图左下角在被搜索图 S 上的坐标,搜索范围是:$1 \leqslant i \leqslant W-n$,$1 \leqslant j \leqslant H-m$,如图 8-23 所示。

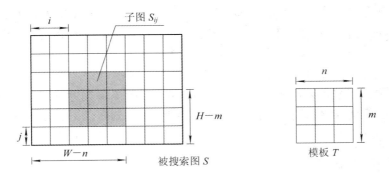

图 8-23　模板匹配算法示意图

可以用下式衡量 T 和 S_{ij} 的相似性：

$$D(i, j) = \sum_{m=1}^{M} \sum_{n=1}^{N} [S_{ij}(m, n) - T(m, n)]^2$$

$$= \sum_{m=1}^{M} \sum_{n=1}^{N} [S_{ij}(m, n)]^2 - 2 \sum_{m=1}^{M} \sum_{n=1}^{N} S_{ij}(m, n) \times T(m, n) + \sum_{m=1}^{M} \sum_{n=1}^{N} [T(m, n)]^2$$

$$(8-62)$$

式中等号右侧第 1 项为子图的能量；第 3 项为模板的能量，这两项均与模板匹配无关；第 2 项是模板和子图的互相关，其值随 (i, j) 而改变，当模板和子图匹配时，该项有极大值。将其归一化，得模板匹配的相关系数：

$$R(i, j) = \frac{\sum_{m=1}^{M} \sum_{n=1}^{N} S_{ij}(m, n) \times T(m, n)}{\sqrt{\sum_{m=1}^{M} \sum_{n=1}^{N} [S_{ij}(m, n)]^2} \sqrt{\sum_{m=1}^{M} \sum_{n=1}^{N} [T(m, n)]^2}}$$

$$(8-63)$$

当模板和子图完全一样时，相关系数 $R(i, j) = 1$。在被搜索图 S 中完成全部搜索后，找出 R 的最大值 $R_{\max}(i_m, j_m)$，其对应的子图 $S_{i_m j_m}$ 即为匹配目标。显然，用这种公式做图像匹配计算量大、速度较慢。

2）误差法

误差法即衡量 T 和 S_{ij} 的误差，其公式为

$$E(i, j) = \sum_{m=1}^{M} \sum_{n=1}^{N} |S_{ij}(m, n) - T(m, n)| \qquad (8-64)$$

$E(i, j)$ 为最小值处即为匹配目标。为提高计算速度，取一误差阈值 E_0，当 $E(i, j) > E_0$ 时便停止该点的计算，继续计算下一点。

模板越大，匹配速度越慢；模板越小，匹配速度越快。

3）二次匹配误差算法

二次匹配误差算法中匹配分两次进行。第 1 次匹配是粗略匹配。取模板的隔行隔列数据，即四分之一的模板数据，在被搜索图上进行隔行隔列扫描匹配，即在原图的四分之一范围内匹配。由于数据量大幅度减少，匹配速度显著提高。

误差阈值 E_0 按式（8-65）确定：

$$E_0 = e_0 \times \frac{m+1}{2} \times \frac{n+1}{2} \qquad (8-65)$$

式中：e_0 为各点平均的最大误差，一般取 40～50 即可；m，n 分别为模板的长和宽。

第 2 次匹配是精确匹配。在第 1 次误差最小点 (i_{min}, j_{min}) 的邻域内，即在对角点为 $(i_{min}-1, j_{min}-1)$，$(i_{min}+1, j_{min}+1)$ 的矩形内进行搜索匹配，得到最后结果。实验结果表明，二次匹配误差法的速度比其他算法快 10 倍左右。

OpenCV 提供了模板匹配函数 matchTemplate，利用该函数进行图像相似度计算的完整源代码请读者登录出版社网站下载，文件路径：code \ src \ chapter08 \ code08-03-tempImgMat. cpp。

8.5.2　直方图匹配

为利用图像的颜色特征描述图像，可借助图像特征的统计直方图进行图像的匹配，即直方图匹配。由于篇幅所限，在此仅给出常用直方图匹配的数学原理公式，有关算法请读者自行设计完成。

1. 直方图相交法

设 $H_Q(k)$ 和 $H_D(k)$ 分别为查询图像 Q 和数据库图像 D 的特征统计直方图，则两图像之间的匹配值 $d(Q, D)$ 为

$$d(Q, D) = \frac{\sum_{k=0}^{L-1} \min[H_Q(k), H_D(k)]}{\sum_{k=0}^{L-1} H_Q(k)} \tag{8-66}$$

2. 欧几里得距离法

为减少计算量，可采用直方图的均值来粗略表达颜色信息，对图像的 R、G、B 3 个分量，匹配的特征矢量 f 是

$$f = [\mu_R \quad \mu_G \quad \mu_B]^T \tag{8-67}$$

式中：μ_R、μ_G、μ_B 分别是 R、G、B 3 个分量直方图的 0 阶距。

此时查询图像 Q 和数据库图像 D 之间的匹配值为

$$d(Q, D) = \sqrt{(f_Q - f_D)^2} = \sqrt{\sum_{R, G, B} (\mu_Q - \mu_D)^2} \tag{8-68}$$

3. 中心矩法

对直方图来说，均值是其 0 阶矩，也可使用更高阶的矩。设用 M_{QR}^i、M_{QG}^i、M_{QB}^i 分别表示查询图像 Q 的 R、G、B 3 个分量直方图的 $i(i \leqslant 3)$ 阶中心矩；用 M_{DR}^i、M_{DG}^i、M_{DB}^i 分别表示数据库图像 D 的 R、G、B 3 个分量直方图的 $i(i \leqslant 3)$ 阶中心矩，则它们之间的匹配值为

$$d(Q, D) = \sqrt{W_R \sum_{i=1}^{3} (M_{QR}^i - M_{DR}^i)^2 + W_G \sum_{i=1}^{3} (M_{QR}^i - M_{DR}^i)^2 + W_B \sum_{i=1}^{3} (M_{QR}^i - M_{DR}^i)^2}$$

$$\tag{8-69}$$

式中：W_R、W_G、W_B 为加权系数。

4. 参考颜色法

距离法过于粗糙，直方图相交法计算量又过大，一种折中的方法是将图像颜色用一组参考色表示，该组参考色应能覆盖视觉上可感受到的各种颜色，且参考色的数量比原图像

少，故可计算简化的直方图。匹配的特征矢量是

$$f = \begin{bmatrix} r_1 & r_2 & \cdots & r_N \end{bmatrix}^T \tag{8-70}$$

式中，r_i 是第 i 种颜色出现的频率；N 是参考颜色表的尺寸。加权后的查询图像 Q 和数据库图像 D 之间的匹配值为

$$d(Q, D) = \sqrt{\sum_{i=1}^{N} W_i (r_{iQ} - r_{iD})^2} \tag{8-71}$$

式中：

$$W_i = \begin{cases} r_{iQ}, & r_{iQ} > 0 \text{ 且 } r_{iD} > 0 \\ 1, & r_{iQ} = 0 \text{ 或 } r_{iD} = 0 \end{cases}$$

以上 4 种方法中，后 3 种主要是从减少计算量的角度对第 1 种进行简化，但直方图相交法还有另外一个问题。当图像中的特征并不能取遍所有的可取值时，统计直方图中会出现一些零值，这些零值会对直方图的相交带来影响，从而使得由式(8-66)求得的匹配值并不能正确反映两图间的颜色差别。

5. 闵可夫斯基距离法

若两幅图像 Q 和 D 的直方图分别为 H_Q 和 H_K，则颜色直方图匹配的计算方法可以利用度量空间的闵可夫斯基距离 $d(x, y) = \left(\sum | \xi_i - \eta_i |^\lambda \right)^{\frac{1}{\lambda}}$（$\lambda = 1$ 时，也叫"街区(City Block)"距离），该距离计算如下：

$$d(Q, D) = \sum_{k=0}^{L-1} | H_Q(k) - H_D(k) | \tag{8-72}$$

RGB 图像颜色是由不同亮度的红、绿、蓝三基色组成的，因此式(8-72)可以改写为

$$d_{RGB}(Q, D) = \sum_{k=0}^{L-1} \left[| H_Q^r(k) - H_D^r(k) | + | H_Q^g(k) - H_D^g(k) | + | H_Q^b(k) - H_D^b(k) | \right] \tag{8-73}$$

在具体应用式(8-73)时，必须从所读取的各像素颜色值中分离出 RGB 三基色的亮度值。用该方法进行颜色匹配的例子如图 8-24 所示。

图 8-24 街区(City Block)距离法颜色匹配结果

如前所述，由于直方图丢失了颜色的位置信息，因此两幅图像可能内容完全不同，但直方图相似。所以，仅用简单的颜色直方图匹配也会造成误识别。一种改进的方法是将图像划分成若干子块，分别对各子块进行匹配。由于子块的位置固定，各子块的直方图在一

定程度上反映了颜色的位置特征，因此，子块划分与匹配的方法可以对物体运动、摄像机运动、镜头缩放等情况有更好的适应性。

6. X^2 直方图匹配

X^2 直方图匹配的计算公式如下：

$$d(Q, D) = \sum_{k=0}^{L-1} \frac{[H_Q(k) - H_D(k)]^2}{H_D(k)} \qquad (8-74)$$

对于 RGB 图像，式(8-74)可变为

$$d(Q, D) = \sum_{k=0}^{L-1} \left\{ \frac{[H_Q^r(k) - H_D^r(k)]^2}{H_D^r(k)} + \frac{[H_Q^g(k) - H_D^g(k)]^2}{H_D^g(k)} \frac{[H_Q^b(k) - H_D^b(k)]^2}{H_D^b(k)} \right\}$$

$$(8-75)$$

X^2 直方图匹配比模板匹配或颜色直方图匹配具有更好的识别率，识别镜头切换 (Abrupt Scene Change)效果良好，但对镜头渐变识别效果不佳。

OpenCV 提供了直方图匹配函数 compareHist，利用该函数进行图像相似度计算的完整源代码请读者登录出版社网站下载，文件路径：code\src\chapter08\code08-04-histImg-Comp. cpp。

8.6　局部不变特征点提取

前述颜色直方图属于图像的全局特征，它通常用于描述目标的整体性质。但当目标受到局部遮挡时，全局特征提取将面临困难。此时，一些能够稳定出现并且具有良好的可分性的点(称为局部特征)将对目标识别起到关键作用。例如，本章第 2 节所述的角点即为一种局部特征。局部特征也称为兴趣点、显著点或关键点等，它的局部邻域具有一定的模式特征。

局部不变特征点的提取方法应具备以下特性：① 重复度高，不同角度拍摄下的同一场景的两幅图像的重叠区域中，同一特征点能被检测到的重复程度高；② 独特性，检测到的特征点应与周围有明显的区别；③ 局部性，特征应该是局部的，允许图像在不同的视觉条件下存在少量的几何失真；④ 较多的数量，特征点的数量应该足够多，增加匹配的可靠性；⑤ 准确性，检测到的特征点应该在位置、尺度等方面具有很高的准确性；⑥ 高效性，特征检测算法效率高，满足实际应用的需求。本节将介绍 SIFT 和 SURF 这两种目前常用的不变特征提取方法。

8.6.1　SIFT 不变特征提取算法

SIFT(Scale-Invariant Feature Transform)是 Lowe 在 1999 年提出的一种提取局部特征进行图像配准的方法。它能够稳定地检测出一幅图像中的局部特征点及其尺度和方向，并基于检测的特征点进行图像匹配。SIFT **SIFT 特征提取** 算子对图像的平移、旋转和尺度变化具有不变性，提取的特征点数量多，对视角变化具有稳定性，对噪声具有一定的鲁棒性，已成为提取图像不变特征的经典算子。下面介绍该算法的基本过程。

1. 建立尺度空间

SIFT 算法的基础是 Linderbog 提出的尺度空间理论，高斯函数是唯一可能的尺度空

间内核。一幅二维图像的尺度空间定义为

$$L(x, y, \sigma) = G(x, y, \sigma) * I(x, y) \qquad (8-76)$$

式中，$G(x, y, \sigma) = \dfrac{1}{2\pi\sigma^2} \mathrm{e}^{-(x^2 + y^2)/2\sigma^2}$ 是尺度为 σ 的高斯函数；(x, y) 为空间坐标。σ 越小，更多的图像细节被保留；σ 越大，图像越模糊，保留图像大的特征。SIFT 在高斯差分（Difference of Gaussian，DOG）尺度空间检测图像中的感兴趣点，尺度为 σ 的 DOG 公式定义为

$$D(x, y, \sigma) = L(x, y, k\sigma) - L(x, y, \sigma) \qquad (8-77)$$

图 8-25 和图 8-26 分别给出了一幅图像的高斯尺度空间和 DOG 尺度空间的处理结果。其中，初始尺度 $\sigma = 1.6$，$k = 2^{\frac{1}{3}}$。

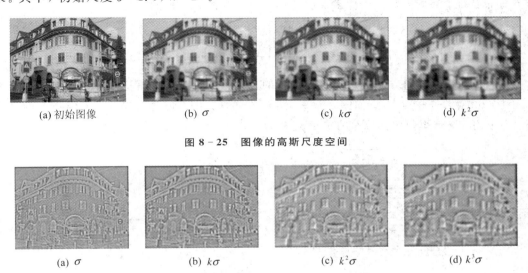

(a) 初始图像　　　　　　(b) σ　　　　　　(c) $k\sigma$　　　　　　(d) $k^2\sigma$

图 8-25　图像的高斯尺度空间

(a) σ　　　　　　(b) $k\sigma$　　　　　　(c) $k^2\sigma$　　　　　　(d) $k^3\sigma$

图 8-26　图像的 DOG 尺度空间

对一幅图像 I，建立其在不同尺度下的图像，称为塔（Octave）。第一个塔的尺度为原图大小，后面每个塔为上一个 Octave 降采样的结果，即原图的 1/4，构成下一个塔。图 8-27 是图像金字塔构造过程示意图。

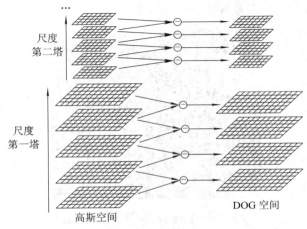

图 8-27　图像金字塔的建立

2. 特征点的提取

SIFT 在 DOG 尺度空间寻找特征点，将每个采样点均和它所有的相邻点比较，判断其是否是相邻的图像域和尺度域上的极值点。如图 8-28 所示，中间的检测点需和它同尺度 8 个相邻点和上下相邻尺度对应的 9×2 个点，共 26 个点比较，以确保其是图像域和尺度域的极值点。

在确定图像中的特征点后，为每个特征点计算一个方向，依照该方向做进一步的计算。利用关键点邻域像素的梯度方向分布特性为每个关键点指定方向参数，使算子具备旋转不变性。对于检测的每一个关键点，采集其所在高斯金字塔 3σ 邻域窗口内像素的梯度和方向分布特征。邻域内每一个像素梯度的模值和方向计算公式如下：

$$m(x, y) = \sqrt{[L(x+1, y) - L(x-1, y))^2 + (L(x, y+1) - L(x, y-1)]^2}$$

$$\theta = \arctan\left[\frac{L(x, y+1) - L(x, y-1)}{L(x+1, y) - L(x-1, y)}\right] \tag{8-78}$$

接着，使用方向直方图统计邻域内像素的梯度方向。该直方图将 0°～360° 的范围分为 36 个柱(bins)，每柱为 10°。如图 8-29 所示，方向直方图的峰值方向代表了关键点的主方向。为了简化，这里只画出 8 个方向的直方图。

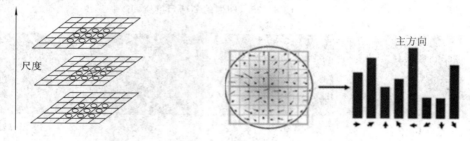

图 8-28　特征点提取图　　　　　图 8-29　关键点邻域及其梯度直方图

方向直方图的峰值代表了该特征点处邻域梯度的主方向，以直方图中峰值作为该关键点的方向。为了增强匹配的鲁棒性，保留峰值大于直方图峰值 80% 的方向作为该关键点的辅方向。通常仅有 15% 的关键点被赋序多个方向，但可以明显提高关键点匹配的稳定性。图 8-30 是一幅图像的关键点及其主方向检测结果。

图 8-30　图像的关键点及其主方向

3. 特征点描述子

在确定每一个关键点的位置、尺度及方向后，需为每个关键点建立一个描述子，用一组向量将这个关键点描述出来，用于图像匹配。因此，该描述子描述关键点及其邻域的结构特性时，应该具有较高的独特性，以便于提高特征点匹配的准确率。

SIFT 描述子对关键点周围图像区域分块，计算块内梯度直方图，将每块的梯度直方图组成一个向量，用于表示关键点周围区域的结构特征。SIFT 在关键点尺度空间 4×4 的窗口中计算 8 个方向的梯度信息，共计 128 维向量表示。计算过程如下：

（1）将坐标轴旋转为关键点的方向，使得描述子具有旋转不变性。

（2）确定计算描述子所需的图像区域。关键点所在的尺度空间决定了计算关键点描述子所需的图像区域。将关键点邻域划分为 4×4 个子区域。

（3）将关键点邻域内的像素分配到对应子区域内，统计每个子区域的梯度值及方向并分配到 8 个方向上，生成一个 128 维的特征向量。图 8-31 是统计每个子区域梯度值及方向的示意图。

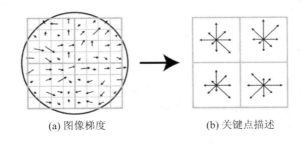

(a) 图像梯度　　　　　　　　　(b) 关键点描述

图 8-31　统计每个子区域的梯度

（4）归一化特征向量，去除光照变化的影响。

特征向量 $\boldsymbol{H} = (h_1, h_2, \cdots, h_{128})$ 形成后，为了去除光照变化的影响，需进行归一化处理，计算公式如下：

$$l_i = \frac{h_i}{\sqrt{\sum_{j=1}^{128} h_j}}, \quad j = 1, 2, \cdots \tag{8-79}$$

4. 特征点匹配

当生成来自同一场景不同视角的两幅图像的 SIFT 描述子后，将对两幅图像中各个尺度的描述子进行匹配。SIFT 采用欧氏距离度量两幅图像中关键点特征向量的距离。采用如下匹配准则：取图像 1 中的某个关键点，并找出其与图像 2 中欧氏距离最近的前两个关键点，在这两个关键点中，如果最近的距离除以次近的距离小于某个比较阈值，则接受这一对匹配点。显然，若降低比较阈值，SIFT 匹配点数目会减少，但更加稳定。图 8-32 是一个建筑物在不同视角下两幅图像的匹配结果。

OpenCV 提供了 SIFT 算法，相关的类有 SiftFeatureDetector 和 SiftDescriptorExtractor。利用 SIFT 算法进行图像匹配的完整源代码请读者登录出版社网站下载，文件路径：code\src\chapter08\code08-05-siftImgMat.cpp。

图 8 - 32   同一场景不同视角图像的 SIFT 特征匹配结果

8.6.2   SURF 不变特征提取算法

SURF(Speeded-Up Robust Features)是由 Bay 等人于 2006 年提出的特征检测算法，被称为 SIFT 加速算法。SURF 的主要优势在于图像的求导用积分图近似，从而保证了算法的实时性。下面介绍 SURF 的主要步骤。

SURF 特征提取

1. 建立积分图像

积分图像由 Viola 和 Jones 于 2001 年在人脸检测中引入计算机视觉领域，它是指一幅图像中任一像素点到原点所构成的矩形区域的灰值之和。当一幅图像的积分图像建立后，要计算图像中任一区域的像素之和，均可通过简单的加减法完成。如图 8 - 33 所示，矩形 $ABDC$ 内所有像素的灰度值之和计算公式为

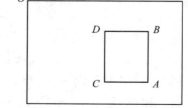

$$\Sigma = A - B - C + D \qquad (8-80)$$

例如，在图 8 - 34 中，图(b)是原始图像(a)对应

图 8 - 33   利用积分图快速计算

的积分图。依据图(b)，利用式(8 - 80)可计算出图(a)中阴影区域的灰度值和为 $24 - 9 - 12 + 3 = 6$。

3	5	1	2	4
2	0	1	2	6
4	1	3	5	2
3	0	1	4	4
5	5	3	1	2

(a) 原图

3	8	9	11	15
5	10	12	16	26
9	15	20	29	41
12	18	24	37	53
17	28	37	51	69

(b) 积分图

图 8 - 34   积分图应用举例

2. 建立尺度空间

与 SIFT 特征检测算法相同，SURF 特征极值点的提取也基于尺度空间理论。不同的是，SIFT 是基于 DOG 的特征点检测子，而 SURF 是用 Hessian 矩阵的行列式作为检测

子,并由此建立尺度空间的。设 x 为图像 I 中的任意一点,x 在尺度 σ 下的 Hessian 矩阵定义为

$$H(x,\sigma) = \begin{bmatrix} L_{xx}(x,\sigma) & L_{xy}(x,\sigma) \\ L_{xy}(x,\sigma) & L_{yy}(x,\sigma) \end{bmatrix} \tag{8-81}$$

式中:$L_{xx}(x,\sigma)$ 为图像 I 与尺度为 σ 的高斯二阶导数的卷积,其定义如下:

$$L_{xx}(x,\sigma) = \frac{\partial^2}{\partial x^2}g(\sigma) * I \tag{8-82}$$

对于 $L_{xy}(x,\sigma)$ 和 $L_{yy}(x,\sigma)$,定义类似。

直接求图像在各个尺度下的二阶导数时计算复杂度高,不利于快速实现。SURF 引入了盒滤波器对高斯二阶导数进行近似,并利用这一近似和原始图像的积分图像做滤波计算,极大地减少了滤波过程的运算量。图 8-35 是用盒滤波器近似不同的二阶导数示意。

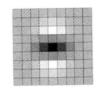

(a) 高斯二阶导数 $g_{yy}(\sigma)$ (b) 高斯二阶导数 $g_{xy}(\sigma)$ (c) 盒滤波器近似 $g_{yy}(\sigma)$ (d) 盒滤波器近似 $g_{xy}(\sigma)$

图 8-35 用盒滤波器近似高斯二阶导数示意

采用 Hessian 矩阵的行列式表示图像的响应,定义如下:

$$\det(\boldsymbol{H}) = D_{xx}D_{yy} - (wD_{xy})^2 \tag{8-83}$$

式中:w 用来平衡高斯核与近似高斯核之间的能量差异,通常取 0.9。

与 SIFT 类似,SURF 基于 Hessian 行列式图像构建了一个金字塔式的尺度空间。SIFT 的尺度空间由通过对图像的下采样以及重复利用高斯滤波对图像进行平滑所获得的一系列滤波图像构成,SURF 主要通过改变使用高斯滤波器的尺度,而不是改变图像本身来构成对不同尺度的响应。因为引入盒滤波器和积分图像,同样的积分图像和不同尺度的盒滤波器进行计算,其计算量是完全相同的。图 8-36 所示为 SIFT 和 SURF 特征空间的比较。

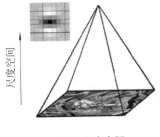 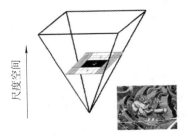

(a) SIFT 尺度空间   (b) SURF 尺度空间

图 8-36 SURF 与 SIFT 特征空间的比较

3. 利用非极值抑制确定特征点

Hessian 行列式图像的每个像素点与其三维邻域的 26 个点进行大小比较,若为极大

值，则保留下来。接着采用三维线性插值法得到亚像素级的特征点后，同时去掉特征小于一定阈值的点，确定最终的特征点。

4. 选取特征点的主方向

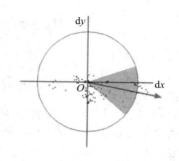

为了保证旋转不变性，需要确定特征点的主方向。以特征点为中心，根据检测兴趣点时确定的尺度 s，选取半径为 $6s$（s 为特征点所在的尺度）的圆形区域。如图 8-37 所示，统计 $60°$ 扇形内所有点的 Haar 小波响应，并给靠近特征点的像素赋予更大的权重。统计该区域所有 Harr 小波响应之和，形成一个新的矢量，表示该扇形的方向。遍历所有的扇形区域，选择最长矢量方向作为该特征点的方向。

图 8-37　SURF 特征点方向的确定

5. 构造 SURF 特征点描述子

以特征点为中心，以主方向作为主轴，取一个正方形，框的边长为 $20s$，s 为特征点所在的尺度。将该正方形分为 16 个子区域，每个子区域统计 25 个像素的水平和垂直方向（相对主方向）的 haar 小波特征。每个子区域的特征向量为一个四维的描述子 $v = \left[\sum dx, \sum dy, \sum |dx|, \sum |dy|\right]$。该特征点共有 16 个子区域，因此，特征向量长度为 64 维。经过归一化后，此算法可克服光照变化的影响。

OpenCV 提供了 SURF 算法，相关的类有 SurfFeatureDetector、SurfDescriptorExtractor。利用 SURF 算法进行图像匹配的完整源代码请读者登录出版社网站下载，文件路径：code\src\chapter08\code08-06-surfImgMat.cpp。

习　　题

1. 图像的几何特性有哪些？它们在图像分析中有何用途？

2. 区域的周长有几种表示和计算方法？

3. 试编用 3 种方法计算图像区域周长的程序，并对计算结果进行分析和比较。

4. 试编写程序，要求该程序能分别用像素计数、边界行程码和边界坐标计算面积，并比较计算结果。

5. 图像的形状特征有哪些？它们是如何定义的？

6. 什么是圆形度？度量圆形度的测度有哪些？

7. 如何用矩计算物体的质心和主轴？试编写实现程序。

8. 什么是傅里叶描述子？它有何特点？试编写计算图像区域傅里叶描述子的程序。

9. 图像的角点特征可分为哪两类，它们有什么区别？

10. 利用 OpenCV，编程实现 Harris 角点、Moravec 角点和 SUSAN 角点检测算法。

11. 设工件图像的大小为 512×512，灰度级为 256。当工件无缺陷时，整幅图像的平均灰度为 100，噪声方差为 400。当工件有缺陷时，会出现工件灰度值与整幅图像平均灰度值的差值达 50 以上的块状区域。若这种区域的面积大于 400 像素，工件为不合格品。试用纹理分析方法解决该问题。

12. 不变矩具有哪些优点？举例说明它的几个应用例子。

13. 什么是模板匹配？用 OpenCV 编程实现模板匹配算法。

14. 什么是直方图匹配？试分析其在图像匹配中的优点和缺点。

15. 利用 OpenCV 提供的 SIFT 算法有关函数，编程实现图像匹配。

16. 利用 OpenCV 提供的 SURF 算法有关函数，编程实现图像匹配，并比较其和 SIFT 匹配结果的区别。

第 8 章习题答案

第9章　图　像　编　码

　　图像是重要的多媒体信息，具有数据量大的特点，它对存储器的存储容量、通信线路的传输带宽以及计算机的处理能力提出了较高要求。例如，一幅 1024×768 的 24 位彩色图像数据量为 2.25 MB，同样分辨率、帧速为 24 帧/秒的视频，每秒数据量高达 54 MB，而高清电视、高光谱图像、卫星图像等的数据量则更大。单纯依赖于提高计算机硬件和通信设备的性能难以满足数据快速增长的应用需求。因此，迫切需要针对图像的特点对其数据进行压缩编码，以提高存储、传输和处理速度，节省存储空间。

　　本章将介绍图像编码的基本理论和方法，并简要介绍哈夫曼编码、算术编码、行程编码、LZW 编码和 JPEG2000 编码以及编程实例。

9.1　图像编码概述

9.1.1　图像编码基本原理与方法

1. 图像数据冗余

　　图像数据通常包含大量冗余信息，它为图像压缩提供了依据。图像压缩又称图像编码，其目的是充分利用图像中存在的各种冗余信息，在图像重建可以接受的前提下，通过编码实现以尽量少的比特数来表示图像。图像数据的冗余形式主要有空间冗余、时间冗余、信息熵冗余、结构冗余、知识冗余和视觉冗余。

　　(1) 空间冗余是指图像内部相邻像素之间存在较强的相关性而造成的冗余。在同一幅图像中，规则物体或规则背景(所谓规则是指表面颜色分布有序而非杂乱无章)的表面物理特征具有相关性，使得成像后的数字图像结构趋于有序和平滑，表现为空间数据冗余。

　　(2) 时间冗余是指图像序列中的相邻两帧之间存在较强的相关性而造成的冗余。

　　(3) 信息熵冗余也称编码冗余，是指用于表示信源符号的平均比特数大于其信息熵时所产生的冗余。对于由 N 个符号 $\{x_1, x_2, \cdots, x_N\}$ 组成的离散信源，若符号 x_i 出现的概率为 p_i，则其信息熵 H 定义如下：

$$H = -\sum_{i=1}^{N} p_i \operatorname{lb} p_i = \sum_{i=1}^{N} p_i \operatorname{lb}\left(\frac{1}{p_i}\right) \leqslant \operatorname{lb} N \qquad (9-1)$$

式中：$\operatorname{lb}(1/p_i)$ 为符号 x_i 的自信息量，表明概率越小的符号将携带越大的信息量；H 为信息熵，表示信源符号所携带的平均信息量。当各符号互相独立且概率相等时，信息熵达到最大值 $\operatorname{lb} N$，称之为最大离散熵定理。若将符号 x_i 看作图像像素灰度，将 $\operatorname{lb}(1/p_i)$ 看作分

配给 x_i 的比特数，则图像的熵 H 表示各灰度级的平均比特数，即平均码字长度。图像灰度通常非等概率分布，因而图像的熵小于等于最大可能熵。然而，在实际应用中一般难以预估灰度概率分布，常依据最大熵用等长比特数对像素灰度进行编码，因此图像数据存在编码冗余。

（4）结构冗余是指图像中存在较强的纹理结构或自相似性，如布纹图像、墙纸图案等。

（5）知识冗余是指图像中包含与某些先验知识有关的信息。如人脸图像有固定的结构，嘴巴上方有鼻子，鼻子上方有眼睛，鼻子位于正脸图像的中线上等。

（6）视觉冗余是指人眼不能感知或不敏感的那部分图像信息。如人眼的灰度分辨率一般约为 2^6 级，而图像量化常用 2^8 级；相对于红光和绿光而言，人眼对蓝光更不敏感；人眼对亮度的敏感度要高于色度。

2. 图像编码方法

根据编码过程中是否存在信息损耗可将图像编码方法分为有损编码和无损编码。无损编码又称无失真编码、信息保持编码或可逆编码，解码时能够从压缩数据无失真地恢复原始图像。有损编码又称有失真编码、保真度编码或不可逆编码，不能从压缩数据无失真重建原始图像，它存在一定程度的失真。无损编码的压缩比较低，主要应用于医学图像等数据质量要求较高的场合。有损编码允许在一定的保真度准则下，最大限度地压缩图像，可以实现较大的压缩比，它主要用于数字电视技术、静止图像、通信和娱乐等方面。

根据编码原理可将图像编码方法分为熵编码、预测编码、变换编码和量化编码等。

（1）熵编码。熵编码是一种基于信号统计特性的编码技术，要求编码过程中按熵原理不丢失任何信息，它是一种无损编码。哈夫曼编码、香农-范诺编码和算术编码为典型的熵编码。

对于离散无记忆信源（即信源符号是统计独立的，当前的输出与以前的输出无关），用式（9-1）计算其熵。对于 m 阶离散有限记忆信源（当前符号出现的概率只与前 m 个符号有关），令信源符号集 $X=\{x_1, x_2, \cdots, x_N\}$，输出符号序列（$\cdots, X_1, X_2, \cdots, X_m, X_{m+1}, \cdots$），$i_1, i_2, \cdots, i_{m+1}=1, 2, \cdots, N$，则联合熵 $H(X_1 X_2 \cdots X_m)$、平均符号熵 $H_K(X)$、m 阶条件熵 $H(X_{m+1} | X_1 X_2 \cdots X_m)$（简记为 $H_{m+1}(\cdot)$）、极限熵 H_∞ 和冗余度 γ 分别定义如下：

$$H(X_1 X_2 \cdots X_m) = -\sum_{i_1=1}^{N} \cdots \sum_{i_m=1}^{N} p(x_{i_1} x_{i_2} \cdots x_{i_m}) \, \mathrm{lb} \, p(x_{i_1} x_{i_2} \cdots x_{i_m}) \tag{9-2}$$

$$H_K(X) = H(X_1 X_2 \cdots X_K)/K \tag{9-3}$$

$$H_{m+1}(\cdot) = H(X_{m+1} | X_1 X_2 \cdots X_m) = E[H(X_{m+1} | X_1 = x_{i_1}, X_2 = x_{i_2}, \cdots, X_m = x_{i_m})]$$

$$= -\sum_{i_1=1}^{N} \cdots \sum_{i_{m+1}=1}^{N} p(x_{i_1} x_{i_2} \cdots x_{i_m}) p(x_{i_{m+1}} | x_{i_1} x_{i_2} \cdots x_{i_m}) \, \mathrm{lb} \, p(x_{i_{m+1}} | x_{i_1} x_{i_2} \cdots x_{i_m})$$

$$\tag{9-4}$$

$$H_\infty = \lim_{K \to \infty} H_K(X) = \lim_{K \to \infty} H(X_K | X_1 X_2 \cdots X_{K-1}) \tag{9-5}$$

$$\gamma = (H_0 - H_\infty)/H_0 \tag{9-6}$$

式中：H_0 为信源符号等概率独立分布时的最大离散熵。

对于 m 阶马尔可夫信源，可以证明：

$$H_0(\cdot) \geqslant H_1(\cdot) \geqslant \cdots \geqslant H_m(\cdot) \geqslant H_{m+1}(\cdot) = \cdots = H_\infty(\cdot) \tag{9-7}$$

式(9-7)表明，对于有记忆信源，如果符号序列中前面的符号知道得越多，那么下一个符号的平均信息量就越小，意味着使用高阶熵可以获得更高的压缩比。

信息熵是无损编码的理论极限，当平均码长大于等于信息熵时，总可设计出一种无失真编码，这是熵编码的理论基础。若使用相同长度的码字表示信源符号，则称该编码方法为等长编码，否则称为变长编码。变长编码的基本原理是给出现概率较大的符号赋予短码字，而给出现概率较小的符号赋予长码字，从而使得最终的平均码长很小。哈夫曼编码和香农-范诺编码就是两种变长编码方法。

变长编码定理：若一个离散无记忆信源的符号集具有 r 个符号，熵为 H，则总可以找到一种无失真编码，构成单义可译码，使其平均码长 L 满足：

$$\frac{H}{\text{lb}r} \leqslant L \leqslant \frac{H}{\text{lb}r} + 1 \tag{9-8}$$

在变长编码中，如果码字长度严格按照对应符号出现的概率大小逆序排列，则其平均码字长度为最小，这就是最佳变长编码定理。

(2) 预测编码。预测编码是基于图像数据的空间或时间冗余特性，它用相邻的已知像素(或像素块)来预测当前像素(或像素块)的取值，然后再对预测误差进行量化和编码。预测编码可分为帧内预测和帧间预测，常用的预测编码有差分脉码调制(Differential Pulse Code Modulation, DPCM)和运动补偿法。图 9-1 和图 9-2 分别给出了无损预测编码和有损预测编码系统的原理图，均包括编码器和解码器，其中符号编码器通常采用变长编码。

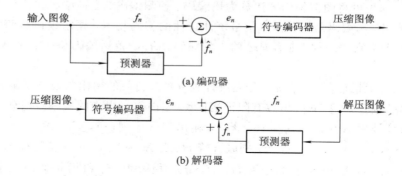

图 9-1　无损预测编码系统

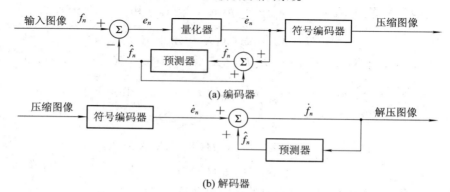

图 9-2　有损预测编码系统

无损预测编码的关键在于预测器的设计，尽量使预测误差 e_n 的概率分布集中在 0 值附近，以便大量消除像素间的冗余。线性预测器通过相邻的前 m 个像素或像素块的线性组合进行预测，根据均方误差最小化可以设计出最佳线性预测器，也可以根据图像的局部特性自适应调整预测器的预测系数，从而设计出线性自适应预测器。有损预测编码在无损预测编码的基础上增加了一个量化器，它决定了压缩量和失真量。若量化器设计不当，容易造成斜率过载、颗粒噪声、伪轮廓等图像损伤，Lloyd - Max 量化器是一种常用的最优量化器。

（3）变换编码。变换编码通常是将空间域上的图像经过正交变换映射到另一变换域上，使变换后的系数之间的相关性降低。图像变换本身并不能压缩数据，但变换后图像的大部分能量只集中到少数的几个变换系数上，采用适当的量化和熵编码就可以有效地压缩图像。变换编码系统的原理如图 9 - 3 所示，首先将图像分割为易于计算的 $n \times n$ 子图像，再对子图像实施正交变换（如 DFT、DCT 或 WHT），然后对变换系数进行量化（有选择地消除或粗量化带有很少信息的变换系数），最后对量化结果进行编码（常用变长编码）。相比较而言，WHT 容易实现，DCT 与 WHT 和 DFT 相比有更强的信息集中能力。理论上，K - L 变换是信息集中能力最优的变换，但它是与数据相关的，计算量非常大，实际应用受到限制。DCT 在信息压缩能力与计算复杂性之间提供了一种很好的平衡，得到了广泛应用。

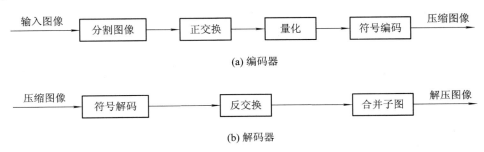

图 9 - 3　变换编码系统

　　子图像尺寸是影响变换编码性能的重要因素。如果尺寸太小，虽然计算快速、实现简单，但压缩能力有限且"方块效应"严重。随着尺寸增大，去相关效果提高，但尺寸过大时，由于图像本身的相关性较小，反而压缩效果不明显，而且增加了计算复杂性。在子图像尺寸选择时，一般使相邻子图像之间的相关性减小到某个可接受的水平即可。为便于正交变换，尺寸取为 2 的整数次幂，常用尺寸是 8×8 和 16×16。对变换子图像的系数选择、量化和编码的全过程称为比特分配。系数选择通常有两种方法：根据最大方差进行选择（称为区域编码）和根据最大值的量级进行选择（称为阈值编码）。

　　（4）量化编码。量化编码就是通过将动态范围内较大的输入信号值映射到有限个离散值来实现数据压缩，是个不可逆过程。量化方法分为标量量化和矢量量化，标量量化又可以分为均匀量化、非均匀量化和自适应量化。

　　矢量量化是一种高效的数据压缩技术，具有压缩比大、解码简单和失真较小等优点。它将标量数据组织成一系列 k 维矢量，根据一定的失真测度（如均方误差、l_p 范数、极大范数等）在码书中搜索出与输入矢量失真最小的码字的索引，传输时仅传输相应码字的索引，接收方根据码字索引在码书中查找对应码字，再现输入矢量。矢量量化编码的核心是码书设计，经典的码书设计算法有 LBG(Linde，Buzo 和 Gray 三人的首字母)算法(又称为 K-means 算法)。码书设计过程就是寻求把 M 个训练矢量分成 N 类($N<M$)的一种最佳方案(如均方误差最小)，并把各类的中心矢量作为码书中的码字。

9.1.2　图像编码新技术

人们不断提出新的图像编码方法，如基于人工神经网络的编码、子带编码(Sub-band Coding)、分形编码(Fractal Coding)、小波编码(Wavelet Coding)、基于模型的编码(Model-based Coding)、基于对象的编码(Object-based Coding)和基于语义的编码(Semantic-Based Coding)等。

(1) 子带编码。子带编码是一种在频率域中进行数据压缩的方法。首先用一组带通滤波器将输入信号分成若干个不同频段的子带信号，然后经过频率搬移将子带信号转变成基带信号，再对它们在奈奎斯特速率上分别重新取样，最后对取样后的信号进行量化编码，并合并成一个总的码流传送给接收端。接收端首先将码流分成子带码流，然后解码并将频谱搬移到原来位置，最后经带通滤波、相加得到重建信号。不同的子带可以采用不同的量化策略，量化噪声均束缚在各自子带内，可以避免能量较小的频带内的信号被其他频带中的量化噪声所掩盖。

(2) 分形编码。分形编码是在波兰美籍数学家 B. B. Mandelbrot 建立的分形几何理论的基础上发展起来的一种编码方法。分形编码最大限度地利用了图像在空间域上的自相似性(即局部与整体之间存在某种相似性)，通过消除图像的几何冗余来压缩数据。M. F. Barnsley 将迭代函数系统(Iterate Function System，IFS)用于描述图像的自相似性，并将其用于图像编码，对某些特定图像获得了 10000 : 1 的压缩比。分形编码过程十分复杂，而解码过程却很简单，故通常用于对图像编码一次而需译码多次的信息传播应用中。分形编码首先将图像分割为若干分形子图，再通过仿射变换寻找各子图的仿射图，然后对仿射系数进行编码。

(3) 小波编码。1989 年，S. G. Mallat 首次将小波变换用于图像编码。经过小波变换后的图像，具有良好的空间方向选择性，且为多分辨率，能够保持原图像在各种分辨率下的精细结构，与人的视觉特性十分吻合。

(4) 模型编码。模型编码是近年发展起来的一种低比特率编码方法，其基本出发点是在编、解码两端分别建立起相同的模型，编码时利用先验模型抽取图像中的主要信息并用模型参数的形式表示，解码时则利用所接收的模型参数重建图像。模型编码进一步研究的方向是把基于对象的编码和基于语义的编码等结合起来，以取长补短。

基于内容的图像编码和基于压缩域的处理算法是今后的发展方向。在图像识别、分析和分类等技术中，往往并不需要全部图像信息，而只需对感兴趣的部分特征信息进行编码。例如，用遥感图像进行农作物分类时，只需对区别农作物与非农作物、农作物类别之间的特征进行编码，可以忽略道路、河流和建筑物等其他背景信息。

9.1.3　图像编码评价

图像编码算法的优劣主要从编码效率、编码质量、算法复杂度及适用范围等方面进行评判。由于同一压缩算法对不同图像的编码效率和编码质量会有所不同，因此常借助于一些"标准图像"来测试，如 Lena、Barbara 和 Mandrill 图像。

（1）编码效率。衡量图像编码效率的指标主要有平均码字长度（L）、压缩比（C_R）和编码效率（η）。设图像编码前每个像素的平均比特数为 B，第 i 级灰度出现的概率为 p_i，编码后对应的编码长度为 L_i 比特，则图像的平均码字长度 L 为

$$L = \sum_{i=1}^{N} p_i L_i \tag{9-9}$$

图像的压缩比 C_R 为

$$C_R = \frac{B}{L} \tag{9-10}$$

编码效率 η 为

$$\eta = \frac{H}{L} \times 100\% \tag{9-11}$$

平均码字长度 L 越小、压缩比 C_R 越大或编码效率 η 越大，则图像压缩效果越好。

（2）编码质量。图像的编码质量是指解压后的重建图像与压缩前的原始图像之间的相似度，它可分为主观质量评价和客观质量评价。主观质量评价是指由一批观察者对编码图像进行观察并打分，然后综合所有人的评判结果，给出图像的质量评价。主观质量评价能够与人的视觉效果相匹配，但其评判过程缓慢费时。客观质量评价能够快速有效地评价编码图像的质量，但符合客观质量评价指标的图像不一定具有较好的主观质量。常用的客观质量评价指标主要有均方误差（MSE）和峰值信噪比（PSNR）。

设图像大小为 $M \times N$，$f(i, j)$ 为编码前的原始图像，每像素由 k 比特表示，$\hat{f}(i, j)$ 为解码后的重建图像，则均方误差 MSE 定义为

$$\text{MSE} = \frac{1}{MN} \sum_{i=1}^{M} \sum_{j=1}^{N} \left[f(i, j) - \hat{f}(i, j) \right]^2 \tag{9-12}$$

峰值信噪比 PSNR 定义（单位为分贝）为

$$\text{PSNR} = 10 \, \text{lb} \left[\frac{(2^k - 1)^2}{\text{MSE}} \right] \tag{9-13}$$

均方误差越小、峰值信噪比越大，则图像编码质量越高，即图像失真越小。

（3）算法的复杂度。图像编码算法的复杂度是指完成图像压缩和解压所需的运算量以及实现该算法的难易程度。优秀的压缩算法除了要求有较高的编码效率和编码质量外，还要求算法简单，易于实现，压缩和解压缩快。选用编码方法时一定要考虑图像信源本身的统计特性、多媒体系统的适应能力、应用环境以及技术标准。

（4）算法的适用范围。特定的图像编码算法具有其相应的适用范围，并非对所有图像都有效。一般说来，大多数基于图像信息统计特性的压缩算法具有较广的适用范围，而一些特定的编码算法的适用范围较窄，如分形编码主要用于自相似性高的图像。

9.2 哈夫曼编码

哈夫曼编码，又称为最佳编码，是 Huffman 于 1952 年依据变长最佳编码定理提出的一种无损编码方法。哈夫曼编码是以信源概率分布为基础，对频繁出现的符号使用较短的码字，而对出现次数较少符号的使用较长的码字的方法。由

哈夫曼编码

于一般无法事先知道信源的概率分布，通常采用对大量数据进行统计后得到的近似分布来代替，这样会导致实际应用时哈夫曼编码无法达到最佳性能。通过利用输入数据序列自适应地匹配信源概率分布的方法，可以有效改进哈夫曼编码的性能。哈夫曼编码算法步骤如下：

（1）将信源符号按其出现概率从大到小排序；

（2）把最小的两个概率相加合并成新的概率，形成新的概率集合；

（3）对新的概率集合重复第（2）步，直到相加的两个概率和为 1.0；

（4）对于每次相加的两个概率，给大的赋"0"，小的赋"1"（或者相反）；

（5）读出由某符号到概率和为"1.0"路径上所遇到的"0"和"1"，按最低位到最高位的顺序排好，即为该符号的哈夫曼编码。

例 9-1　设一幅灰度级为 8 的图像，灰度 S_0、S_1、S_2、S_3、S_4、S_5、S_6、S_7 出现的概率分别为 0.40、0.18、0.10、0.10、0.07、0.06、0.05、0.04。如果编码之前采用等长编码，由于有 8 种灰度级，则每种灰度级别至少需要 3 比特来表示。其哈夫曼编码过程及结果如图 9-4 所示。

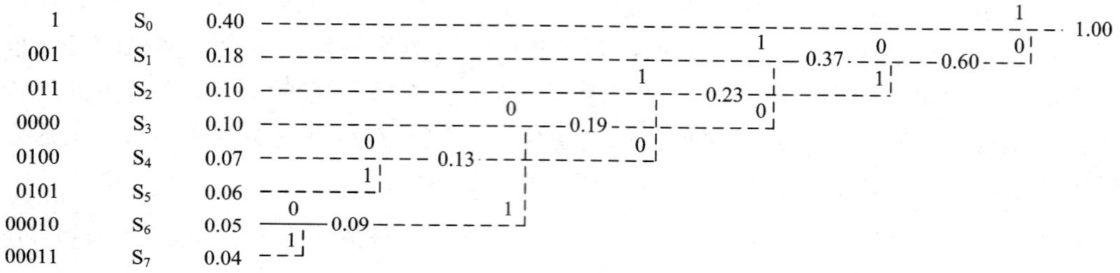

图 9-4　哈夫曼编码过程示意图

显然，哈夫曼编码形成的码字是可识别的，即能够保证一个符号的码字不会与另一个符号的码字的前几位相同。比如说，如果 S_0 的码字为 1，S_1 的码字为 01，而 S_2 的码字为 011，则当编码序列中出现 011 时，就不能判别它是 S_2 的码字还是 S_1 的码字后面跟了一个 S_0 的码字。上例的信息熵 H、平均码长 L、编码效率 η 和压缩比 C_R 如下：

$$H = -\sum_{i=1}^{N} p_i \, \mathrm{lb} p_i = 2.55$$

$$L = \sum_{i=1}^{N} p_i L_i = 0.40 \times 1 + 0.18 \times 3 + 0.10 \times 3 + 0.10 \times 4 + 0.07 \times 4$$
$$+ 0.06 \times 4 + 0.05 \times 5 + 0.04 \times 5 = 2.61$$

$$\eta = \frac{H}{L} \times 100\% = \frac{2.55}{2.61} \times 100\% = 97.8\%$$

$$C_R = \frac{B}{L} = \frac{3}{2.61} = 1.149$$

由此可见，哈夫曼编码的编码效率相当高，其冗余度只有 2.2%。如果采用等长编码，由于有 8 种灰度级，则每种灰度级至少需要 3 比特来表示，对于上例图像而言，其编码的平均码长为 3，编码效率为 85%。

对不同概率分布的信源，哈夫曼编码的编码效率有所差别。根据信息论中信源编码理论，对于二进制编码，当信源概率为 2 的负幂时，哈夫曼编码的编码效率可达 100%，其平均码字长度也很短，而当信源概率为均匀分布时，其压缩效果明显降低。在表 9 - 1 中，当概率分布为均匀分布的情况下，由于各符号概率也恰好是 2 的负幂次方，故其编码效率 η 可以达到 100%，但由于它服从均匀分布，其熵最大，平均编码长度很大，因此其压缩比最低。也就是说，在信源概率接近于均匀分布时，一般不使用哈夫曼编码。

表 9 - 1　哈夫曼编码在不同概率分布下的编码效果对比

信源符号	概率分布为 2 的负幂次方			概率分布为均匀分布		
	出现概率	哈夫曼码字	码字长度	出现概率	哈夫曼码字	码字长度
S_0	2^{-1}	1	1	0.125	111	3
S_1	2^{-2}	01	2	0.125	110	3
S_2	2^{-3}	001	3	0.125	101	3
S_3	2^{-4}	0001	4	0.125	100	3
S_4	2^{-5}	00001	5	0.125	011	3
S_5	2^{-6}	000001	6	0.125	010	3
S_6	2^{-7}	0000001	7	0.125	001	3
S_7	2^{-7}	0000000	7	0.125	000	3
编码效率	$H=1.984375$	$L=1.984375$	$\eta=100\%$	$H=3$	$L=3$	$\eta=100\%$
压缩率	$C_R=B/L=3/1.984375=1.512$			$C_R=B/L=3/3=1.0$		

哈夫曼编码还存在以下问题：

(1) 虽然哈夫曼编码的码字可以识别，但是编码并不唯一，这是因为概率相等的两个符号的排序及其赋值"0"或"1"是随机的。

(2) 变长编码导致硬件实现复杂，且抗误码能力弱，也很难随意查找或调用压缩数据中间的内容。如果编码传输中有错误，哪怕是 1 位错误，也会引起一连串的错误。

(3) 编码效率依赖于信源统计特性，需要有信源概率分布的先验知识，这就限制了哈夫曼编码的应用。

9.3 算 术 编 码

算术编码是 20 世纪 80 年代发展起来的一种熵编码方法，其基本原理是将被编码的整个数据序列表示成实数 0 到 1 之间的一个间隔（或区间），在该间隔内选择一个代表性的二进制小数作为实际的编码输出。间隔的位置与输入数据的概率分布有关，序列越长则编码表示它的间隔就越小，因而表示这一间隔所需的二进制位数就越多。

算术编码有两种模式：一种是基于信源概率统计特性的固定编码模式；另一种是针对未知信源概率模型的自适应模式。自适应模式中各个符号的概率初始值均相同，它们依据出现的符号而相应地改变。只要编码器和解码器均使用相同的初始值和改变值的方法，那么它们的概率模型将保持一致。上述两种形式的算术编码均可用硬件实现，其中自适应模式适用于不进行概率统计的场合。有关实验数据表明，在未知信源概率分布的情况下，算术编码一般要优于哈夫曼编码。在 JPEG 扩展系统中，已经用算术编码取代了哈夫曼编码。

固定模式的算术编码步骤如下:

(1) 将数据序列的编码间隔$[L, H)$初始化为$[0, 1)$,按照信源符号S_i的概率p_i成比例将其映射为$[0, 1)$上的子间隔$[L_i, H_i)$,子间隔之间互不重叠。

(2) 从输入序列中按序取走一个符号,依据该符号的出现概率更新间隔$[L, H)$:

① 计算间隔的长度:$W = H-L$;

② 更新间隔的上界和下界:$H \leftarrow H + W * H_i$,$L \leftarrow L + W * L_i$。

(3) 重复第(2)步,直到输入序列中没有符号为止。

(4) 最后从间隔中选择一个数n(如间隔的下界)作为数据序列的编码输出。

例 9 - 2　设一待编码的数据序列为"dacab",信源中各符号出现的概率依次为$P(a) = 0.4$,$P(b) = 0.2$,$P(c) = 0.2$,$P(d) = 0.2$。其算术编码过程如图 9 - 5 所示。

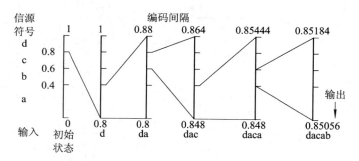

图 9 - 5　算术编码过程示意图

首先,数据序列的编码间隔$[L, H)$初始化为$[0, 1)$,符号 a、b、c、d 分别映射为$[0, 1)$上的子间隔:$[0, 0.4)$、$[0.4, 0.6)$、$[0.6, 0.8)$、$[0.8, 1.0)$。

从数据序列中取出第一个符号为"d",其对应的初始子间隔为$[0.8, 1.0)$,间隔更新如下:

$$W = 1 - 0 = 1, \ L = 0 + 1 \times 0.8 = 0.8, \ H = 0 + 1 \times 1.0 = 1.0$$

从数据序列中取出第二个符号是"a",其对应的初始子间隔为$[0, 0.4)$,间隔更新如下:

$$W = 1.0 - 0.8 = 0.2, \ L = 0.8 + 0.2 \times 0 = 0.8, \ H = 0.8 + 0.2 \times 0.4 = 0.88$$

从数据序列中取出第三个符号是"c",其对应的初始子间隔为$[0.6, 0.8)$,间隔更新如下:

$$W = 0.88 - 0.8 = 0.08, \ L = 0.8 + 0.08 \times 0.6 = 0.848, \ H = 0.8 + 0.08 \times 0.8 = 0.864$$

依此类推,最后数据序列"dacab"被映射为实数间隔$[0.85056, 0.85184)$,或者说此区间内的任一实数值都唯一对应该数据序列,因而可以用一个实数表示该数据序列。$[0.85056, 0.85184)$的二进制形式为$[0.110110011011, 0.110110100001)$,可以看出0.1101101 位于这个区间内并且其编码最短,故可将其作为数据序列"dacab"的编码输出。

解码是编码的逆过程,步骤如下:

(1) 根据符号的子间隔$[L_i, H_i)$判断编码n所处的子间隔,输出该子间隔对应的符号S_i。

(2) 计算符号S_i对应的子间隔长度W_i:$W_i = H_i - L_i$。

(3) 更新编码n:$n \leftarrow (n - L_i) / W_i$。

(4) 重复第(1)至第(3)步,直到解码长度等于数据序列长度为止。

下面以数据序列"dacab"的编码结果 0.1101101(即$n = 0.8516$)为例来说明解码过程。

首先由符号的子间隔可以判断编码 $n=0.8516$ 处于子间隔 $[0.8, 1.0)$，对应符号为"d"，因而输出的第一个解码为"d"。

然后计算当前符号对应的子间隔长度 W_i 并更新编码 n，判断其所处子间隔并输出对应符号。如此重复，直到编码 n 为 0 时停止，即可全部解码。过程如下：

$$W_i=1.0-0.8=0.2, n=(0.8516-0.8)/0.2=0.258 \Rightarrow [L_i, H_i]=[0, 0.4) \Rightarrow a$$
$$W_i=0.4-0=0.4, n=(0.258-0)/0.4=0.645 \Rightarrow [L_i, H_i]=[0.6, 0.8) \Rightarrow c$$
$$W_i=0.8-0.6=0.2, n=(0.645-0.6)/0.2=0.225 \Rightarrow [L_i, H_i]=[0, 0.4) \Rightarrow a$$
$$W_i=0.4-0=0.4, n=(0.225-0)/0.4=0.5625 \Rightarrow [L_i, H_i]=[0.4, 0.6) \Rightarrow b$$

由于算术编码器对整个信源只产生一个码字，因此解码器在收到码字的所有位之前不能进行解码。此外，算术编码对错误也很敏感，如果有一位发生错误将导致整个译码错误。

9.4 行 程 编 码

行程编码

行程编码（Run Length Encoding，RLE）是一种利用空间冗余度编码的无损编码方法，它在 BMP、PCX、TIFF、PDF 文件中均得到了应用。它将具有相同值的连续符号串用其串长和一个代表值来代替，该连续串就称之为行程，串长称为行程长度。如，字符串"aabbbcddddd"经行程编码后，可以只用"2a3b1c5d"来表示。行程编码分为等长和变长两种，前者指编码的行程长度二进制位数固定，而后者指对不同范围的行程长度使用不同的二进制位数进行编码。变长行程编码需要增加标志位来表明所使用的二进制位数。行程编码对传输误差很敏感，一旦有 1 位符号出错就会改变行程编码的长度，从而使整个图像出现偏移，因此一般要用行同步、列同步的方法把差错控制在一行一列之内。

行程编码比较适合于二值图像的编码，一般用于量化后出现大量零系数连续的场合，用行程来表示连零码。如果图像是由很多块颜色或灰度相同的大面积区域组成的，那么，采用行程编码可以达到很高的压缩比。若图像中的数据非常分散，则行程编码不但不能压缩数据，反而会增加图像文件的大小。为了达到较好的压缩效果，一般不单独采用行程编码，而将其和其他编码方法结合使用。例如，在 JPEG 中，就综合使用了行程编码、DCT、量化编码以及哈夫曼编码，先对图像作分块处理，再对这些分块图像进行离散余弦变换（DCT），对变换后的频域数据进行量化并作 Z 字形扫描，接着对扫描结果作行程编码，对行程编码后的结果再作哈夫曼编码。

9.5 LZW 编 码

LZW 编码

9.5.1 LZW 编码方法

LZW（Lempel-Ziv & Welch）编码又称字串表编码，它属于一种无损编码，是 Welch 将 Lempel 和 Ziv 所提出的无损压缩技术改进后的压缩方法。LZW 编码的基本思想是：在编码过程中，将所遇到的字符串建立一个字符串表（或称为词典），表中的每个字符串都对应一个索引（或称为码字），编码时用该字符串在字串表中的索引来代替原始的数据串。例如，一幅 8 位的灰度图像，可以采用 12 位来表示每个字符串的索引，前 256 个索引用于对应可能出现的 256 种灰度，由此可建立一个初始的字符串表，而剩余的 3840 个索引就可分配给在压缩过程中出现的新字符串，这样就生成了一个完整的字符串表，压缩数据就可以只保存它在字符串表中的索引，从而达到压缩数据的目的。字符串表是在压缩过程中动态生成的，不必要将它保存在压缩文件里，因为解压缩时可以由压缩文件中的信息重新生成。

GIF 图像文件采用改良的 LZW 压缩算法，通常称为 GIF-LZW 压缩算法。GIF 图像文件以块(又称为区域结构)的方式来存储图像相关的信息，具体的文件格式可参考图像文件格式的相关书籍。GIF-LZW 的编码步骤如下：

(1) 根据图像中使用的颜色数初始化一个字串表，字串表中的每个颜色对应一个索引。在初始字串表的末尾再添加两个符号 LZW_CLEAR 和 LZW_EOI(分别为字符表初始化标志和编码结束标志)的索引。

(2) 设置字符串变量 pF 和 cH 并初始化为空，输出 LZW_CLEAR 在字串表中的索引。

(3) 从数据流中的第一个字符开始，依次读取一个字符，将其赋给 cH。

(4) 判断 pF＋cH 是否已存在于字串表中。如果已存在，则用 cH 扩展 pF，即 pF＝pF＋cH；否则，输出 pF 在字串表中的索引，并在字串表末尾为 pF＋cH 添加索引，并令 pF＝cH。

(5) 重复第(3)步和第(4)步，直到所有字符读完为止。

(6) 输出 pF 在字串表中的索引，然后输出结束标志 LZW_EOI 的索引，编码完毕。

GIF-LZW 的解码过程和编码过程正好相反，即将编码后的码字转换成对应的字符串，重新生成字串表，然后依次输出对应的字符串即可。GIF-LZW 的解码流程如图 9-6 所示，其中，Code 和 OldCode 是两个存放索引的临时变量。

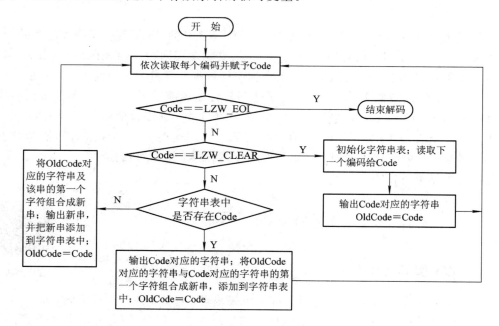

图 9-6 GIF-LZW 解码流程

9.5.2　LZW 编码实例

下面通过一个实例说明 GIF-LZW 的编码及解码过程。

设有一来源于 4 色(以 a、b、c、d 表示)图像的数据流：aabcabbbbd，对其进行 LZW 编码的过程如下：

编码前，首先需要初始化一个字符串表。由于图像中只有 4 种颜色，因而，可以只用 4 比特表示字符串表中每个字符串的索引，表中的前 4 项代表 4 种颜色，后两项分别表示初始化和图像结束标志，建立的初始化字符串表如表 9-2 所示。

接着把 pF 和 cH 初始化为空，输出 LZW_CLEAR 在字符串表中的索引值 4H，接下来是对图像数据的编码。

表 9 - 2　初始化字符串表

字　符　串	索　　引
a	0 H
b	1 H
c	2 H
d	3 H
LZW_CLEAR	4 H
LZW_EOI	5 H

读取第一个字符，即 cH＝"a"，因 pF＋cH＝"a"已存在字串表中，所以 pF＝pF＋cH＝"a"。

读入下一个字符，即 cH＝"a"，因 pF＋cH＝"aa"不在字串表中，所以输出 pF＝"a"的索引 0，同时在字符串表末尾添加新字符串"aa"的索引 6H，并使 pF＝cH＝"a"。

依次读取数据流中的每个字符，如果 pF＋cH 没有出现在字符串表中，则输出 pF 中的字符串的索引，并在字符串表末尾为新字符串 pF＋cH 添加索引，并使 PF＝cH；否则，不输出任何结果，仅使 pF＝pF＋cH。所有字符处理完毕后，输出 pF 中的字符串的索引，最后输出结束标志 LZW_EOI 的索引。至此，编码完毕，完整的编码过程如表 9-3 所示，最后的编码结果为"4001271B35"(以十六进制表示)。

表 9 - 3　GIF - LZW 编码示例

输入数据 cH	pF＋cH	输出结果	pF	生成的新字符串及索引
NULL	NULL	4H	NULL	
a	a	—	a	
a	aa	0H	a	aa 〈6H〉
b	ab	0H	a	ab 〈7H〉
c	bc	1H	c	bc 〈8H〉
a	ca	2H	a	ca 〈9H〉
b	ab	—	ab	
b	abb	7H	b	abb 〈AH〉
b	bb	1H	b	bb 〈BH〉
b	bb	—	bb	
d	bbd	BH	d	bbd 〈CH〉
—	—	3H		
—	—	5H		

下面对上述编码结果"4001271B35"进行解码。按图 9－6 的解码流程，首先读取第一个编码 Code＝4H，由于它为 LZW_CLEAR，因此需初始化字符串表，结果如表 9－2 所示（在实际应用中，可根据文件头中给定的信息建立初始字符串表）。

读入下一个编码 Code＝0H，因此输出字串表中 0H 对应的字符串"a"，同时使OldCode＝Code＝0H。

读入下一个编码 Code＝0H，由于字串表中存在该索引，因此输出 0H 所对应的字符串"a"，然后将 OldCode＝0H 所对应的字符串"a"加上 Code＝0H 所对应的字符串的第一个字符"a"，即"aa"添加到字串表中，其索引为 6H，同时使 OldCode＝Code＝0H。

读入下一个编码 Code＝1H，由于字串表中存在该索引，因此输出 1H 所对应的字符串"b"，然后将 OldCode＝0H 所对应的字符串"a"加上 Code＝1H 所对应的字符串的第一个字符"b"，即"ab"添加到字串表中，其索引为 7H，同时使 OldCode＝Code＝1H。

同理可解译其余码字，直到遇到编码结束标志 LZW_EOI 为止，最后的解码结果为aabcabbbbd。为清晰起见，完整的解码过程如表 9－4 所示。

表 9－4　GIF－LZW 解码示例

输入数据 Code	新字符串的来源	输出结果	OldCode	生成的新串及索引
4H	—	—	—	—
0H	—	a	0H	—
0H	Str(OldCode)＋FirstStr(Code)＝aa	a	0H	aa〈6H〉
1H	Str(OldCode)＋FirstStr(Code)＝ab	b	1H	ab〈7H〉
2H	Str(OldCode)＋FirstStr(Code)＝bc	c	2H	bc〈8H〉
7H	Str(OldCode)＋FirstStr(Code)＝ca	ab	7H	ca〈9H〉
1H	Str(OldCode)＋FirstStr(Code)＝abb	b	1H	abb〈AH〉
BH	Str(OldCode)＋FirstStr(OldCode)＝bb	bb	BH	bb〈BH〉
3H	Str(OldCode)＋FirstStr(Code)＝bbd	d	3H	bbd〈CH〉
5H	—	—	—	—

由此可见，LZW 编码算法在编码与解码过程中所建立的字符串表是一样的，都是动态生成的，所以在压缩文件中不必保存字符串表。

9.6　JPEG2000 编码

9.6.1　JPEG2000 概述

JPEG 2000 是由联合图像专家组(Joint Photographic Experts Group)于 2000 年底推出的一种基于小波变换的静态图像压缩标准，它具有广泛的应用前景。JPEG2000 标准仍在不断发展和完善中，目前包括 12 部分，对应代号为 ISO/IEC 15 444－1～12，每一部分都在第 1 部分的基础上增加了新的特性。

第 1 部分：核心编码系统。指定了基本的编码/解码步骤、码流语法和 JP2 基本文件格式。

第 2 部分：对第 1 部分的扩展。如更灵活的小波分解和系数量化方式、ROI 编码方式等。

第 3 部分：运动 JPEG2000。针对运动图像提出的解决方案，定义了 MJ2 文件格式。

第 4 部分：一致性。指定了使用第 1 部分编码/解码的一致性测试流程。

第 5 部分：参考软件。提供了两个用 C 和 Java 实现第 1 部分的源码包。

第 6 部分：复合图像文件格式。针对印刷和传真应用的复合图像定义了 JPM 文件格式。

第 7 部分：已被摒弃。

第 8 部分：安全问题。涉及用于 JPEG2000 的加密、数字水印、条件访问等安全问题。

第 9 部分：交互协议。定义了网络传输 JPEG2000 图像和元数据的 JPIP 协议和工具。

第 10 部分：体数据。定义体数据的编码方式。

第 11 部分：无线应用。定义了在易出错的无线网络环境下的编码、解码方法 JPWL。

第 12 部分：ISO 基本媒体文件格式。定义了时间序列媒体的一般格式，与 MPEG - 4 标准 ISO/IEC 14496—12 具有共同的内容。

JPEG2000 的目标是创建一个统一、集成的图像压缩系统，允许使用不同的图像模型（如客户/服务器、实时传输、图像库、有限缓冲和带宽资源等）能够对不同类型（如二值、灰度、彩色或者多分量图像）、不同特性（如自然图像、科学图像、医学影像、遥感图像、文本、计算机图形等）的静止图像进行压缩。JPEG2000 统一了二值图像编码标准 JBIG、无损压缩编码标准 JPEG - LS 以及 JPEG 基线编码标准，具有下列优良特性：

（1）良好的低比特率压缩性能：JPEG 在中高比特率条件上具有较好的率失真性能，但在低比特率情况下（如低于 0.25 比特/像素的高分辨灰度图像）失真严重。JPEG2000 能获得更好的率失真性能和主观图像质量，更能适应网络、移动通信等有限带宽的应用需要。

（2）连续色调和二值图像压缩：JPEG 对于自然图像具有较好的压缩性能，但压缩计算机图形和二值文本时性能变差，不适用于复合文本压缩。JPEG2000 能够对自然图像、复合文本、医学图像、计算机图形等具有不同特征、不同类型的图像进行压缩。

（3）有损和无损压缩：在同一个压缩码流中，JPEG 不能同时提供有损和无损两种压缩，而 JPEG2000 却可以，可满足图像质量要求很高的医学图像、图像库等处理需要。

（4）按照像素精度或者分辨率进行渐进式传输：渐进式图像传输允许图像按照所需的分辨率或像素精度进行重构，用户可以根据需要对图像传输进行控制。在获得所需的图像分辨率或质量要求后，便可终止解码，而不必接收整个图像压缩码流。

（5）随机访问和处理码流：在不解压的情况下，可随机获取特定图像区域的压缩码流，并进行几何变换、特征提取等处理。

（6）抗误码特性好：通过设计适当的码流格式和相应的编码措施，对差错的鲁棒性高，可以在噪声干扰大的无线通信信道上传输。

（7）大图像和多分量图像：允许的最大图像尺寸为$(2^{32}-1)\times(2^{32}-1)$，最大图像分量为 2^{14}，图像分量的最大颜色深度为 38 位。

（8）固定速率、固定大小、有限的存储空间：通过分块技术和速率控制，允许指定压缩文件的期望大小，易于硬件实现，能够应用于带宽资源和存储空间有限的场合。

（9）感兴趣区域编码：允许指定用户感兴趣区域，对该区域采用低压缩比，而其他区域采用高压缩比，可实现交互式压缩。

9.6.2　JPEG2000 核心编码系统

JPEG2000 核心编码系统用离散小波变换(Discrete Wavelet Transform，DWT)和最优截断嵌入式块编码(Embedded Block Coding with Optimized Truncation，EBCOT)取代了 JPEG 基线编码系统中的离散余弦变换和哈夫曼编码，其编解码流程如图 9-7 所示。首先对预处理后的图像进行离散小波变换，再对变换后的小波系数进行量化，然后对量化结果分块进行嵌入式编码，最后依据率失真最优原则分层组织嵌入式位流，按照一定的码流格式打包输出。解码过程相对简单，根据压缩码流中存储的参数，对应于编码器的各部分进行逆向操作，输出重构的图像数据。下面简要介绍编码器的各组成部分，具体内容请参见相关标准说明。

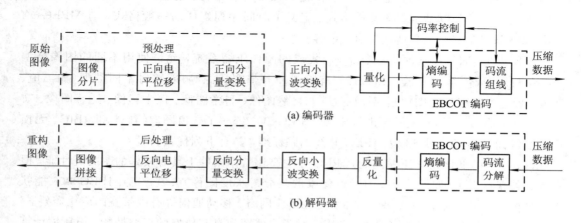

图 9-7　JPEG2000 核心编码系统编解码流程

1. 预处理

预处理包括图像分片(Tiling)、电平位移(Level Offset)和分量变换三个步骤。

(1) 图像分片。JPEG2000 允许将图像按网格形式分割成若干互不重叠、任意尺寸的矩形块——图像片或拼接块(Tile)，每个拼接块可以按特定的参数独立进行编码。图像分片有利于降低内存需求，可以处理较大的图像，也有利于处理压缩域中的感兴趣区域。除图像边界上的拼接块外，所有拼接块都有相同尺寸，小尺寸的拼接块容易导致边界失真并降低压缩效率，而大尺寸的拼接块则内存需求大，一般取 $64 \times 64 \sim 1024 \times 1024$。

(2) 电平位移。电平位移的目的是希望图像的样本数据有近似集中于零附近的动态范围。对于 B 位无符号整数的图像分量 $I(x, y)$，通过减去 2^{B-1} 来实现电平位移，即 $I(x, y) \leftarrow I(x, y) - 2^{B-1}$；对于有符号的图像分量则无需进行电平位移。对于有损压缩，由于采用实数型离散小波变换，因此还需对偏移后的数据进行归一化处理，即 $I(x, y) \leftarrow I(x, y) / 2^{B}$。

(3) 分量变换。分量变换的主要目的是减少图像分量之间的相关性，以便利用人眼对色度的分辨率低于亮度的特性进行压缩。JPEG2000 定义了分别用于有损压缩和无损压缩的不可逆颜色变换(Irreversible Color Transform，ICT)和可逆颜色变换(Reversible Color Transform，RCT)。ICT 由 RGB 变换到 YC_rC_b，采用近似的实数运算，可用在有损小波压缩中。RCT 则采用 RGB 变换到 YUV，采用精确的整数运算，可用在无损小波压缩中。

设 $\alpha_R = 0.299$，$\alpha_G = 0.587$，$\alpha_B = 0.114$ 分别表示 R、G、B 的权重，且满足 $\alpha_R + \alpha_G + \alpha_B = 1$，则正向 ICT 和逆向 ICT 分别如式（9-14）和式（9-15）所示：

$$\begin{cases} Y = \alpha_R R + \alpha_G G + \alpha_B B \\ C_b = \dfrac{0.5}{1-\alpha_B}(B-Y) \\ C_r = \dfrac{0.5}{1-\alpha_R}(R-Y) \end{cases} \tag{9-14}$$

$$\begin{cases} R = Y + 2(1-\alpha_R)C_r \\ G = Y - \dfrac{2}{\alpha_G}\left[\alpha_B(1-\alpha_B)C_b + \alpha_R(1-\alpha_R)C_r\right] \\ B = Y + 2(1-\alpha_B)C_b \end{cases} \tag{9-15}$$

正向 RCT 和逆向 RCT 分别如式（9-16）和式（9-17）所示：

$$\begin{cases} Y = \lfloor (R+2G+B)/4 \rfloor \\ U = R - G \\ V = B - G \end{cases} \tag{9-16}$$

$$\begin{cases} G = Y - \lfloor (U+V)/4 \rfloor \\ R = U + G \\ B = V + G \end{cases} \tag{9-17}$$

2. 离散小波变换

二维离散小波变换是通过对样本数据先沿行方向进行低通和高通滤波，并对滤波结果进行 2↓1 下采样，再对采样结果沿列方向进行与行方向同样的滤波和下采样来实现的。经过小波变换后，图像片的每个分量被分解为低频和高频子带，如图 9-8 所示。JPEG2000 支持最大级数为 32 的多级分解，下一级是对当前级的低频子带进行分解的结果。JPEG2000 支持基于卷积和基于提升的两种滤波模式，有损压缩采用 Daubechies 9/7 双正交样条滤波器，无损压缩采用 Le Gall 5/3 样条滤波器。为了保证在两个边界的一个样本能够在空间有对应的滤波掩蔽系数，两种滤波模式的实现都要求先对信号进行周期对称扩展。

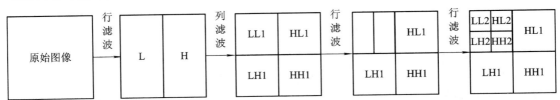

图 9-8　图像小波分解示意图

3. 量化

对于无损压缩，小波系数不需要量化；对于有损压缩，对小波系数采用带死区（Deadzone，即输出为 0 的区域）的均匀标量量化方法。每个子带定义一个量化步长 Δ_b，量化公式如下：

$$q_b = \text{sign}(y_b)\left\lfloor \frac{|y_b|}{\Delta_b} \right\rfloor \tag{9-18}$$

式中：y_b 是子带 b 中的小波系数；Δ_b 是子带 b 的量化步长；$\text{sign}(y_b)$ 表示 y_b 的正负号；q_b 是

量化结果。在死区附近的量化宽度为 $2\Delta_b$，这样可以保证量化后出现更多 0，如图 9-9 所示。

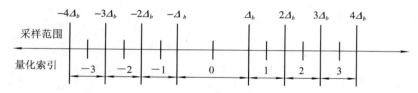

图 9-9　带死区的量化示意图

在 JPEG2000 码流中，Δ_b 用 5 比特指数 ε_b 和 11 比特尾数 μ_b 来表示，可由下式求得：

$$\Delta_b = 2^{R_b - \varepsilon_b}\left(1 + \frac{\mu_b}{2^{11}}\right) \tag{9-19}$$

式中：R_b 为子带 b 的动态范围。如果 Δ_b 为 2 的整数次幂，则 μ_b 为 0。在 JPEG2000 的隐含量化模式下，各子带的量化步长是相关的，可以从低频子带的量化步长导出。

4. 码率控制

编码的码率 R（每符号的比特数）与失真度 D（原始图像与重建图像之间的均方误差）之间的函数关系称为率失真函数。率失真函数在定义域内是单调递减的，给出了失真度为 D 时的极限码率。码率控制就是希望在允许的失真条件下能够获得最优码率，或者在达到目标码率的条件下使失真度最小。通过合理的率失真优化算法，可以使得产生截断时相同码率下的失真度最小。显然，将图 9-10 中的线段按照斜率从大到小的顺序连接而成的虚线，能够获得更优的率失真性能。

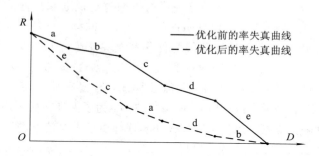

图 9-10　率失真优化示意图

5. EBCOT 编码

经过量化后，将子带进一步划分为更小的矩形区域-码块（Code-blocks），使得同一子带的码块大小相同（典型大小为 32×32 或 64×64）。EBCOT 采用两层编码策略：在第 1 层编码中，对每个码块独立进行熵编码，包括分数位平面编码（Fractional Bit-Plane Coding，BPC）和二进制算术编码（Binary Arithmetic Coding，BAC），以得到码块的嵌入式位流；在第 2 层编码中，根据率失真最优原则将所有码块的嵌入式位流组织成具有不同质量的位流层，按照一定的码流格式对每一层打包输出压缩码流。

（1）分数位平面编码。从码块的最高有效位平面（至少包含一个 1）到最低位平面，依次对每个位平面执行重要性传播（Significance Propagation Pass，SPP）、幅度精练（Magnitude Refinement Pass，MRP）和清理（Clean-up Pass，CPU）3 个编码通道。位平面上的每个系数位必须且只能在其中一个编码通道上编码。码块中的每个位平面从左上角开始，按条带方式从上到下扫描，条带内按列从左到右扫描，条带高度为 4，扫描顺序如图 9-11 所示。

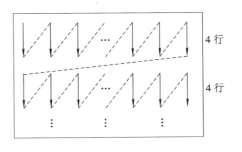

码块的每个系数都有一个对应的"重要性状态"，1 表示该系数重要，0 表示不重要。重要性状态初始化为 0，编码过程中可能变为 1。8 个邻域系数的重要性状态确定了当前系数的上下文，最多有256 种上下文。考虑到待编码位与邻域位的相关性

图 9-11　码块位平面内的扫描顺序

和设计的可行性，EBCOT 将 8 个邻域分为水平、垂直和对角 3 类，通过零编码（重要性编码）、符号编码、幅度精练编码和游程编码（清理编码）4 个算子使得上下文缩减到 19 种。这 4 个算子由 3 个编码通道来执行，每个位生成一个上下文标志 CX 和 0/1 判定 D，然后将其送入算术编码器处理。

在重要性传播通道中，如果当前位现在不重要，但其 8 个相邻位中至少有一个重要，则该位采用零编码算法进行编码；如果当前位变得重要，则需要进行符号编码。重要性传播通道中未被编码的重要位将在幅度精练通道中被编码。在前两个通道未被编码的位将进入清理编码通道，如果一列中的 4 个比特都不重要，则对其采用游程编码，否则分别对每个比特采用零编码。

（2）二进制算术编码。JPEG2000 中采用 MQ 算法实现基于上下文的二进制算术编码，包括概率估计、间隔计算和区间调整等过程。MQ 将输入的 0/1 判定 D 映射为小概率符号（Least Possible Symbol，LPS）和大概率符号（Most Possible Symbol，MPS），通过递归划分概率区间来实现编码。当收到一个 0/1 判定 D 时，首先根据上下文标志 CX 在上下文表和概率估计表中查出 LPS 的概率 Q_e，然后根据 D 是否为 MPS 来划分概率区间。假设当前概率区间的下界和大小分别为 C 和 A，则概率区间更新如下：

$$\begin{cases} C = C, \ A = AQ_e, & D \text{ 为 LPS 时} \\ C = C + AQ_e, \ A = A - AQ_e, & D \text{ 为 MPS 时} \end{cases} \tag{9-20}$$

划分之后，LPS 对应区间为 $[C, C+AQ_e)$，MPS 对应区间为 $[C+AQ_e, C+A)$。为了简化计算，让 A 保持在 0.75～1.5，用 Q_e 替换式（9-20）的 AQ_e，从而避免了乘法运算。如果 LPS 子区间大于 MPS 子区间时，则交换两个子区间。当 A 小于 0.75 时，需要对 A 和 C逐次加倍（左移位），直到 A 大于或等于 0.75，称此过程为重归一化。当 C 溢出时，输出 C的高位到压缩位流。

（3）码流组织。为了使得压缩码流具有失真率可伸缩性（即传输渐进性），JPEG2000 采用压缩后率失真优化（Post-Compression Rate-Distortion，PCRD）算法计算码块位流在每一层上的截断点，将码块位流按照截断点分层组织成不同的质量层（Quality Layer）。

设每个码块有 n 个截断点（对应有 n 个质量层），z_i^k 为码块 B_i 的第 k 个截断点，$L_i(z_i^k)$和 $D_i(z_i^k)$ 分别为码块 B_i 在 z_i^k 处对应的码长和失真率，有：

$$0 \leqslant L_i(z_i^1) \leqslant \cdots \leqslant L_i(z_i^k) \leqslant \cdots \leqslant L_i(z_i^n) \tag{9-21}$$

给定第 k 个质量层的总目标码长上限为 $L_{\max}^k$，假定码的失真率具有可加性，则理想的截断策略是在总码长满足 $L^k = \sum_i L_i(z_i^k) \leqslant L_{\max}^k$ 的条件下，使得总失真率 $D^k = \sum_i D_i(z_i^k)$ 最小。

每个质量层由拼接块中各个码块的部分嵌入式位流组成，可以涉及码块任意数量的位平面编码通道。图 9-12 给出了一个 3 层编码的质量层示意图，其中码块 B_4 对质量层 Q_2 没有贡献。

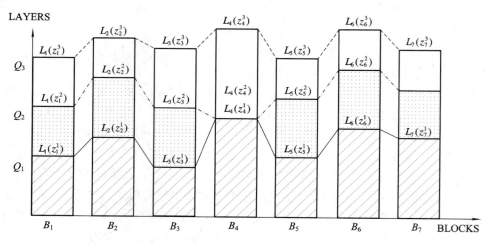

图 9-12　质量层示意图

为了更好地表达码流分层组织的思想，JPEG2000 引入了界域(Precinct)和数据包(Packet)。界域是指在某一分辨率下，空间某连续区域在所有子带中对应的码块集合，界域尺寸要求为 2 的整数次幂。码块、界域、子带之间的关系如图 9-13 所示。

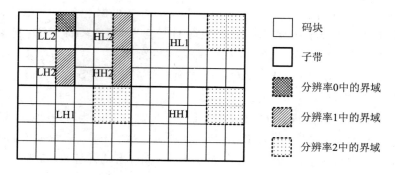

图 9-13　块、界域、子带之间的关系

每个界域产生一个数据包，数据包的渐进次序可以分为 5 种：层-分辨率-分量-界域位置(LRCP)；分辨率-层-分量-界域位置(RLCP)；分辨率-界域位置-分量-层(RPCL)；界域位置-分量-分辨率-层(PCRL)；分量-界域位置-分辨率-层(CPRL)，默认为 LRCP。图 9-14 给出了一个 2 级分解具有 16 个码块的渐近次序。

码流由一个主标头开头，后跟若干个拼接块码流，最后以 EOC 结束。每个拼接块码流由拼接块头开始，后跟若干个数据包，每个数据包由包标头和包体(包数据流)组成。

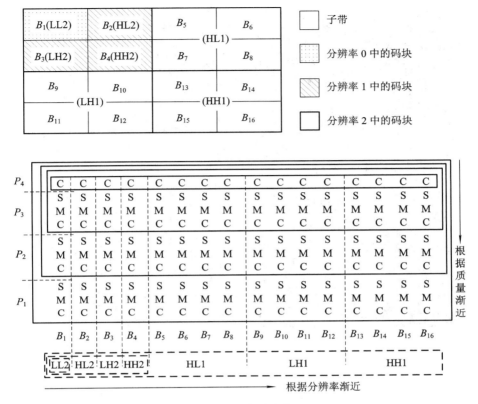

图 9 - 14　渐进次序

6. 感兴趣区域编码

通过使用 Maxshift 方法，JPEG2000 允许对任意形状的感兴趣区域（Region of Interest，ROI）进行编码，且无需对 ROI 的形状进行编码和解码。Maxshift 方法的基本思想是在进行 EBCOT 编码之前，找到 ROI 的最小值和背景的最大值，将 ROI 的小波系数整体平移到背景系数之上，因而 ROI 中的系数的位平面编码先于背景系数。

9.6.3　JPEG2000 编码实例

JPEG2000 编码实现相当复杂，流行的相关软件包主要有 OpenJPEG、JasPer 和 Kakadu。其中，OpenJPEG 和 JasPer 是用 C 编写的、开源的 JPEG2000 编码器，Kakadu 是 EBCOT 的发明者 David Taubman 用 C++ 编写的功能较全、性能较好的 JPEG2000 软件开发包。下面用 Kakadu 中的 kdu_compress 程序对示例图像进行 JPEG2000 编码。

用如下命令将输入图像 WarnTree. bmp 分别以目标码率 1. 0 bpp、0. 25 bpp 和 0. 05 bpp 编码为 JP2 文件，压缩后的文件大小分别为 34. 4 KB、8. 7 KB 和 1. 84 KB，峰值噪声比分别为 30. 07 dB、24. 66 dB 和 21. 27 dB，效果如图 9 - 15(b～d)所示。

```
kdu_compress -i WarnTree. bmp -o WarnTree_Bpp1. 0. jp2 -rate 1. 0
kdu_compress -i WarnTree. bmp -o WarnTree_Bpp0. 25. jp2 -rate 0. 25
kdu_compress -i WarnTree. bmp -o WarnTree_Bpp0. 05. jp2 -rate 0. 05
```

如下命令对输入图像 Cabrite. bmp 分为 4 个质量层进行无损编码，前 3 层的目标码率

(a) 24 bpp， 837 KB

(b) 1 bpp， 34.4 KB

(c) 0.25 bpp， 8.7 KB

(d) 0.05 bpp，1.84 KB

图 9 - 15　不同目标码率的压缩效果

分别为 0.05 bpp、0.2 bpp 和 1.0 bpp，后一条命令用矩形区域进行感兴趣区域编码，效果如图 9 - 16 所示。

(a) 原始图像

(b) 无 ROI 编码的第一质量层

(c) ROI 编码的第一质量层

(d) ROI 编码的第三质量层

图 9 - 16　感兴趣区域编码效果

kdu_compress -i Cabrite. bmp -o CabriteNoRoi. jp2 -rate -，1.0，0.5，0.1 Creversible＝yes Rlevels＝5

kdu_compress -i Cabrite. bmp -o CabriteRectRoi. jp2 -rate -，1.0，0.5，0.1 Creversible＝yes Rshift＝12 Rlevels＝5 -roi {0.2，0.1}，{0.4，0.4}

9.7　编　程　实　例

下面以对图像进行哈夫曼编码为例，简要阐述其编码器和解码器的实现过程，完整代码请读者登录出版社网站下载，文件路径：code\src\chapter09\code09-01-Huffman Coding.cpp。

在对图像进行哈夫曼编码前，需要统计信源符号的出现概率。为了出现较大的哈夫曼码表并增加代码的适用性，只对单通道图像进行编码，可以利用 cv∷extractChannel() 函数从输入图像中提取指定通道的图像数据。遍历单通道图像中的每个像素，统计灰度的出现次数除以图像总像素数即可得到灰度的出现概率，然后存入灰度-概率数组，实现代码参见函数 computeSymbolFreq()。

对于具有 N 个叶子结点（待编码符号）的哈夫曼树，总共有 $2N-1$ 个结点。为了提高执行效率，用 std∷vector 数组来存储 $2N-1$ 个结点，结点结构定义如下：

```
struct HuffmanNode{
    float weight;        // 权值：符号出现概率
    int parent;          // 父结点：在结点数组中的索引
    int lchild;          // 左子结点：在结点数组中的索引
    int rchild;          // 右子结点：在结点数组中的索引
};
```

利用 initHuffmanTree() 函数中初始化结点数组后，在 createHuffmanTree() 函数中构造哈夫曼树。每次由 selectTwoMinNodes() 从结点数组中选择两个概率最小的非子结点合并为新的父结点。在 makeHuffmanTable() 函数中，从每个叶子结点上溯到根结点，将路径上的 0/1 按照从右到左的顺序组成其符号码字，存入"符号数值-符号码字"映射表中。然后从图像中读入每个像素，从映射表中查出其对应的码字，将码字输出到字符串，最后将每 8 个 0/1 字符转换成字节输出，形成压缩位流，实现代码详见 HuffmanEncode() 函数。

解码时，从压缩位流中逐次读出 1 个二进制位，组成 0/1 字符串，在映射表查找符号码字对应的符号数值。若找到，则输出该符号数值到对应的像素，否则继续读入下一位，直到所有像素均已解码，实现代码详见 HuffmanDecode() 函数。

对标准测试图像 Lena 的红、绿、蓝通道进行哈夫曼编码的压缩比分别为 1.1394、1.0488 和 1.0965。可见，哈夫曼编码的压缩效率依赖于信源符号的概率分布，单纯的哈夫曼编码压缩效果不够理想，需要结合其他编码方法来提高压缩效率。

习　　题

1. 现有 8 个待编码的符号 m_0，…，m_7，它们的概率分别为 0.11，0.02，0.08，0.04，

0.39，0.05，0.06，0.25，利用哈夫曼编码求出这一组符号的编码并画出哈夫曼树。

2. 现有来源于 4 色系统的图像数据流：a d c a b a a a b a b，试写出该数据的 LZW 编码，并编制程序来实现。

3. 假设信源符号为{a，b，c，d}，出现的概率分别为{0.4，0.2，0.1，0.3}，写出算术编码及解码过程。

4. 写出将一幅 24 位真彩色图像压缩成 JPEG 图像格式文件的算法过程。

5. 对一幅特定的图像，分别用一种有损压缩算法和一种无损压缩算法对该图像进行压缩，计算各自的压缩时间、解压缩时间和压缩比。

第 9 章习题答案

第 10 章　图 像 复 原

在数字图像的获取过程中，由于各种原因会产生一定程度的退化（图像品质下降）。因此，需要研究各种复原技术对图像进行校正。本章先讨论图像退化的一般数学模型，主要运用线性代数的矩阵方法去求解基于线性的、空间不变的退化模型，然后根据评价准则，讨论线性复原和非线性复原，以及由于成像系统非线性所引起的图像像素位置发生位移的图像恢复方法。

10.1　图像退化与复原

数字图像在获取的过程中，由于光学系统的像差、光学成像衍射、成像系统的非线性畸变、摄影胶片感光的非线性、成像过程的相对运动、大气的湍流效应和环境随机噪声等原因，图像会产生一定程度的退化。因此，必须采取一定的方法尽可能地减少或消除图像质量的下降，恢复图像的本来面目，这就是图像复原，也称为图像恢复。

图像复原与图像增强有类似的地方，都是为了改善图像。但是它们又有着明显的不同。图像复原试图利用退化过程的先验知识使已退化的图像恢复本来面目，即根据退化的原因，分析引起退化的环境因素，建立相应的数学模型，并沿着使图像降质的逆过程恢复图像。从图像质量评价的角度来看，图像增强是提高图像的可理解性，而增强图像的目的是提高视感质量。图像增强的过程基本上是一个探索的过程，利用人的心理状态和视觉系统去控制图像质量，直到视感效果满意为止。

图像恢复可以理解为图像降质过程的反向过程。建立图像恢复的反向过程的数学模型，是图像恢复的主要任务。经过反向过程的数学模型的运算，难以恢复全真的景物图像。所以，图像恢复需要有一个质量标准，即衡量接近全真景物图像的程度，或对原图像的估计到达最佳的程度。

由于引起退化的因素众多而且性质不同，为了描述图像退化过程所建立的数学模型往往多种多样，而恢复的质量标准也往往存在差异性，所以图像恢复是一个复杂的数学过程，图像复原的方法、技术也各不相同。

10.1.1　图像降质的数学模型

图像复原处理的关键问题在于建立退化模型。输入图像 $f(x, y)$ 经过某个退化系统后的输出是一幅退化了的图像。为了讨论方便，把噪声引起的退化即噪声对图像的影响一般作为加性噪声考虑，这与许多实际应用情况一致。如图像数字化时的量化噪声、随机噪声等就可以作为加性噪声。

　　原始图像 $f(x,y)$ 经过一个退化算子或退化系统 $H(x,y)$ 的作用，并且和噪声 $n(x,y)$ 进行叠加，形成退化后的图像 $g(x,y)$。图 10-1 表示退化过程输入和输出的关系。图中 $H(x,y)$ 概括了退化系统的物理过程，就是所要寻找的退化数学模型。

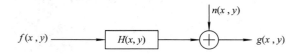

图 10-1　图像的退化模型

　　数字图像的图像恢复问题可看为根据退化图像 $g(x,y)$ 和退化算子 $H(x,y)$ 的形式，沿着反向过程去求解原始图像 $f(x,y)$，或者说是逆向地寻找原始图像的最佳近似估计。图像退化的模型过程可以用数学表达式写成如下的形式：

$$g(x,y) = H[f(x,y)] + n(x,y) \qquad (10-1)$$

式中：$n(x,y)$ 为噪声，是一种统计性质的信息。在实际应用中，往往假设噪声是白噪声，即它的频谱密度为常数，且与图像无关。

　　在图像复原处理中，尽管非线性、时变和空间变化的系统模型更具有普遍性和准确性，更与复杂的退化环境相接近，但它给实际处理工作带来巨大的困难——常常找不到解或者很难用计算机来处理。因此，在图像复原处理中，往往用线性系统和空间不变系统模型来加以近似。这种近似的优点使得线性系统中的许多理论可直接用于解决图像复原问题，同时不失可用性。

　　下面介绍连续图像退化的数学模型。

　　一幅连续图像 $f(x,y)$ 可以看作是由一系列点源组成的。因此，$f(x,y)$ 可以通过点源函数的卷积来表示，即

$$f(x,y) = \int_{-\infty}^{\infty} \int_{-\infty}^{\infty} f(\alpha,\beta)\delta(x-\alpha,y-\beta)\,\mathrm{d}\alpha\,\mathrm{d}\beta \qquad (10-2)$$

式中：δ 为点源函数，表示空间上的点脉冲。

　　在不考虑噪声的一般情况下，连续图像经过退化系统 H 后的输出为

$$g(x,y) = H[f(x,y)] \qquad (10-3)$$

把式(10-2)代入式(10-3)得

$$g(x,y) = H[f(x,y)] = H\left[\int_{-\infty}^{\infty} \int_{-\infty}^{\infty} f(\alpha,\beta)\delta(x-\alpha,y-\beta)\,\mathrm{d}\alpha\,\mathrm{d}\beta\right] \qquad (10-4)$$

在线性和空间不变系统中，退化算子 H 具有如下性质。

1. 线性

　　设 $f_1(x,y)$ 和 $f_2(x,y)$ 为两幅输入图像。k_1 和 k_2 为常数，则：

$$H[k_1 f_1(x,y) + k_2 f_2(x,y)] = k_1 H[f_1(x,y)] + k_2 H[f_2(x,y)] \qquad (10-5)$$

　由性质 1 还可推出下面两个结论：

　(1) 若 $k_1 = k_2 = 1$，则式(10-5)变为

$$H[f_1(x,y) + f_2(x,y)] = H[f_1(x,y)] + H[f_2(x,y)] \qquad (10-6)$$

　(2) 若 $f_2(x,y) = 0$，则式(10-5)变为

$$H[k_1 f_1(x,y)] = k_1 H[f_1(x,y)] \qquad (10-7)$$

2. 空间不变性

如果对任意 $f(x, y)$ 以及 α 和 β，有

$$H[f(x-\alpha, y-\beta)] = g(x-\alpha, y-\beta) \qquad (10-8)$$

对于线性空间不变系统，输入图像经退化后的输出为

$$g(x, y) = H[f(x, y)] = H\left[\int_{-\infty}^{\infty}\int_{-\infty}^{\infty} f(\alpha, \beta)\delta(x-\alpha, y-\beta)\, \mathrm{d}\alpha\, \mathrm{d}\beta\right]$$

$$= \int_{-\infty}^{\infty}\int_{-\infty}^{\infty} f(\alpha, \beta) H[\delta(x-\alpha, y-\beta)]\, \mathrm{d}\alpha\, \mathrm{d}\beta$$

$$= \int_{-\infty}^{\infty}\int_{-\infty}^{\infty} f(\alpha, \beta) h(x-\alpha, y-\beta)\, \mathrm{d}\alpha\, \mathrm{d}\beta \qquad (10-9)$$

式中，$h(x-\alpha, y-\beta)$ 为该退化系统的点扩展函数，或叫系统的冲激响应函数。它表示系统对坐标为 (α, β) 处的冲激函数 $\delta(x-\alpha, y-\beta)$ 的响应。也就是说，只要系统对冲激函数的响应为已知，那么就可以清楚图像退化是如何形成的，因为对于任一输入 $f(\alpha, \beta)$ 的响应，都可以通过上式计算出来。

此时，退化系统的输出就是输入图像信号 $f(x, y)$ 与点扩展函数 $h(x, y)$ 的卷积：

$$g(x, y) = \int_{-\infty}^{\infty}\int_{-\infty}^{\infty} f(\alpha, \beta) h(x-\alpha, y-\beta)\, \mathrm{d}\alpha\, \mathrm{d}\beta = f(x, y) * h(x, y) \qquad (10-10)$$

图像退化除了受到成像系统本身的影响外，有时还要受到噪声的影响，假设噪声 $n(x, y)$ 是加性白噪声，这时上式可写成

$$g(x, y) = \int_{-\infty}^{\infty}\int_{-\infty}^{\infty} f(\alpha, \beta) h(x-\alpha, y-\beta)\, \mathrm{d}\alpha\, \mathrm{d}\beta + n(x, y)$$

$$= f(x, y) * h(x, y) + n(x, y) \qquad (10-11)$$

在频域上，式(10-11)可以写成

$$G(U, V) = F(u, v) H(u, v) + N(u, v) \qquad (10-12)$$

式中：$G(u, v)$、$F(u, v)$、$N(u, v)$ 分别是退化图像 $g(x, y)$、原图像 $f(x, y)$、噪声信号 $n(x, y)$ 的傅里叶变换。$H(u, v)$ 是系统的点冲激响应函数 $h(x, y)$ 的傅里叶变换，称为系统在频率域上的传递函数。

式(10-11)和式(10-12)就是连续函数的退化模型。可见，图像复原实际上就是已知 $g(x, y)$ 求 $f(x, y)$ 的问题或已知 $G(u, v)$ 求 $F(u, v)$ 的问题，它们的不同之处在于一个是在空域，一个是在频域。

显然，进行图像复原的关键问题是寻找降质系统在空间域上的冲激响应函数 $h(x, y)$，或者降质系统在频率域上的传递函数 $H(u, v)$。一般来说，传递函数比较容易求得。因此，在进行图像复原之前，一般应设法求得完全的或近似的降质系统传递函数，要想得到 $h(x, y)$，只需对 $H(u, v)$ 求傅里叶逆变换即可。

10.1.2 离散图像退化的数学模型

1. 一维离散退化模型

设 $f(x)$ 为具有 A 个采样值的离散输入函数，$h(x)$ 为具有 B 个采样值的退化系统的冲激响应函数，则经退化系统后的离散输出函数 $g(x)$ 为输入 $f(x)$ 和冲激响应 $h(x)$ 的卷积，即

$$g(x) = f(x) * h(x)$$

为了避免上述卷积所产生的各个周期重叠(设每个采样函数的周期为 M),分别对 $f(x)$ 和 $h(x)$ 用添零延伸的方法扩展成周期 $M = A + B - 1$ 的周期函数,即

$$f_e(x) = \begin{cases} f(x), & 0 \leqslant x \leqslant A-1 \\ 0, & A \leqslant x \leqslant M-1 \end{cases}$$

$$h_e(x) = \begin{cases} h(x), & 0 \leqslant x \leqslant B-1 \\ 0, & B \leqslant x \leqslant M-1 \end{cases} \tag{10-13}$$

输出为

$$g_e(x) = f_e(x) * h_e(x) = \sum_{m=0}^{M-1} f_e(m) h_e(x-m) \tag{10-14}$$

式中:$x = 0, 1, 2, \cdots, M-1$。

因为 $f_e(x)$ 和 $h_e(x)$ 已扩展成周期函数,故 $g_e(x)$ 也是周期性函数,用矩阵表示为

$$\begin{bmatrix} g(0) \\ g(1) \\ g(2) \\ \vdots \\ g(M-1) \end{bmatrix} = \begin{bmatrix} h_e(0) & h_e(-1) & \cdots & h_e(-M+1) \\ h_e(1) & h_e(0) & \cdots & h_e(-M+2) \\ h_e(2) & h_e(1) & \cdots & h_e(-M+3) \\ \vdots & \vdots & & \vdots \\ h_e(M-1) & h_e(M-2) & \cdots & h_e(0) \end{bmatrix} \begin{bmatrix} f_e(0) \\ f_e(1) \\ f_e(2) \\ \vdots \\ f_e(M-1) \end{bmatrix}$$

$$\tag{10-15}$$

上式写成更简洁的形式为

$$\boldsymbol{g} = \boldsymbol{H}\boldsymbol{f} \tag{10-16}$$

式中:$\boldsymbol{g}$、$\boldsymbol{f}$ 都是 M 维列向量;$\boldsymbol{H}$ 是 $M \times M$ 阶矩阵,矩阵中的每一行元素均相同,只是每行以循环方式右移一位,因此矩阵 $\boldsymbol{H}$ 是循环矩阵。循环矩阵相加或相乘得到的还是循环矩阵。

2. 二维离散模型

设输入的数字图像 $f(x, y)$ 大小为 $A \times B$,点扩展函数 $h(x, y)$ 被均匀采样为 $C \times D$ 大小。为避免交迭误差,仍用添零扩展的方法,将它们扩展成 $M = A + C - 1$ 和 $N = B + D - 1$ 个元素的周期函数,即

$$f_e(x, y) = \begin{cases} f(x, y), & 0 \leqslant x \leqslant A-1 \text{ 且 } 0 \leqslant y \leqslant B-1 \\ 0, & \text{其他} \end{cases}$$

$$h_e(x, y) = \begin{cases} h(x, y), & 0 \leqslant x \leqslant C-1 \text{ 且 } 0 \leqslant y \leqslant D-1 \\ 0, & \text{其他} \end{cases} \tag{10-17}$$

则输出的降质数字图像为

$$g_e(x, y) = \sum_{m=0}^{M-1} \sum_{n=0}^{N-1} f_e(m, n) h_e(x-m, y-n) = f(x, y) * h(x, y) \tag{10-18}$$

式中:$x = 0, 1, 2, \cdots, M-1$;$y = 0, 1, 2, \cdots, N-1$。

式(10-18)的二维离散退化模型同样可以用式(10-16)所示的矩阵形式表示,即

$$\boldsymbol{g} = \boldsymbol{H}\boldsymbol{f}$$

式中：g、f 为 $MN \times 1$ 维列向量；H 为 $MN \times MN$ 维矩阵。

若把噪声考虑进去，则离散图像退化模型为

$$g_e(x, y) = \sum_{m=0}^{M-1} \sum_{n=0}^{N-1} f_e(m, n) h_e(x-m, y-n) + n_e(x, y) \qquad (10-19)$$

写成矩阵形式为

$$g = Hf + n \qquad (10-20)$$

上述线性空间不变退化模型表明，在给定 $g(x, y)$，并且知道退化系统的点扩展函数 $h(x, y)$ 和噪声分布 $n(x, y)$ 的情况下，可估计出原始图像 $f(x, y)$。

假设图像大小 $A = B = 512$，相应矩阵 H 的大小为 $MN \times MN = 262\,144 \times 262\,144$，这意味着要解出 $f(x, y)$ 需要解 262\,144 个联立方程组，其计算量十分惊人。考虑到矩阵 H 为循环矩阵，因此可利用循环矩阵的性质简化运算，限于篇幅，本书不做讨论。

10.2　非约束复原

非约束复原

非约束复原是指在已知退化图像 g 的情况下，根据对退化系统 H 和 n 的一些了解或假设，估计出原始图像 $\hat{f}$，使得某种事先所确定的误差准则为最小。

10.2.1　逆滤波

由式（10-20）可得

$$n = g - Hf \qquad (10-21)$$

逆滤波法是指在对 n 没有先验知识的情况下，可以依据这样的最优准则，即寻找一个 $\hat{f}$，使得 $H\hat{f}$ 在最小二乘方误差的意义下最接近 g，即要使 n 的模或范数（Norm）最小：

$$\| n \|^2 = n^{\mathrm{T}} n = \| g - H\hat{f} \|^2 = (g - H\hat{f})^{\mathrm{T}} (g - H\hat{f}) \qquad (10-22)$$

求式（10-22）的最小值：

$$L(\hat{f}) = \| g - H\hat{f} \|^2 \qquad (10-23)$$

如果在求最小值的过程中，不做任何约束，则称这种复原为非约束复原。

由极值条件

$$\frac{\partial L(\hat{f})}{\partial \hat{f}} = 0 \Rightarrow H^{\mathrm{T}}(g - H\hat{f}) = 0 \qquad (10-24)$$

解出 $\hat{f}$ 为

$$\hat{f} = (H^{\mathrm{T}} H)^{-1} H^{\mathrm{T}} g = H^{-1} g \qquad (10-25)$$

对上式作傅里叶变换，得

$$F(u, v) = G(u, v) / H(u, v) \qquad (10-26)$$

可见，如果知道 $g(x, y)$ 和 $h(x, y)$，也就知道了 $G(u, v)$ 和 $H(u, v)$。根据上式，即可得出 $F(u, v)$，再经过反傅里叶变换就能求出 $f(x, y)$。

逆滤波是最早应用于数字图像复原的一种方法，并用此方法处理过由"漫游者""探索者"等卫星探索得到的图像。

实现逆滤波的完整代码请读者登录出版社网站下载，文件路径：code\src\chapter10\code10-01-resInvFlt.cpp。

10.2.2　非约束图像复原的病态性质

由式(10-26)进行图像复原时，由于 $H(u,v)$ 在分母上，当在 (u,v) 平面上 $H(u,v)$ 很小或等于零(即出现了零点)时，就会导致不稳定解。因此，即使没有噪声，一般也不可能精确地复原 $f(x,y)$。如果考虑噪声项 $N(x,y)$，则出现零点时，噪声项将被放大，零点的影响将会更大，对复原的结果起主导地位，这就是无约束图像复原模型的病态性质。它意味着退化图像中小的噪声干扰在 $H(u,v)$ 取得很小的那些频谱上将对恢复图像产生很大的影响。由简单的光学分析可知，在超出光学系统的绕射极限时 $H(u,v)$ 将很小或等于零，因此对多数图像直接采用逆滤波复原会遇到上述求解方程的病态性。为了克服这种不稳定性，一方面可利用后面所讲的有约束图像复原；另一方面，可利用噪声一般在高频范围，其衰减速度较慢，而信号的频谱随频率升高下降较快的性质，在复原时，只限制在频谱坐标离原点不太远的有限区域内运行，而且关心的也是信噪比高的那些频率位置。

实际上，为了避免 $H(u,v)$ 值太小，一种改进方法是在 $H(u,v)=0$ 的那些频谱点及其附近，人为地设置 $H^{-1}(u,v)$ 的值，使得在这些频谱点附近 $N(u,v)/H(u,v)$ 不会对 $\hat{f}(u,v)$ 产生太大的影响。图 10-2 给出了 $H(u,v)$、$H^{-1}(u,v)$ 应用这种改进的滤波特性或恢复转移函数的一维波形，从中可以看出它与正常滤波的差别。

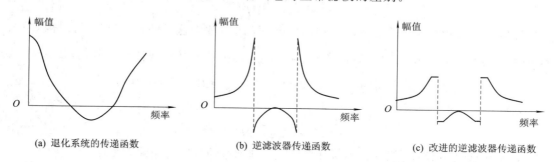

(a) 退化系统的传递函数　　　(b) 逆滤波器传递函数　　　(c) 改进的逆滤波器传递函数

图 10-2　逆滤波器零点的影响及其改进

另一种改进是考虑到退化系统的传递函数 $H(u,v)$ 带宽比噪声的带宽要窄得多，其频率特性具有低通性质，取恢复转移函数 $M(u,v)$ 为

$$M(u,v)=\begin{cases}\dfrac{1}{H(u,v)}, & u^2+v^2<\omega_0^2\\[2mm]1, & u^2+v^2\geqslant\omega_0^2\end{cases}\tag{10-27}$$

式中：ω_0 为截止频率，选取原则是能将 $H(u,v)$ 为零的点除去。该方法的缺点是复原后图像的振铃效果较明显。$H(u,v)$ 和恢复转换移函数 $M(u,v)$ 如图 10-3 所示，逆滤波复原结果如图 10-4 所示。

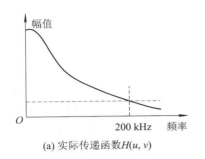
(a) 实际传递函数 $H(u, v)$

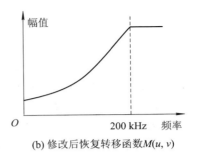
(b) 修改后恢复转移函数 $M(u, v)$

图 10 - 3　逆滤波复原

(a) 原始图像

(b) 湍流模糊含噪图像

(c) 逆滤波复原

图 10 - 4　逆滤波复原结果

10.3　最小二乘类约束复原

最小二乘类
约束复原

非约束复原是指除了使准则函数 $L(\hat{f}) = \| \boldsymbol{g} - \boldsymbol{H}\hat{f} \|^2$ 最小外，再无其他的约束条件。因此，只需了解降质系统的传递函数或点扩展函数，便能利用前述方法进行复原。但是由于传递函数存在病态问题，复原只能局限在靠近原点的有限区域内进行，因此非约束图像复原具有相当大的局限性。

最小二乘类约束复原是指除了要求了解退化系统的传递函数之外，还需要知道某些噪声的统计特性或噪声与图像的相关情况。根据所了解噪声的先验知识的不同，采用不同的约束条件，从而得到不同的图像复原技术。在最小二乘类约束复原中，要设法寻找一个最优估计 $\hat{f}$，使得形式为 $\| \boldsymbol{Q}\hat{f} \|^2 = \| \boldsymbol{n} \|^2$ 的函数最小化。求这类问题的最小化，常采用拉格朗日乘子算法。也就是说，要寻找一个 $\hat{f}$，使得准则函数

$$J(\hat{f}) = \| \boldsymbol{Q}\hat{f} \|^2 + \alpha(\| \boldsymbol{g} - \boldsymbol{H}\hat{f} \|^2 - \| \boldsymbol{n} \|^2) \tag{10 - 28}$$

为最小。

式中：$\boldsymbol{Q}$ 为 $\hat{f}$ 的线性算子；α 为一常数，称为拉格朗日乘子。对式(10 - 28)求导：

$$\frac{\partial J(\hat{f})}{\partial \hat{f}} = 0$$

$$Q^{\mathrm{T}}Q\hat{f} - \alpha H^{\mathrm{T}}(g - H\hat{f}) = 0$$

求解 $\hat{f}$ 得到：

$$\hat{f} = (H^{\mathrm{T}}H + \gamma Q^{\mathrm{T}}Q)^{-1}H^{\mathrm{T}}g \qquad (10-29)$$

式中：$\gamma = 1/\alpha$，该常数必须调整到约束被满足为止。求解式(10-29)的关键是选用一个合适的变换矩阵 Q。选择形式不同的 Q，便可得到不同类型的有约束最小二乘类图像复原方法。如果用图像 f 和噪声 n 的相关矩阵 R_f 和 R_n 表示 Q，即为维纳滤波复原方法。若选用拉普拉斯算子形式，则可推导出有约束最小平方恢复方法。

10.3.1　维纳滤波

在一般情况下，图像信号可近似为平稳随机过程，维纳滤波将原始图像 f 和对原始图像的估计 $\hat{f}$ 看作为随机变量。假设 R_f 和 R_n 为 f 和 n 的自相关矩阵，其定义为

$$R_f = \mathrm{E}\{ff^{\mathrm{T}}\}$$
$$R_n = \mathrm{E}\{nn^{\mathrm{T}}\} \qquad (10-30)$$

式中：$\mathrm{E}\{\cdot\}$ 代表数学期望运算。

R_f 和 R_n 均为实对称矩阵，在大多数图像中，邻近的像素点是高度相关的，而距离较远的像素其相关性较弱。通常，f 和 n 的元素之间的相关不会延伸到 20～30 个像素的距离之外。因此，一般来说，自相关矩阵在主对角线附近有一个非零元素带，而在右上角和左上角的区域内将为零值。如果像素之间的相关是像素之间距离的函数，可将 R_f 和 R_n 近似为分块循环矩阵。因而，用循环矩阵的对角化，可写成：

$$R_f = WAW^{-1}$$
$$R_n = WBW^{-1} \qquad (10-31)$$

式中：W 为一个 $MN \times MN$ 矩阵，包含 $M \times M$ 个 $N \times N$ 的块。M、N 含义见二维离散模型部分。

W 的第 (i, m) 个分块为

$$W(i, m) = \exp\left(\mathrm{j}\frac{2\pi}{M}im\right)W_N i, \quad m = 0, 1, \cdots, M-1 \qquad (10-32)$$

其中，W_N 为一个 $N \times N$ 矩阵，其第 (k, n) 个位置的元素为

$$W_N(k, n) = \exp\left(\mathrm{j}\frac{2\pi}{N}kn\right), \quad k, n = 0, 1, \cdots, N-1$$

式(10-31)中，A 和 B 的元素分别为 R_f 和 R_n 中的自相关元素的傅里叶变换。这些自相关元素的傅里叶变换分别被定义为 $f_e(x, y)$ 和 $n_e(x, y)$ 的谱密度 $S_f(u, v)$ 和 $S_n(u, v)$。

定义 $Q^{\mathrm{T}}Q = R_f^{-1}R_n$，代入式(10-29)，得

$$\hat{f} = (H^{\mathrm{T}}H + \gamma R_f^{-1}R_n)^{-1}H^{\mathrm{T}}g \qquad (10-33)$$

进一步可推导出：

$$\hat{f} = (WD^*DW^{-1} + \gamma WA^{-1}BW^{-1})^{-1}WD^*W^{-1}g \qquad (10-34)$$

式中：D 为对角阵；D^* 为 D 的共轭矩阵。D 的对角元素与 $h_e(x, y)$ 中的傅里叶变换有关：

$$D(k, i) = \begin{cases} MN \cdot H([k/N], k \bmod N), & i = k \\ 0, & i \neq k \end{cases}$$

$$H(u, v) = \frac{1}{MN} \sum \sum h_e(x, y) \exp[-j2\pi(ux/M + vy/N)]$$

对式(10-34)再进行矩阵变换：

$$W^{-1} \hat{f} = (D^* D + \gamma A^{-1} B)^{-1} D^* W^{-1} g$$

假设 $M = N$，则

$$\hat{F}(u, v) = \left[\frac{H^*(u, v)}{|H(u, v)|^2 + \gamma[S_n(u, v)/S_f(u, v)]}\right]G(u, v)$$

$$= \left[\frac{1}{H(u, v)} \cdot \frac{|H(u, v)|^2}{|H(u, v)|^2 + \gamma[S_n(u, v)/S_f(u, v)]}\right]G(u, v)$$

$$(10-35)$$

式中：$|H(u, v)|^2 = H^*(u, v)H(u, v)$，$u$，$v$ 分别为 0，1，2，$\cdots$，$N-1$。

对式(10-35)作如下分析：

(1) 如果 $\gamma = 1$，称之为维纳滤波器。注意，当 $\gamma = 1$ 时，并不是在约束条件下得到的最佳解，即并不一定满足 $\|g - H\hat{f}\|^2 = \|n\|^2$。若 γ 为变数，此式为参变维纳滤波器。

使用参变维纳滤波法时，$H(u, v)$ 由点扩展函数确定，而当噪声是白噪声时，$S_n(u, v)$ 为常数，可通过计算一幅噪声图像的功率谱 $S_g(u, v)$ 求解。由于 $S_g(u, v) = |H(u, v)|^2 S_f(u, v) + S_n(u, v)$，所以 $S_f(u, v)$ 可通过本式求得。

(2) 当无噪声影响时，$S_n(u, v) = 0$，称之为理想的反向滤波器。反向滤波器可看成是维纳滤波器的一种特殊情况。

(3) 若不知道噪声的统计性质，即 $S_f(u, v)$ 和 $S_n(u, v)$ 未知时，式(10-35)可以用下式近似：

$$\hat{F}(u, v) \approx \left[\frac{H^*(u, v)}{|H(u, v)|^2 + K}\right]G(u, v)$$

式中：K 表示噪声对信号的频谱密度之比。维纳滤波复原结果如图 10-5 所示。

(a) 原始图像　　　　　　　(b) 运动模糊含噪图像　　　　　　(c) 维纳滤波复原

图 10-5　维纳滤波复原结果

实现维纳滤波的完整代码请读者登录出版社网站下载，文件路径：code\src\chapter10\code1-02-resWieFlt.cpp。

10.3.2　约束最小平方滤波

约束最小平方复原是一种以平滑度为基础的图像复原方法。如前所述，在进行图像恢复计算时，由于退化算子矩阵 $\boldsymbol{H}[\cdot]$ 的病态性质，多数解在零点附近数值起伏过大，使得复原后的图像产生了多余的噪声和边缘。它仍然以最小二乘法滤波复原公式(10-33)为基础，通过选择合理的 $\boldsymbol{Q}$，并优化 $\|\boldsymbol{Qf}\|^2$，从而去掉被恢复图像的尖锐部分，即增加图像的平滑性。

我们知道，图像增强的拉普拉斯算子 $\nabla^2 f$ 具有突出边缘的作用，而 $\iint \nabla^2 f \, \mathrm{d}x \, \mathrm{d}y$ 则恢复了图像的平滑性。所以，约束最小平方滤波将其作为约束条件，其关键是将其表示成 $\|\boldsymbol{Qf}\|^2$ 的形式，以便能够用式(10-33)计算。

10.4　非线性复原方法

非线性复原

非约束复原和约束复原方法的共同特点是复原过程可以用矩阵乘法来表示。而且矩阵都是分块循环阵，从而可实现对角化，大大节省运算量。本节要介绍的非线性图像复原方法的准则函数不能用 $\boldsymbol{W}$ 进行对角化，因而不能用线性代数的方法简化运算。

10.4.1　最大后验复原

最大后验复原是一种统计方法，它把原图像 $f(x, y)$ 和退化图像 $g(x, y)$ 均看作为随机场，在已知 $g(x, y)$ 的前提下，求出后验条件概率密度函数 $P(f(x, y)/g(x, y))$。若 $\hat{f}(x, y)$ 使下式最大：

$$\max_f p(f \mid g) = \max p(f \mid g)p(f) \tag{10-36}$$

则 $\hat{f}(x, y)$ 就代表退化图像 $g(x, y)$ 最可能的原始图像 $f(x, y)$。该方法称为最大后验图像复原方法。

最大后验图像复原方法把图像看作是非平稳随机场，把图像模型表示成一个平稳随机过程对于一个不平稳的零均值 Gauss 起伏，可得出求解迭代序列公式为

$$\hat{f}_{k+1} = \hat{f}_k - h * \sigma_n^{-2}[g - h * \hat{f}_k] - \sigma_f^{-2}[\hat{f}_k - \overline{f}] \tag{10-37}$$

式中：k 为迭代次数；σ_n^{-2} 和 σ_f^{-2} 分别为 f 和 n 的方差的倒数；$\overline{f}$ 是随空间而变的均值，它是一个常数，但要经过多次迭代才能收敛到最后的解。

10.4.2　最大熵复原

最大熵复原方法通过最大化某种反映图像平滑性的准则函数来作为约束条件，以解决图像复原中反向滤波法存在的病态问题。

熵的定义为

$$H = -\int_{-\infty}^{\infty} P(x) \ln P(x) \, \mathrm{d}x \tag{10-38}$$

式中：$P(x)$ 为随机变量 x 的概率密度。

对于离散信号，熵的定义为

$$H = -\sum_{k=1}^{M} P(k) \ln P(k) \tag{10-39}$$

熵是表征随机变量集合的随机程度的量度。当所有随机变量等可能性，也就是说 $P_1 = P_2 = \cdots = P_m$ 时，熵最大，且为 $H = \ln M$。由于概率 $P(k)$ 值为 $0 \sim 1$，因此最大熵的范围在 $0 \sim \ln M$ 之间，H 不可能出现负值。

在二维数字图像中，熵的定义为

$$H_f = -\sum_{m=1}^{M} \sum_{n=1}^{N} f(m, n) \ln f(m, n) \tag{10-40}$$

最大熵复原的原理是将 $f(x, y)$ 写成随机变量的统计模型，然后在一定的约束条件下，找出用随机变量形式表示的熵的表达式，运用求最大值的方法，求得最优估计解 $\hat{f}(x, y)$。最大熵复原的含义是对 $\hat{f}(x, y)$ 的最大平滑估计。最大熵复原常用 Friend 和 Burg 两种方法。这两种方法基本原理相同，这里仅介绍 Friend 法。

首先定义一幅大小为 $M \times N$ 的图像 $f(x, y)$，显然 $f(x, y)$ 非负。

图像的总能量 E 和熵分别为

$$E = \sum_{i=1}^{M} \sum_{j=1}^{N} f(x_i, y_j) \tag{10-41}$$

$$H_f = \sum_{i=1}^{M} \sum_{j=1}^{N} f(x_i, y_j) \ln f(x_i, y_j) \tag{10-42}$$

类似地可定义噪声的熵 H_n：

$$H_n = -\sum_{i=1}^{M} \sum_{j=1}^{N} n'(x_i, y_j) \ln n'(x_i, y_j) \tag{10-43}$$

式中：$n'(x, y) = n(x, y) + B$，B 为最大噪声负值。

恢复就是在满足式 $(10-41)$ 和图像退化模型的约束条件下，使恢复后的图像熵和噪声熵达到最大。熵通常取决于 f 的形状，当图像具有均匀的灰度时最大。因此用最大熵恢复图像具有某种平滑性。

习　　题

1. 试述图像复原的基本过程及难点。
2. 设两个系统的点扩展函数都是 $h_i(x, y)$，其大小为

$$h_i(x, y) = \begin{cases} e^{-(x+y)}, & x \geqslant 0, y \geqslant 0 \\ 0, & \text{其他} \end{cases}$$

若将此两个系统串联，试求此系统总的冲激响应 $h(x, y)$。

3. 试用 OpenCV 编程实现维纳滤波。
4. 试用 OpenCV 编程实现约束最小平方滤波。

第 10 章习题答案

第11章　工　程　实　例

　　本章用冬小麦种植行提取、细胞计数、图像去雾和熊猫运动跟踪 4 个工程应用实例，详细介绍图像处理流程及相应的处理、增强及跟踪算法，使读者能够对数字图像处理技术在实际中的应用有较深入的理解。

11.1　实例一——冬小麦种植行提取

　　在精准农业技术的驱动下，农机田间自动导航技术可广泛用于播种、除草、施肥、喷药、收获等农业生产过程中，以提高作业效率，降低漏作业区域面积、劳动强度及操作的复杂程度。利用机器视觉获取作物行的位置信息，对于实时感知作物生产状况具有重要的意义。本实例以采用无人机拍摄的冬小麦分蘖期可见光遥感图像为研究对象(如图 11-1 所示)，综合应用本书介绍的图像处理基本方法，实现小麦种植行提取。

图 11-1　冬小麦图像

　　冬小麦种植行提取由超绿特征图像计算、小麦种植区域分割和种植行中心线检测三部分构成，其流程如图 11-2 所示。主要算法涉及本书第 2 章的颜色模型、第 3 章的灰度直方图、第 6 章的数学形态学、第 7 章的阈值分割和哈夫变换直线检测等相关内容。

图 11-2　冬小麦种植行识别过程

1. 超绿特征图像计算

　　绿色植物与土壤背景的最明显区别在于颜色。因此，通常采用超绿特征突出图像中的绿色植被，抑制土壤和阴影部分，以有利于绿色植被区域的提取。超绿特征图像定义如下：

$$I_{ExG} = 2I_G - I_R - I_B \tag{11-1}$$

式中：I_R、I_G 和 I_B 分别为小麦图像的红色、绿色和蓝色通道；I_{ExG} 为提取的超绿特征图像。

2. 小麦种植区域分割

　　在小麦的超绿特征图像中，植被和土壤背景具有不同的灰度分布。图 11-3(a)是对图

(11-1)经过超绿特征提取后的冬小麦灰度图像,小麦种植区域具有较亮的灰度值,而土壤背景亮度值较低,图 11-3(b)是对应的灰度直方图。采用 Otsu 最大类间方差法确定分割阈值,提取小麦种植区域,如图 11-3(c)所示。接着,应用数学形态学的开运算方法,去除噪声优化小麦种植区域提取,结果如图 11-3(d)所示。

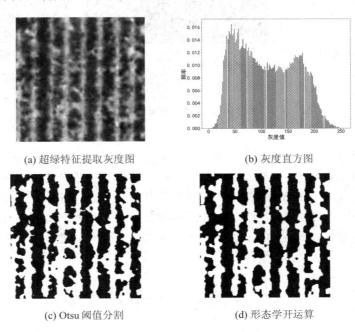

(a) 超绿特征提取灰度图　　　　　　　(b) 灰度直方图

(c) Otsu 阈值分割　　　　　　　　　(d) 形态学开运算

图 11-3　基于阈值分割的小麦种植区域提取

3. 种植行中心线检测

首先,确定冬小麦种植行中心点。采用基于移动窗的特征点提取方法,即设计一个移动窗口从左到右、从上到下,逐行逐列地扫描经过阈值分割后的二值图像。在扫描方向上,移动窗口从左到右以固定步长的距离长度移动,每次移动计算窗口内的总像素值 S。由于白色区域为作物行区域,黑色区域为背景区域,则随着移动窗的移动,总像素值 S 的大小在窗口进入作物行时逐渐增大,直到全部进入作物行区域后达到最大值;当窗口移出作物行时,总像素值 S 则逐步减小,直到全部移出作物行区域进入背景区域时达到最小值。通过设置阈值可得作物行的边界点,从而最终得到作物行的中心点。图 11-4(a)所示为提取的作物行中心点。

其次,基于提取的作物行中心点,采用哈夫变换进行直线检测,以确定种植行中心线。设通过作物行每一个中心点的直线的极坐标参数值为 ρ 和 θ,分别对应于原点到直线的距离及其与水平轴的夹角。并建立累加数组和图像空间中的中心点与参数空间中的曲线的对应关系,最后通过选取适当的阈值得到累加数组中的峰值,即可得到图像中最有可能的直线参数,表示冬小麦种植行的直线。图 11-4(b)所示为以作物行中心点为输入,采用哈夫变换进行直线检测所获得的参数空间,图中白色点为经过筛选之后的极值位置,对应到图像空间则可得到图 11-4(c)表示的种植行直线。

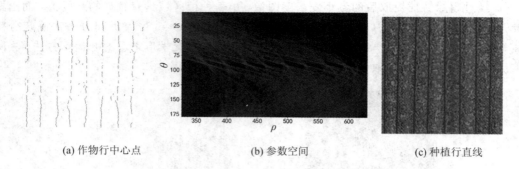

(a) 作物行中心点　　　　　　(b) 参数空间　　　　　　(c) 种植行直线

图 11-4　小麦种植行中心线检测过程

4. 小结

在作物行检测中，作物种植区域的准确检测是关键步骤。当作物和土壤颜色有明显的差别，且作物种植比较规范、杂草较少时，目标和背景呈现明显的双峰分布，Otsu 算法这时能提够有效地提取作物种植区域。否则，提取的作物种植区域不规范，将极大影响后续的中心线检测。其次，移动窗口的宽度设置对作物行中心点的检测有着一定的影响，适当的宽度有助于中心点的准确定位。最后，当作物生长稀疏或作物趋于封垄时，该算法难以准确地提取作物行中心点，检测效果不好。

11.2　实例二——细胞计数

本实例以血液样本显微图像中细胞(如图 11-5 所示)的自动计数为目标，通过图像处理和分析技术，识别出血液中的细胞，并自动检测出细胞的个数及各个细胞的面积。

通过对图 11-5 所示的原始细胞的分析可知，要得到细胞数量及面积，首先需要对图像进行预处理，主要包括光线调节和去噪处理，以增强和平滑图像；接着需要进行阈值分割将细胞和背景分开；二值化后的图像还包含一些较大的噪声，拟用形态学方法去除这些噪声；为便于细胞计数和面积检测，还需对图像中的孔洞进行填充；最后，统计出细胞个数并计算出各个细胞的面积。其处理流程如图 11-6 所示。

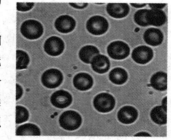

图 11-5　原始细胞图像

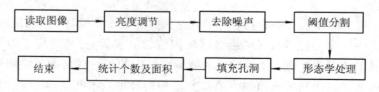

图 11-6　细胞识别流程图

1. 图像预处理

预处理主要完成图像的亮度调节、去除噪声等工作。

（1）亮度调节。为提高后续图像分割效果，本实例采用自动亮度法调整图像亮度，效果如图 11-7 所示。

（2）去噪。采用中值滤波去除图像中的噪声，处理结果如图 11-8 所示。

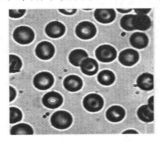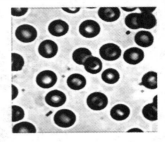

图 11-7　亮度调节　　　　　　　　　图 11-8　中值滤波

2. 阈值分割

本例采用判别分析法（Otsu 法）确定分割阈值为 112，分割效果如图 11-9 所示。

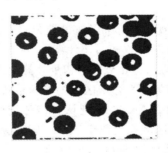

图 11-9　阈值分割

3. 形态学处理

由图 11-9 可知，经阈值分割的图像中，还包含一些较大的噪声。这里采用形态学方法去除这些较大的噪声。具体做法是用 3×3 的结构元素对图 11-9 进行两次腐蚀操作，处理结果如图 11-10 所示。

图 11-10　形态学处理图

4. 填充孔洞

经过形态学处理之后，图像中细胞区域部分的孔洞变大。为便于统计细胞个数及计算细胞面积，对图 11-10 所示的细胞图像进行孔洞填充。孔洞填充的具体方法为：逐行扫描图像，当遇到像素值为 255 的像素时，判断其上下左右一定范围 W 内的像素值，若有像素值为 0 的像素，则被标记；如果上下左右同时被标记，则置该像素值为 0。扫描完整幅图像，则处理结束。范围 W 的大小可视孔洞大小实验设定，本例选用 W 为 20，填充孔洞后的效果如图 11−11 所示。

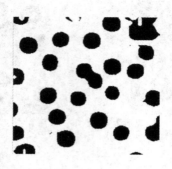

图 11−11　填充孔洞

5. 细胞计数及面积计算

图 11−11 中有部分细胞出现粘连，可以通过较为复杂的算法，将粘连细胞分割开来。这里，采取如下简单方法进行细胞计数和面积计算。

（1）对图 11−11 中的对象进行标记处理，初步计算出细胞的个数。

（2）计算不同标记区域的像素数，并用区域的像素数代表其面积。

（3）若某个标记区域像素数大于 1000，则认为该标记区域为两个粘连在一起的细胞，原细胞数量增加 1；若某个标记区域像素数小于 70，则视为噪声，原细胞数量减 1。

细胞计数和细胞面积统计结果如图 11−12 所示。

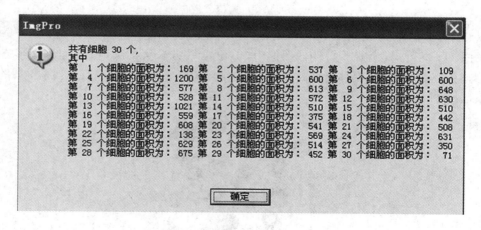

图 11−12　细胞计数及面积统计

6. 小结

细胞计数是生物医学图像处理中一个重要的研究内容。当拍摄的图像中细胞和细胞液颜色差别明显时，判别分析法通常能估计一个好的阈值，将二者良好分开。细胞通常存在粘连现象，通过形态学腐蚀可去掉一些粘连程度较轻的连接细胞，但对多个粘连紧密的细胞，这种方法并不一定有效。最后，简单将区域像素数大于 1000 的细胞认为是两个细胞，虽简化了处理过程，但在一些情况下，容易造成计数错误。

11.3　实例三——图像去雾

　　遥感技术广泛应用于多种农业任务之中，但由于云层及大气中混沌介质的影响，遥感

图像的色彩对比度与颜色保真度均有一定程度的退化。图像去雾技术可以降低环境因素的影响，对获取高质量图像、实现图像的精准解译具有重要意义。本实例以航空机载相机拍摄的农业遥感图像（如图 11-13 所示）为例，通过基于暗通道先验（Dark Channel Prior，DCP）的去雾方法获取去雾后的图像，并利用对数增强方法进一步处理得到更为清晰的遥感图像。

图 11-13　一幅含雾的遥感图像

　　农业遥感图像去雾过程主要分为初始去雾、图像亮度提升两个部分，具体处理流程如图 11-14 所示。根据原始图像选择最佳参数（窗口大小 $\Omega(x)$、像素透射率阈值下限 t_0 和大气光线 A），利用 DCP 算法进行初始去雾，由于 DCP 算法去雾后的图像存在明显的亮度降低，还需要在此进行图像增强操作以提升去雾后图像的亮度。

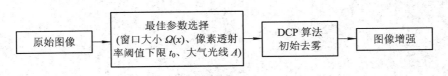

图 11-14　遥感图像去雾流程图

1. 参数选择与 DCP 算法处理

　　经过大量观测与统计，在大部分无雾图像的无天空区域，像素中至少有一个颜色通道存在极低的亮度值。为了更好地实现遥感图像去雾，需对参数窗口大小 $\Omega(x)$、透射因子 $t(x)$ 的下限值 t_0 和大气光线 A 进行最佳值选择。本实例优先使用 $\Omega(x)=5$、$t_0=0.1$ 和 $A=215/255$ 进行 DCP 去雾，去雾前后的图像分别如图 11-15(a)、(b)所示，可见去雾后的图像比原始图像更清晰，但存在亮度失真问题，仍需进一步处理。

2. 对数图像增强

　　本例给出两种图像增强方法，为了评价增强结果，以熵和平均梯度作为评价指标。

　　随着线性增强参数 c 的增加，熵值和平均梯度基本保持相同或略有下降。因此，线性增强方法不适合该类图像增强。

　　（1）指数增强。指数变换是一种非线性变换，不同指数参数 m 的增强效果差异较大，经过指数增强后的去雾图像如图 11-16 所示。

　　不同参数的指数增强评价结果如表 11-1 所示。当 $m=0.5$ 时，熵和平均梯度达到最优值。

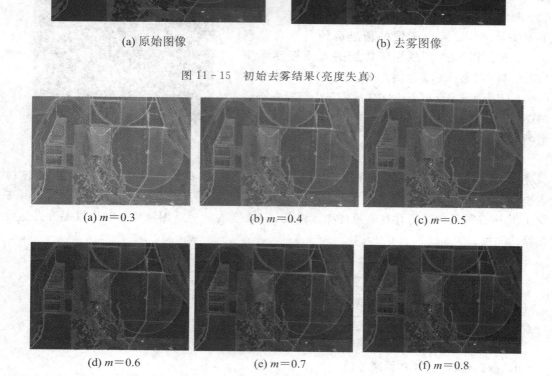

(a) 原始图像　　　　　　　　　　　　　(b) 去雾图像

图 11-15　初始去雾结果(亮度失真)

(a) $m=0.3$　　　　　　(b) $m=0.4$　　　　　　(c) $m=0.5$

(d) $m=0.6$　　　　　　(e) $m=0.7$　　　　　　(f) $m=0.8$

图 11-16　不同 m 值的增强结果

表 11-1　不同 m 值的指数增强评价指标结果

增强参数 m	熵	平均梯度
0.3	5.8069	4.1268
0.4	5.9555	4.5208
0.5	5.9931	4.6166
0.6	5.9659	4.4861
0.7	5.9043	4.2913
0.8	5.8172	4.2913

（2）对数变换增强。对数变换将窄带低灰度输入图像值映射为宽带输出值。基数越大，低灰度增强效果越好，高灰度区域压缩能力越强。不同参数值增强结果如图 11-17 所示。不同 $(1+r)$ 值的增强图像评价结果如表 11-2 所示。经过试验，最终选择对数增强方

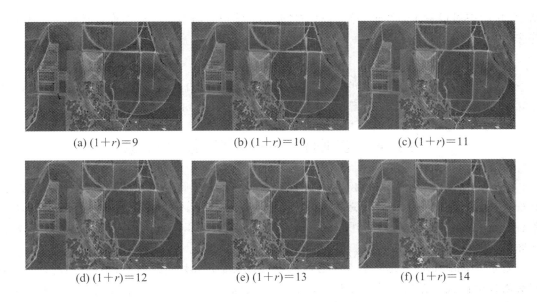

(a) $(1+r)=9$　　　　(b) $(1+r)=10$　　　　(c) $(1+r)=11$

(d) $(1+r)=12$　　　　(e) $(1+r)=13$　　　　(f) $(1+r)=14$

图 11-17 不同 $(1+r)$ 值的增强结果

法，当基数 $(1+r)=11$ 时可以获得最大的熵值和平均梯度值，效果最好。

表 11-2 不同 $(1+r)$ 值的对数增强评价指标结果

增强参数 $(1+r)$	熵	平均梯度
9	6.3435	6.1583
10	6.3479	6.1586
11	6.3552	6.1620
12	6.3507	6.1449
13	6.3517	6.1392
14	6.3496	6.1243

利用上述方法，对图 11-18(a)所示的原始遥感图像进行去雾处理，结果如图 11-18(b)

(a) 原始图像　　　　　　　　　　　　(b) 增强后的去雾图像

图 11-18 原始图像与去雾图像的对比

所示。从图中可以看出，经过去雾与对数增强后，图像更清晰且亮度均衡，较好地实现了图像去雾效果。

3. 小结

遥感图像去雾是精准农业的重要研究方向，DCP 算法是目前广为使用的去雾方法之一，如何对去雾后的图像进行增强是后续处理的重要研究内容。

11.4　实例四——熊猫运动跟踪

目标跟踪是已知目标在视频序列中第 1 帧的位置，在后续帧中估计目标位置的方法，是视频图像处理的一个重要研究领域。基于 Mean Shift 的目标跟踪方法理论可靠、方法简单且易于实现，是该领域一个开创性的研究成果。本实例介绍了 Mean Shift 目标跟踪方法在熊猫视频序列中的一个应用，用于估计熊猫的位置变化。

基于 Mean Shift 的运动估计主要包括跟踪对象熊猫和候选区域颜色直方图的计算，跟踪对象最优位置的迭代估计，图 11-19 给出了跟踪算法的流程图。本实例涉及教材的第 3 章直方图和第 8 章图像匹配的相关内容。

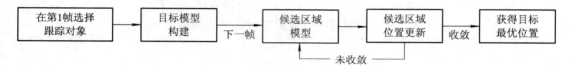

图 11-19　目标跟踪算法流程图

1. 目标跟踪区域和候选区域的表示

图 11-20 列出了第 1 帧及其跟踪对象的初始位置，要求在后续帧中，估计熊猫的位置变化。

图 11-20　跟踪对象为熊猫

从图 11-20 可以看出，熊猫区域颜色与周围背景有明显的区别，因此可采用 RGB 颜色直方图表示建模跟踪区域的特征。将红色、绿色和蓝色通道分别量化为 16 个灰度级，目标的颜色直方图总共有 $16\times16\times16=4096$ 种颜色。接着，将颜色直方图规范化得到目标表示模型，计算公式为

$$\begin{cases} q_u = C\sum_{i=1}^{n} k(\parallel \boldsymbol{x}_i^* \parallel^2)\delta(b(\boldsymbol{x}_i^*)-u) \\ q = \{q_u\}_{u=1,2,\cdots,m} \end{cases} \tag{11-2}$$

式中：q_u 为颜色特征 u 处的概率；x_i^* 表示待跟踪的目标区域像素点；$k(\cdot)$ 是一个各向同性核，与 x_i^* 到目标中心点的距离成反比；$b(x_i^*)$ 为 x_i^* 所对应的颜色；δ 是一个脉冲函数，自变量值 0 时值为 1，C 为规范化常数，使得 $\sum_{u=1}^{m} q_u = 1$。

设第 1 帧中目标位置为 y_0，在第二帧中，以前一帧的目标位置 y_0 作为初始值，搜索与跟踪对象模型（此处为颜色直方图）最相似的区域。类似于计算目标模型 q 的过程，计算以 y_0 为中心点的目标候选区域的颜色直方图 $P(y_0)$，计算公式为

$$\begin{cases} p_u(y_0) = C_h \sum_{i=1}^{n_h} k\left(\left\|\dfrac{y_0 - x_i}{h}\right\|^2\right) \delta(b(x_i) - u) \\ p(y_0) = \{p_u(y_0)\}_{u=1,2,\cdots,m} \end{cases} \tag{11-3}$$

式中：h 为目标带度；n_h 为候选区域中点的总数。

2. 目标函数的建立

将目标模型 q_u 和目标候选模型 $p_u(y)$ 看作是两个一维向量，用内积表示二者的相似度公式如下：

$$\rho(y) = \sum_{u=1}^{m} \sqrt{p_u(y) q_u} \tag{11-4}$$

式中：$\rho(y)$ 为 q_u 与 $p_u(y)$ 二者夹角的余弦值，与目标模型具有最大相似度的候选区域作为熊猫位置的最优估计。

3. 最优位置的迭代估计

采用式（11-4）搜索最优位置会显著降低目标跟踪的效率。在 Mean Shift 跟踪算法中，基于当前位置 y_0，通过迭代算法自适应搜索下一步的最优位置 y_1，公式如下：

$$y_1 = \frac{\sum_{i=1}^{n_h} x_i w_i}{\sum_{i=1}^{n_h} w_i} \tag{11-5}$$

式中：x_i 为当前帧以 y_0 为中心的候选区域中的点；w_i 为点 x_i 所对应的权重，计算公式为

$$w_i = \sum_{u=1}^{m} \sqrt{\frac{q_u}{p_u(y)}} \delta(b(x_i) - u) \tag{11-6}$$

当相邻两次位置的距离 $|y_1 - y_0| < \varepsilon$ 时，算法收敛。否则继续迭代，直至算法收敛。

4. 熊猫跟踪结果

图 11-21 给出了 4 帧熊猫的跟踪结果。可以看出基于 Mean Shift 的目标跟踪算法能

图 11-21 熊猫视频序列跟踪结果

够较好地搜索到目标位置。但是，因为颜色直方图像不能有效表示目标的空间分布结构，其容易受到背景的干扰出现定位不准的情况。

5. 小结

颜色直方图是 Mean Shift 跟踪算法最常用的目标表示形式，它对目标的空间和尺度变化具有一定的鲁棒性。当目标和背景具有明显的颜色区别时，Mean Shift 跟踪算法精度较高。但是，当目标和背景颜色相近或目标中包含一定的背景成分时，Mean Shift 跟踪算法容易出现定位不准甚至失败的情况。在目标表示中增加一定的空间分布信息有助于改善性能，但同时也会增加跟踪算法的复杂度。

附录　图像处理的数学基础

在数字图像处理中，常要用到许多数学概念和理论。为此，本附录将简要介绍与本书相关的较为重要的数学概念和理论，主要涉及线性代数、概率论与数理统计、卷积，书中对理论并未作详细推导。

1. 线性代数

1）向量和矩阵

（1）向量与矩阵的基本概念。

矩阵是一组有序的矩形阵列。一个 m 行 n 列的 $m \times n$ 矩阵记为

$$\boldsymbol{A} = (a_{ij})_{m \times n} = \begin{bmatrix} a_{11} & a_{12} & \cdots & a_{1n} \\ a_{21} & a_{22} & \cdots & a_{2n} \\ \vdots & \vdots & & \vdots \\ a_{m1} & a_{m2} & \cdots & a_{mn} \end{bmatrix} \tag{1}$$

矩阵 $\boldsymbol{A}$ 中的数 $a_{ij}(i=1,2,\cdots,m; j=1,2,\cdots,n)$ 称为元素。当 $m=n$ 时，$\boldsymbol{A}$ 称为 n 阶方阵。只有一行的矩阵称为行矩阵，也可看作行向量；只有一列的矩阵称为列矩阵，也可看作列向量。它们分别表示如下：

$$\boldsymbol{a} = [a_1, a_2, \cdots, a_n], \quad \boldsymbol{b} = \begin{bmatrix} b_1 \\ b_2 \\ \vdots \\ b_n \end{bmatrix} \tag{2}$$

除主对角线上的元素外，其他元素均为 0 的方阵称为对角矩阵，记为 $\boldsymbol{\Lambda}$。主对角元素均为 1，其他元素均为 0 的方阵称为单位矩阵，记为 $\boldsymbol{I}$。它们分别表示如下：

$$\boldsymbol{\Lambda} = \begin{bmatrix} a_{11} & 0 & \cdots & 0 \\ 0 & a_{22} & \cdots & 0 \\ \vdots & \vdots & \ddots & \vdots \\ 0 & 0 & \cdots & a_{mn} \end{bmatrix}, \quad \boldsymbol{I} = \begin{bmatrix} 1 & 0 & \cdots & 0 \\ 0 & 1 & \cdots & 0 \\ \vdots & \vdots & \ddots & \vdots \\ 0 & 0 & \cdots & 1 \end{bmatrix} \tag{3}$$

矩阵 $\boldsymbol{A}$ 的转置矩阵是通过互换矩阵的行和列上对应元素而得到的，记为 $\boldsymbol{A}^{\mathrm{T}}$。显然，$m \times n$ 矩阵的转置矩阵是 $n \times m$ 矩阵。$\boldsymbol{A}^{\mathrm{T}}$ 表示如下：

$$\boldsymbol{A}^{\mathrm{T}} = \begin{bmatrix} a_{11} & a_{21} & \cdots & a_{m1} \\ a_{12} & a_{22} & \cdots & a_{m2} \\ \vdots & \vdots & \ddots & \vdots \\ a_{1n} & a_{2n} & \cdots & a_{mn} \end{bmatrix} \tag{4}$$

如果矩阵 $\boldsymbol{A} = (a_{ij})_{m \times n}$ 与矩阵 $\boldsymbol{B} = (b_{ij})_{m \times n}$ 的对应元素相等，即 $a_{ij} = b_{ij} (i = 1, 2, \cdots, m;$ $j = 1, 2, \cdots, n)$，则称矩阵 $\boldsymbol{A}$ 与矩阵 $\boldsymbol{B}$ 相等。如果方阵 $\boldsymbol{A}$ 与其转置矩阵 $\boldsymbol{A}^{\mathrm{T}}$ 相等，则称矩阵 $\boldsymbol{A}$ 为对称方阵。

（2）矩阵的运算。

矩阵加法只对有相同行数和相同列数的矩阵有定义，由两矩阵的对应元素相加得到，即

$$\boldsymbol{A} + \boldsymbol{B} = \boldsymbol{B} + \boldsymbol{A} = (a_{ij} + b_{ij})_{m \times n} \tag{5}$$

矩阵 $\boldsymbol{A}$ 与数 c 的乘积记作 $c\boldsymbol{A}$ 或 $\boldsymbol{A}c$，由数 c 乘以矩阵 $\boldsymbol{A}$ 中的每一个元素得到，即

$$c\boldsymbol{A} = \boldsymbol{A}c = (ca_{ij})_{m \times n} \tag{6}$$

矩阵 $\boldsymbol{A} = (a_{ij})_{m \times s}$ 与矩阵 $\boldsymbol{B} = (b_{ij})_{s \times n}$ 的乘积要求左矩阵的列数等于右矩阵的行数，得到一个 $m \times n$ 的矩阵 $\boldsymbol{C} = \boldsymbol{AB} = (c_{ij})_{m \times n}$，$\boldsymbol{C}$ 中的元素 c_{ij} 为

$$c_{ij} = \sum_{k=1}^{s} a_{ik} b_{kj} \tag{7}$$

对于两个等长的向量 $\boldsymbol{a}$ 和 $\boldsymbol{b}$（如不特别说明，向量是指列向量），其外积是一个矩阵，即

$$\boldsymbol{a}\boldsymbol{b}^{\mathrm{T}} = \begin{bmatrix} a_1 \\ a_2 \\ \vdots \\ a_n \end{bmatrix} [b_1, b_2, \cdots, b_n] = \begin{bmatrix} a_1 b_1 & a_1 b_2 & \cdots & a_1 b_n \\ a_2 b_1 & a_2 b_2 & \cdots & a_2 b_n \\ \vdots & \vdots & \ddots & \vdots \\ a_n b_1 & a_n b_2 & \cdots & a_n b_n \end{bmatrix} \tag{8}$$

其内积是一个标量，即

$$\boldsymbol{a}^{\mathrm{T}} \boldsymbol{b} = [a_1, a_2, \cdots, a_n] \begin{bmatrix} b_1 \\ b_2 \\ \vdots \\ b_n \end{bmatrix} = \sum_{i=1}^{n} a_i b_i \tag{9}$$

向量 $\boldsymbol{a}$（此处指列向量）的模（即向量的大小）定义为

$$\| \boldsymbol{a} \| = \sqrt{\boldsymbol{a}^{\mathrm{T}} \boldsymbol{a}} = \sqrt{\sum_{i=1}^{n} a_i^2} \tag{10}$$

矩阵乘法一般不满足交换律，即 $\boldsymbol{AB} \neq \boldsymbol{BA}$。

对于矩阵乘积，其转置具有如下性质：$(\boldsymbol{AB})^{\mathrm{T}} = \boldsymbol{B}^{\mathrm{T}} \boldsymbol{A}^{\mathrm{T}}$。

（3）矩阵的行列式与矩阵的逆。

尽管行列式与矩阵在形式上都是一矩形阵列，但它们是两个不同的概念。行列式是按一定的运算法则所确定的一个数，它要求行数与列数必须相同，而矩阵仅是按一定方式排列的一张有序数表，其行数与列数可以不同。由 n 阶方阵 $\boldsymbol{A}$ 的元素构成的 n 阶行列式，称为方阵 $\boldsymbol{A}$ 的行列式，记作 $|\boldsymbol{A}|$，或 $\det \boldsymbol{A}$。

如果方阵 A 的行列式 $|A| \neq 0$，则 A 可逆，其逆矩阵 A^{-1} 满足：

$$AA^{-1} = A^{-1}A = I \tag{11}$$

式中：I 为单位阵。此时，称 A 为非奇异阵。如果 $|A| = 0$，则称 A 为奇异阵。

如果方阵 A 满足 $A^TA = AA^T = I$，则称 A 为正交矩阵，或酉阵。

如果 A 是一个 $m \times n$ 的矩阵，并且 $(A^TA)^{-1}$ 存在，则它的伪逆 A^- 为

$$A^- = (A^TA)^{-1}A^T，且有 A^-A = I \tag{12}$$

n 阶方阵的行列式具有以下性质：

(1) $|A| = |A^T|$；

(2) $|cA| = c^n|A|$；

(3) $|A^{-1}| = \dfrac{1}{|A|}$；

(4) $|AB| = |BA| = |A||B|$。

n 阶方阵的逆具有以下性质：

(1) $(cA)^{-1} = \dfrac{A^{-1}}{c}$

(2) $(AB)^{-1} = B^{-1}A^{-1}$

(3) $(A^T)^{-1} = (A^{-1})^T$

2) 特征值与特征向量

对于 n 阶方阵 A，λ 为数，如果存在 n 维非零列向量 v，使

$$Av = \lambda v \tag{13}$$

成立，则称 λ 为方阵 A 的特征值，v 为 A 的对应于特征值 λ 的特征向量。

特征值 λ 可以通过求解方程

$$|A - \lambda I| = 0 \tag{14}$$

得到，共有 n 个特征值，不同的特征值对应的特征向量线性无关。

n 阶方阵 A 的主对角线上的 n 个元素之和称为方阵 A 的迹，记作 $\mathrm{Tr}(A)$，即

$$\mathrm{Tr}(A) = \sum_{i=1}^{n} a_{ii} \tag{15}$$

方阵的迹具有以下性质：

(1) $\mathrm{Tr}(A+B) = \mathrm{Tr}(A) + \mathrm{Tr}(B)$；

(2) $\mathrm{Tr}(cA) = c\mathrm{Tr}(A)$；

(3) $\mathrm{Tr}(AB) = \mathrm{Tr}(BA)$；

(4) $\mathrm{Tr}(A) = \lambda_1 + \lambda_2 + \cdots + \lambda_n$，$|A| = \lambda_1, \lambda_2, \cdots, \lambda_n$（$\lambda_1, \lambda_2, \cdots, \lambda_n$ 为 A 的 n 个特征值）。

3) 矩阵的奇异值分解

任何一个 $m \times n$ 矩阵 $A(m \geq n)$ 可以写成

$$A = U\Lambda V^T \tag{16}$$

式中：U 和 V 分别是 $m \times n$ 和 $n \times n$ 矩阵，各列互相正交；Λ 是 $n \times n$ 的对角阵，其对角线上的元素包含了 A 的奇异值。具体说来，U 的各列是 AA^T 的特征向量，V 的各列是 A^TA 的特征向量。并且由于 U 和 V 是正交矩阵，有

$$\Lambda = U^TAV \tag{17}$$

由于 $\boldsymbol{\Lambda}$ 是一个对角阵，奇异值分解允许把一个秩为 R 的 m 阶方阵表示为 R 个秩为 1 的 m 阶矩阵之和，每个这样的矩阵由两个 $m \times 1$ 的特征向量的外积生成，在相加时分别由相应的奇异值加权，即

$$\boldsymbol{A} = \boldsymbol{U}\boldsymbol{\Lambda}\boldsymbol{V}^{\mathrm{T}} = \sum_{j=1}^{R} \boldsymbol{\Lambda}_{jj} \boldsymbol{u}_j \boldsymbol{v}_j^{\mathrm{T}} \tag{18}$$

式中：R 是 $\boldsymbol{A}$ 的秩；$\boldsymbol{u}_j$ 和 $\boldsymbol{v}_j$ 分别是 $\boldsymbol{U}$ 和 $\boldsymbol{V}$ 的第 j 列。

4）线性方程组

设有 m 个关于 n 个变量的方程的线性方程组：

$$\begin{cases} a_{11}x_1 + a_{12}x_2 + \cdots + a_{1n}x_n = b_1 \\ a_{21}x_1 + a_{22}x_2 + \cdots + a_{2n}x_n = b_2 \\ \qquad\qquad\qquad \vdots \\ a_{m1}x_1 + a_{m2}x_2 + \cdots + a_{mn}x_n = b_m \end{cases} \tag{19}$$

令 $\boldsymbol{x} = [x_i]_{n \times 1}$ 为变量的列向量，$\boldsymbol{b} = [b_i]_{m \times 1}$ 为常数项列向量，$\boldsymbol{A} = [a_{ij}]_{m \times n}$ 为系数矩阵，则方程组可写成

$$\boldsymbol{A}\boldsymbol{x} = \boldsymbol{b} \tag{20}$$

若 $\boldsymbol{b}$ 为零，则方程组为齐次线性方程组，否则为非齐次线性方程组。对于齐次线性方程组，当系数矩阵 $\boldsymbol{A}$ 的秩 $R(\boldsymbol{A}) = n$ 时，方程组有唯一零解；当 $R(\boldsymbol{A}) < n$ 时，方程组有非零解，且它的基础解系含有 $n - r$ 个线性无关的解向量。

对于非齐次线性方程组，方程组有解的充要条件是：系数矩阵 $\boldsymbol{A}$ 与增广矩阵 $(\boldsymbol{A} \,|\, \boldsymbol{b})$ 的秩相等。当两者的秩都为 n 时，方程组有唯一解；当两者相等且小于 n 时，方程组有无穷多解，它等于其特解加上对应的齐次线性方程组的基础解系的线性组合。

5）最小二乘法求解

当方程组中的方程数超过变量的数目时，方程组产生了过约束，一般找不到一个确切解满足所有方程。但可以找到一个近似解使所有方程的均方误差最小，即使

$$\delta = \sum_{i=1}^{m} (a_{i1}x_1 + a_{i2}x_2 + \cdots + a_{in}x_n - b_i)^2 \tag{21}$$

最小，这组解就称为方程组的最小二乘解，这种方法称为最小二乘法。

使均方误差最小，等价于使

$$\| \boldsymbol{A}\hat{\boldsymbol{x}} - \boldsymbol{b} \|^2 = (\boldsymbol{A}\hat{\boldsymbol{x}} - \boldsymbol{b})^{\mathrm{T}} (\boldsymbol{A}\hat{\boldsymbol{x}} - \boldsymbol{b}) \tag{22}$$

最小。对上式求导并令其导数等于零，可得到

$$\boldsymbol{A}^{\mathrm{T}} \boldsymbol{A}\hat{\boldsymbol{x}} = \boldsymbol{A}^{\mathrm{T}} \boldsymbol{b} \tag{23}$$

对上面的方程组求解，即可得到方程组的最小二乘解。如果 $(\boldsymbol{A}^{\mathrm{T}}\boldsymbol{A})^{-1}$ 存在，则通过 $\boldsymbol{A}$ 的伪逆 $\boldsymbol{A}^-$ 可获得方程组的最小二乘解

$$\hat{\boldsymbol{x}} = (\boldsymbol{A}^{\mathrm{T}}\boldsymbol{A})^{-1} \boldsymbol{A}^{\mathrm{T}} \boldsymbol{b} = \boldsymbol{A}^- \boldsymbol{b} \tag{24}$$

6）线性变换

设 $\boldsymbol{x}$ 是 n 维列向量，$\boldsymbol{A}$ 是 n 方阵，那么 $\boldsymbol{y} = \boldsymbol{A}\boldsymbol{x}$ 就定义了向量 $\boldsymbol{x}$ 的一个线性变换。经线性变换后，如果 $\boldsymbol{A}$ 是非奇异的，则可以利用逆变换 $\boldsymbol{x} = \boldsymbol{A}^{-1}\boldsymbol{y}$ 得到原向量 $\boldsymbol{x}$。

在线性变换中，常用的是酉变换。设 $\boldsymbol{A}$ 是一个酉方阵，$\boldsymbol{A}$ 中的各行各列都是正交归一

的基向量。若 A 中的元素为复数，则有

$$A^{-1} = (A^*)^\mathrm{T} \tag{25}$$

其中，A^* 为 A 的共轭矩阵。若 A 中的元素为实数，则有 $A^{-1}=A^\mathrm{T}$。一维离散傅里叶变换就是西方阵线性变换的一个例子。大多数情况下，变换矩阵 A 常常是一个对称正交方阵，其正、逆变换是相同的。

2. 概率论与数理统计

1）正态分布

正态分布又称为高斯分布。一维正态分布的概率密度函数为

$$f(x) = \frac{1}{\sqrt{2\pi}\sigma}\mathrm{e}^{-\frac{(x-\mu)^2}{2\sigma^2}}, \ -\infty < x < +\infty \tag{26}$$

式中：μ 和 $\sigma>0$ 都是常数，记为 $X \sim N(\mu, \sigma^2)$；μ 和 σ^2 分别是随机变量 X 的均值和方差，其分布曲线关于 μ 对称，并且在该处的概率密度最大，离 μ 越远，$f(x)$ 越小。当 $\mu=0$，$\sigma^2=1$ 时，称 X 服从标准正态分布。

二维正态分布的概率密度函数为

$$f(x, y) = \frac{1}{2\pi\sigma_1\sigma_2\sqrt{1-\rho^2}}\mathrm{e}^{-\frac{1}{2(1-\rho^2)}\left[\frac{(x-\mu_1)^2}{\sigma_1^2}-2\rho\frac{(x-\mu_1)(y-\mu_2)}{\sigma_1\sigma_2}+\frac{(y-\mu_2)^2}{\sigma_2^2}\right]}, \ \begin{matrix}-\infty < x < +\infty \\ -\infty < y < +\infty\end{matrix} \tag{27}$$

式中：ρ 为相关系数，当 ρ 为 0 时，说明随机变量 X 和 Y 不相关，且相互独立。

对于 n 维正态随机分布，设 $X=(X_1, X_2, \cdots, X_n)^\mathrm{T}$ 为 n 维随机变量，$\boldsymbol{\mu}=(E(X_1), E(X_2), \cdots, E(X_n))^\mathrm{T}$ 为均值向量，$C=(C_{ij})_{n\times n}$ 是 X 的协方差矩阵，则 X 的概率密度函数为

$$f(x_1, x_2, \cdots, x_n) = \frac{1}{(2\pi)^{\frac{n}{2}}|C|^{\frac{1}{2}}}\mathrm{e}^{-\frac{1}{2}(X-\mu)^\mathrm{T}C^{-1}(X-\mu)} \tag{28}$$

2）随机过程

（1）随机过程的基本概念。

设 $S=\{e\}$ 是随机试验 E 的样本空间，如果对于每一次试验 $e \in S$，都有一时间 t 的函数 $X(e, t)$ 与之对应，于是，对于所有的 e 就可得到一组时间 t 的函数。这组时间 t 的函数（简写为 $X(t)$）就称为随机过程，其中的每一个函数称为这个随机过程的样本函数。对于一次特定的试验 $e_i \in S$，$X(t)$ 是一个确定的样本函数，有时以 $x_i(t)$ 表示。对于每一固定时刻 $t_i \in T$，$X(t_i)$ 是一随机变量。

一般地，当 t 取任意 n 个数值 $t_1, t_2, \cdots, t_n$ 时，n 维随机变量（$X(t_1), X(t_2), \cdots, X(t_n)$）的分布函数：

$$F_n(x_1, x_2, \cdots, x_n; t_1, t_2, \cdots, t_n) = P\{X(t_1) \leqslant x_1, X(t_2) \leqslant x_2, \cdots, X(t_n) \leqslant x_n\}$$

称为随机过程 $X(t)$ 的 n 维分布函数，它描述了随机过程在各时刻状态之间的联系。

（2）随机过程的类型。

① 独立随机过程。随机过程在任意时刻的状态与其他时刻的状态之间互不影响。如在各时刻独立地重复抛一枚硬币，以 X_i 表示 t_i 时刻的抛掷结果，那么 $X_1, X_2, \cdots, X_n$ 就是一独立随机变量序列。独立随机过程的 n 维分布函数可表示成其一维分布函数 $F_1(x_k; t_k)$ 的乘积，即

$$F_n(x_1, x_2, \cdots, x_n; t_1, t_2, \cdots, t_n) = \prod_{k=1}^{n} F_1(x_k; t_k) \tag{29}$$

② 马尔科夫(Markov)过程。对于马尔科夫过程,在 t_0 时刻所处的状态为已知的条件下,过程在 t_0 后的时刻 t 所处的状态与 t_0 时刻之前的状态无关。用分布函数可描述为

$$F_n(x_n; t_n \mid x_1, x_2, \cdots, x_{n-1}; t_1, t_2, \cdots, t_{n-1}) = F(x_n; t_n \mid x_{n-1}; t_{n-1}), \quad n \geqslant 3 \tag{30}$$

上式右端的条件分布函数称为马尔科夫过程的转移概率。如果条件概率密度存在,则马尔科夫过程的 n 维概率密度为

$$f_n(x_1, x_2, \cdots, x_n; t_1, t_2, \cdots, t_n) = f_1(x_1; t_1) \prod_{k=1}^{n-1} f(x_{k+1}; t_{k+1} \mid x_k; t_k) \tag{31}$$

由此可见,马尔科夫过程的统计特性完全由它的初始分布和转移概率确定。时间和状态都离散的马尔科夫过程称为马尔科夫链,简称马氏链。

③ 独立增量过程。独立增量过程在任一时间间隔上,过程状态的改变并不影响未来任一间隔上状态的改变,即 $X(t)$ 在任一时间间隔 $[t_{i-1}, t_i]$ 上的增量 $X(t_{i-1}, t_i) = X(t_i) - X(t_{i-1})$ 之间相互独立。独立增量过程是一种特殊的马尔科夫过程,泊松过程和维纳(Winner)过程是两个典型的独立增量过程。

④ 平稳随机过程。平稳随机过程的统计特性不随时间的平移而变化。对于任意实数 ε,随机过程的 n 维分布函数满足

$$F_n(x_1, x_2, \cdots, x_n; t_1, t_2, \cdots, t_n) = F_n(x_1, x_2, \cdots, x_n; t_1 + \varepsilon, t_2 + \varepsilon, \cdots, t_n + \varepsilon)$$

$$\tag{32}$$

(3) 随机过程的数字特征。对于固定的时刻 t,$X(t)$ 是一随机变量,设其一维概率密度为 $f_1(x; t)$,则其均值和方差为

$$\mu_X(t) = E[X(t)] = \int_{-\infty}^{\infty} x f_1(x, t) \mathrm{d}x \tag{33}$$

$$\delta_X^2(t) = E\{[X(t) - \mu_X(t)]^2\} = \int_{-\infty}^{\infty} [x - \mu_X(t)]^2 f_1(x, t) \mathrm{d}x \tag{34}$$

设 $X(t_1)$ 和 $X(t_2)$ 分别是随机过程 $X(t)$ 在任意时刻 t_1 和 t_2 的状态,则随机过程 $X(t)$ 的自相关函数(简称相关函数)$R_{XX}(t_1, t_2)$ 定义为

$$R_{XX}(t_1, t_2) = E[X(t_1)X(t_2)] = \int_{-\infty}^{\infty}\int_{-\infty}^{\infty} x_1 x_2 f_2(x_1, x_2; t_1, t_2) \mathrm{d}x_1 \mathrm{d}x_2 \tag{35}$$

它的自协方差函数(简称协方差函数)$C_{XX}(t_1, t_2)$ 定义为

$$C_{XX}(t_1, t_2) = E\{[X(t_1) - \mu_X(t_1)][X(t_2) - \mu_X(t_2)]\} \tag{36}$$

随机过程的数学期望、方差、相关函数与协方差函数之间的关系如下:

$$C_{XX}(t_1, t_2) = R_{XX}(t_1, t_2) - \mu_X(t_1)\mu_X(t_2) \tag{37}$$

$$\delta_X^2(t) = C_{XX}(t, t) = R_{XX}(t, t) - \mu_X^2(t) \tag{38}$$

对于两个随机过程,其互相关函数 $R_{XY}(t_1, t_2)$ 和互协方差函数 $C_{XY}(t_1, t_2)$ 分别定义如下:

$$R_{XY}(t_1, t_2) = E[X(t_1)Y(t_2)] = \int_{-\infty}^{\infty}\int_{-\infty}^{\infty} xy f_2(x; t_1 : y; t_2) \mathrm{d}x \mathrm{d}y \tag{39}$$

$$C_{XY}(t_1, t_2) = E\{[X(t_1) - \mu_X(t_1)][Y(t_2) - \mu_Y(t_2)]\} \tag{40}$$

如果对于任意两个时刻 t_1 和 t_2,两个随机过程的互协方差函数 $C_{XY}(t_1, t_2) = 0$,等价

于 $E[X(t_1), Y(t_2)] = E[X(t_1)] E[Y(t_2)]$，则这两个随机过程不相关。

平稳随机过程的数字特征的特点是：均值为常数，自相关函数为单变量（$\tau = t_2 - t_1$）的函数。因而其自相关函数 $R_X(t, t+\tau)$ 常记作 $R_X(\tau)$。

（4）平稳随机过程的功率谱密度。

平稳随机过程 $X(t)$ 的平均功率等于该过程的均方值 $E[X^2(t)]$，平均功率定义为

$$\lim_{T \to \infty} E\left[\frac{1}{2T} \int_{-T}^{T} X^2(t)\mathrm{d}t\right] = \lim_{T \to +\infty} \frac{1}{2T} \int_{-T}^{T} E[X^2(t)]\mathrm{d}t = \Psi_X^2 \tag{41}$$

其功率谱密度（常简称为自谱密度或谱密度）记作 $S_{XX}(\omega)$ 或 $S_X(\omega)$，定义为

$$S_X(\omega) = \lim_{T \to +\infty} \frac{1}{2T} E\{|F_X(\omega, T)|^2\} \tag{42}$$

其中

$$F_X(\omega, T) = \int_{-T}^{T} X(t)\mathrm{e}^{-j\omega t}\mathrm{d}t$$

由巴塞伐（Parseval）等式可以得到平稳过程的平均功率谱表示，即

$$\Psi_X^2 = \frac{1}{2\pi} \int_{-\infty}^{\infty} S_X(\omega)\mathrm{d}\omega \tag{43}$$

功率谱密度 $S_X(\omega)$ 是实的、非负的偶函数，它与自相关函数 $R_X(\tau)$ 是一傅里叶变换对，即

$$S_X(\omega) = \int_{-\infty}^{\infty} R_X(\tau)\mathrm{e}^{-j\omega\tau}\mathrm{d}\tau \tag{44}$$

$$R_X(\tau) = \frac{1}{2\pi} \int_{-\infty}^{+\infty} S_X(\omega)\mathrm{e}^{j\omega\tau}\mathrm{d}\omega \tag{45}$$

这一关系表明了从时间角度和从频率角度描述平稳过程 $X(t)$ 的统计规律之间的联系。

对于相关的两个平稳过程 $X(t)$ 和 $Y(t)$，它们的互谱密度定义为

$$S_{XY}(\omega) = \lim_{T \to +\infty} \frac{1}{2T} E\{F_X(-\omega, T)F_Y(\omega, T)\} \tag{46}$$

互谱密度 $S_{XY}(\omega)$ 与 $S_{YX}(\omega)$ 互为共轭函数。在互相关函数 $R_{XY}(\tau)$ 绝对可积的条件下，互谱密度与互相关函数同样是一傅里叶变换对。互谱密度主要用来在频域上描述两个平稳过程的相关性。

白噪声过程：均值为零而谱密度为非零常数的平稳过程 $X(t)$，简称白噪声，其名出自白光具有均匀光谱的缘故。

在频谱分析中，常会遇到 δ 函数，如果允许谱密度和自相关函数含有 δ 函数，实际问题常会得到圆满解决。δ 函数的基本性质如下：

$$\int_{-\infty}^{\infty} \delta(\tau)f(\tau)\mathrm{d}\tau = f(0) \tag{47}$$

$$\delta(\omega) = \int_{-\infty}^{\infty} \frac{1}{2\pi}\mathrm{e}^{-j\omega\tau}\mathrm{d}\tau \leftrightarrow \frac{1}{2\pi}\int_{-\infty}^{\infty} \delta(\omega)\mathrm{e}^{j\omega\tau}\mathrm{d}\omega = \frac{1}{2\pi} \tag{48}$$

3. 卷积

1）卷积定义

两个连续时间信号 $f(t)$ 和 $g(t)$ 的卷积积分（简称卷积）定义为

$$f(t) * g(t) = \int_{-\infty}^{\infty} f(\tau)g(t-\tau)\mathrm{d}\tau \tag{49}$$

两个离散时间信号 $f(k)$ 和 $g(k)$ 的卷积和定义为

$$f(k) * g(k) = \sum_{i=-\infty}^{\infty} f(i)g(k-i) \tag{50}$$

由卷积的定义可知，卷积运算可以看作是滑动加权平均的推广。

2) 卷积性质

(1) 卷积代数：

① 交换律：$f(t) * g(t) = f(t) * g(t)$。

② 结合律：$f(t) * [g(t) * h(t)] = [f(t) * g(t)] * h(t)$。

③ 分配律：$f(t) * [g(t) + h(t)] = f(t) * g(t) + f(t) * h(t)$。

(2) 与奇异信号的卷积：

① 信号 $f(t)$ 与冲激信号 $\delta(t)$ 的卷积等于 $f(t)$ 本身，即：$f(t) * \delta(t) = f(t)$。

② 信号 $f(t)$ 与冲激偶 $\delta'(t)$ 的卷积等于 $f(t)$ 的导数，即：$f(t) * \delta'(t) = f'(t)$。

③ 信号 $f(t)$ 与阶跃信号 $\varepsilon(t)$ 的卷积等于 $f(t)$ 的积分，即：$f(t) * \varepsilon(t) = f^{(-1)}(t)$。

(3) 卷积的微分和积分：

① 两信号卷积的微分等于其中一个信号的微分与另一个信号的卷积，即

$$[f(t) * g(t)]^{(k)} = f^{(k)}(t) * g(t) = f(t) * g^{(k)}(t) \tag{51}$$

② 两信号卷积的积分等于其中一个信号的积分与另一个信号的卷积，即

$$[f(t) * g(t)]^{(-k)} = f^{(-k)}(t) * g(t) = f(t) * g^{(-k)}(t) \tag{52}$$

③ 两信号的卷积等于其中一个信号积分与另一个信号微分的卷积，即

$$f(t) * g(t) = f^{(-k)}(t) * g^{(k)}(t) = f^{(k)}(t) * g^{(-k)}(t) \tag{53}$$

上式成立的条件是

$$f^{(k-1)}(-\infty) \int_{-\infty}^{\infty} g^{[-(k-1)]}(t) \, \mathrm{d}t = g^{(k-1)}(-\infty) \int_{-\infty}^{\infty} f^{[-(k-1)]}(t) \, \mathrm{d}t = 0 \tag{54}$$

(4) 卷积时移。

两信号卷积的时移等于其中一个信号的时移与另一个信号的卷积，即

$$y(t) = f(t) * g(t) \Rightarrow f(t) * g(t-t_0) = f(t-t_0) * g(t) = y(t-t_0) \tag{55}$$

由卷积时移性质可得到如下推论：

$$y(t) = f(t) * g(t) \Rightarrow f(t-t_1) * g(t-t_2) = y(t-t_1-t_2) \tag{56}$$

由于积分运算实际上也是一种求和运算，故卷积和运算与卷积积分运算没有实质上的差别，卷积和运算也服从交换律、结合律和分配律，具有与类似的卷积时移性质。

3) 卷积定理

(1) 时域卷积定理。

两个时域信号卷积的傅里叶变换等于这两个信号傅里叶变换的乘积。

$$\mathscr{F}[f(t) * g(t)] = \mathscr{F}[f(t)] \cdot \mathscr{F}[g(t)] = F(\omega) \cdot G(\omega) \tag{57}$$

式中：$F(\omega)$ 和 $G(\omega)$ 分别为时域信号 $f(t)$ 和 $g(t)$ 的傅里叶变换。

(2) 频域卷积定理。

两个频域信号卷积的傅里叶反变换是其对应时域信号乘积的 2π 倍。

$$\mathscr{F}[f(t) \cdot g(t)] = \frac{1}{2\pi}\mathscr{F}[f(t)] * \mathscr{F}[g(t)] = \frac{1}{2\pi}F(\omega) * G(\omega) \tag{58}$$

卷积定理揭示了信号在时间域与频率域的运算关系，可用于简化卷积运算。

参 考 文 献

[1] JIANG S J, NING J F, CAI C, et al. RobustStruck tracker via color Haar-like feature and selective updating[J]. Signal, Image and Video Processing, 2017, 11(6): 1073 – 1080.

[2] GAO L, LI Y S, NING J F. Residual attention convolutional network for online visual tracking. [J]. IEEE Access, 2019, 7: 94097 – 94105.

[3] NING J F, SHI H Y, NI J, et al. Single-Stream deep similarity learning tracking. [J]. IEEE Access, 2019, 7: 127781 – 127787.

[4] GUO J, LI H H, NING J F, et al. Feature dimension reduction using stacked sparse Auto-Encoders for crop classification with Multi-Temporal, Quad-Pol SAR Data[J]. Remote Sensing, 2020, 12(2): 321 – 321.

[5] ZENG H J, XIE X Z, CUI H J, et al. Hyperspectral image restoration via global L_{1-2} Spatial-Spectral total variation regularized local Low-Rank tensor recovery[J]. IEEE Transactions on Geoscience and Remote Sensing, 2020, (99): 1 – 17.

[6] ZHANG X Y, LI Y H, ZHANG Z Y, et al. Intelligent Chinese calligraphy beautification from hand-written characters for robotic writing[J]. The Visual Computer, 2019, 35(6 – 8): 1193 – 1205.

[7] LIANG C Q, ZHANG Y, NIE Y M, et al. Continuously maintaining approximate quantile summaries over large uncertain datasets[J]. Information Sciences, 2018, 456: 174 – 190.

[8] HU S J, ZHANG Z Y, XIE H R, et al. Data-driven modeling and animation of outdoor trees through interactive approach[J]. The Visual Computer, 2017, 33(6 – 8): 1017 – 1027.

[9] JIANG B, HE J R, YANG S Q, et al. Fusion of machine vision technology and AlexNet-CNNs deep learning network for the detection of postharvest apple pesticide residues[J]. Artificial Intelligence in Agriculture, 2019(1): 8.

[10] SONG Z S, ZHANG Z T, YANG S Q, et al. Identifying sunflower lodging based on image fusion and deep semantic segmentation with UAV remote sensing imaging[J]. Computers and Electronics in Agriculture, 2020. 179: 105812.

[11] YANG Q C, LIU M, ZHANG Z T, et al. Mapping plastic mulched farmland for high resolution images of unmanned aerial vehicle using deep semantic segmentation[J]. Remote Sensing. 2019, 11 (17): 2008.

[12] MAO J H, LI T T, ZHANG F Y, et al. Bas-relief layout arrangement via automatic method optimization[J]. Computer Animation and Virtual Worlds, 2021(2).

[13] XU C X, YU W J, LI Y R, et al. KeyFrame extraction for human motion capture data via multiple binomial fitting[J]. Computer Animation and Virtual Worlds. 2020, 32(1).

[14] WANG M, BAARTMAN J, ZHANG H M, et al. An integrated method for calculating DEM-based RUSLE LS[J]. Earth Science Informatics. 2018, 11(4): 579 – 590.

[15] FAN Y L, WANG M L, GENG N, et al. A self-adaptive segmentation method for a point cloud[J]. The Visual Computer. 2018, 34(5): 659 – 673.

[16] GAO Q, WANG P, NIU T, et al. Soluble solid content and firmness index assessment and maturity discrimination of Malus micromalus Makino based on near-infrared hyperspectral imaging[J]. Food Chemistry. 2021, 370: 131013.

[17] WANG J X, JIANG J C, LU X Q, et al. Rethinking point cloud filtering: a non-local position based approach[J]. Computer-Aided Design. 2022, 144.

[18] WANG D D, LI C Y, Song H B, XIONG H T, et al. Deep learning approach for apple edge detection to remotely monitor apple growth in orchards[J]. IEEE Access, 2020, 8: 26911 - 26925.

[19] JIANG B, HE J R, YANG S Q, et al. Fusion of machine vision technology and AlexNet-CNNs deep learning network for the detection of postharvest apple pesticide residues[J]. Artificial Intelligence in Agriculture, 2019, 1(C): 1 - 8.

[20] MAO Y R, HE D J, SONG H B. Automatic detection of ruminant cows' mouth area during rumination based on machine vision and video analysis technology[J]. International Journal of Agricultural and Biological Engineering, 2019, 12(1): 186 - 191.

[21] ZHAO J Z, LI M T, ZHANG Y, et al. Intrinsic brain subsystem associated with dietary restraint, disinhibition and hunger: an fMRI study[J]. Brain imaging and behavior, 2017, 11(1): 264 - 277.

[22] CHEN Y J, HE D J, SONG H B. Automatic monitoring method of cow ruminant behavior based on spatio-temporal context learning[J]. International Journal of Agricultural and Biological Engineering, 2018, 11(4): 159 - 165.

[23] WU D H, WANG Y F, HAN M X, et al. Using a CNN-LSTM for basic behaviors detection of a single dairy cow in a complex environment[J]. Computers and Electronics in Agriculture, 2021, vol. 182, 106016.

[24] D D L. Digital ridgelet transform based on true ridge functions[J]. Studies in Computational Mathematics, 2003: 1 - 30.

[25] D M N, Vetterli M. Contourlets: A directional multiresolution image representation[C]. Signals, Systems and Computers, 2002. Conference Record of the Thirty-Sixth Asilomar Conference on. IEEE, 2002.

[26] GUO K, LABATE D. Sparse multidimensional representation using shearlets[C]. Wavelets XI. Wavelets XI, 2008.

[27] 王少华, 何东健, 刘冬. 基于机器视觉的奶牛发情行为自动识别方法[J]. 农业机械学报. 2020, 51(04): 241 - 249.

[28] 秦立峰, 张晓茜, 董明星, 等. 基于多特征融合相关滤波的运动奶牛目标提取[J]. 农业机械学报. 2021, 52(11): 244 - 252.

[29] 张昭, 王鹏, 姚志凤, 等. 基于多光谱荧光成像技术和 SVM 的葡萄霜霉病早期检测研究[J]. 光谱学与光谱分析. 2021, 41(03): 828 - 834.

[30] 秦立峰, 张熹, 张晓茜. 基于高光谱病害特征提取的温室黄瓜霜霉病早期检测[J]. 农业机械学报. 2020, 51(11): 212 - 220.

[31] 魏旭东, 秦立峰. 加权颜色粒子滤波与 SIFT 特征双融合的行人跟踪[J]. 计算机工程与设计. 2019, 40(02): 556 - 561.

[32] 朱瑞, 王美丽. 多指标融合的人物图像美感评价算法研究[J]. 南京师大学报(自然科学版). 2021, 44(04): 94 - 101.

[33] 李龙龙, 何东健, 王美丽. 基于改进型 LBP 算法的植物叶片图像识别研究[J]. 计算机工程与应用. 2021, 57(19): 228 - 234.

[34] 师翊, 耿楠, 胡少军, 等. 基于随机森林回归算法的苹果树冠层光照分布模型[J]. 农业机械学报, 2019, 50(05): 214 - 222.

[35] 王丹丹, 宋怀波, 何东健. 苹果采摘机器人视觉系统研究进展[J]. 农业工程学报. 2017, 33(10): 59 - 69.

[36] 赵川源，何东健，LEE Won Suk. 柑橘黑斑病反射光谱特性与染病果实检测方法研究[J]. 农业机械学报. 2017, 48(05)：356 – 362＋355.

[37] 赵凯旋，李国强，何东健. 基于机器学习的奶牛深度图像身体区域精细分割方法[J]. 农业机械学报. 2017, 48(04)：173 – 179.

[38] 师翊，何鹏，胡少军，等. 基于角度约束空间殖民算法的树点云几何结构重建方法[J]. 农业机械学报. 2018, 49(02)：207 – 216.

[39] 雷雨，韩德俊，曾庆东，等. 基于高光谱成像技术的小麦条锈病病害程度分级方法[J]. 农业机械学报. 2018, 49(05)：226 – 232.

[40] 何东健，牛金玉，张子儒，等. 基于改进三次B样条曲线的奶牛点云缺失区域修复方法[J]. 农业机械学报. 2018, 49(06)：225 – 231.

[41] 秦立峰，何东健，宋怀波. 词袋特征PCA多子空间自适应融合的黄瓜病害识别[J]. 农业工程学报. 2018, 34(08)：200 – 205.

[42] 宋怀波，李通，姜波，等. 基于Horn-Schunck光流法的多目标反刍奶牛嘴部自动监测[J]. 农业工程学报. 2018, 34(10)：163 – 171.

[43] 王美丽，杨丽莹，耿楠，等. 基于3维模型的数字浮雕生成技术[J]. 中国图像图形学报. 2018, 23(09)：1273 – 1284.

[44] 王丹丹，何东健. 基于R-FCN深度卷积神经网络的机器人疏果前苹果目标的识别[J]. 农业工程学报. 2019, 35(03)：156 – 163.

[45] 姚志凤，雷雨，何东健. 基于高光谱成像的小麦白粉病与条锈病识别（英文）[J]. 光谱学与光谱分析. 2019, 39(03)：969 – 976.

[46] 宋怀波，阴旭强，吴頔华，等. 基于自适应无参核密度估计算法的运动奶牛目标检测[J]. 农业机械学报. 2019, 50(05)：196 – 204.

[47] 江梅，孙飒爽，何东健，等. 融合K-means聚类分割算法与凸壳原理的遮挡苹果目标识别与定位方法[J]. 智慧农业. 2019, 1(02)：45 – 54.

[48] 龙燕，连雅茹，马敏娟，等. 基于高光谱技术和改进型区间随机蛙跳算法的番茄硬度检测[J]. 农业工程学报. 2019, 35(13)：270 – 276.

[49] 宋怀波，吴頔华，阴旭强，等. 基于Lucas-Kanade稀疏光流算法的奶牛呼吸行为检测[J]. 农业工程学报. 2019, 35(17)：215 – 224.

[50] 邢彩燕，张志毅，胡少军，等. 基于图像尖锐度的角点匹配算法[J]. 计算机工程与科学，2019, 292(41)：673 – 681.

[51] 郝腾宇，耿楠，胡少军，等. 基于曲率法线流的树点云骨架提取方法[J]. 计算机应用研究，2020, v. 37；No. 342(04)：1265 – 1270.

[52] 杨蜀秦，刘江川，徐可可，等. 基于改进CenterNet的玉米雄蕊无人机遥感图像识别[J]. 农业机械学报，2021, 52(09)：206 – 212.

[53] 宁纪锋，倪静，何宜家，等. 基于卷积注意力的无人机多光谱遥感影像地膜农田识别[J]. 农业机械学报，2021, 52(09)：213 – 220.

[54] 杨蜀秦，宋志双，尹瀚平，等. 基于深度语义分割的无人机多光谱遥感作物分类方法[J]. 农业机械学报，2021, 52(03)：185 – 192.

[55] 宋荣杰，宁纪锋，常庆瑞，等. 基于小波纹理和随机森林的猕猴桃果园遥感提取[J]. 农业机械学报，2018, 49(04)：222 – 231.

[56] 宋荣杰，宁纪锋，刘秀英，等. 基于纹理特征和SVM的QuickBird影像苹果园提取[J]. 农业机械学报，2017, 48(03)：188 – 197.

[57] 党荣辉，宁纪锋. 基于MATLAB的陕西苹果叶片病害识别研究[J]. 农村科学实验，2017(02)：

116 – 118.

[58] 张玥焜，余文杰，赵习之，等. 基于机载激光雷达点云的交互式树木分割与建模方法研究[J]. 图学学报，2021，v. 42；No. 158(04)：599 – 607.

[59] 江旭，耿楠，张志毅，等. 基于假设检验匹配约束的点云配准算法研究[J]. 计算机应用研究，2021，v. 38；No. 351(01)：305 – 310.

[60] 黄正宇，张志毅，耿楠，等. 基于细分曲面控制网格优化的光滑树模型重建[J]. 计算机仿真，2019，36(12)：174 – 179＋227.

[61] 刘晓慧，耿楠，张志毅，等. 应用改进 IRLS-ICP 的植株点云配准[J]. 计算机工程与设计，2019，v. 40；No. 391(07)：1964 – 1970.

[62] 杨蜀秦，刘杨启航，王振，等. 基于融合坐标信息的改进 YOLO V4 模型识别奶牛面部[J]. 农业工程学报. 2021，37(15)：129 – 135

[63] 龙燕，李南南，高研，等. 基于改进 FCOS 网络的自然环境下苹果检测[J]. 农业工程学报. 2021，37(12)：307 – 313.

[64] 宋怀波，江梅，王云飞，等. 融合卷积神经网络与视觉注意机制的苹果幼果高效检测方法[J]. 农业工程学报. 2021，37(09)：297 – 303.

[65] 张弘. 数字图像处理与分析[M]. 北京：机械工业出版社. 2007.

[66] 章毓晋. 图像工程(上册)图像处理和分析 [M]. 北京：清华大学出版社，1999.

[67] 章毓晋. 图像工程(中册)图像分析 [M]. 北京：清华大学出版社，2000.

[68] 章毓晋. 图像工程(下册)图像理解与计算机视觉 [M]. 北京：清华大学出版社，2005.

[69] 朱为，李国辉，涂丹. 一种基于 2 代曲波变换的尺度相关图像去噪方法[J]. 中国图像图形学报，2008，13(12)：5.

[70] 蔡政. 基于小波和有限脊波变换的图像去噪[D]. 长沙：中南大学，2013.

[71] 陈新武. 轮廓波变换的理论研究与应用[D]. 武汉：华中科技大学，2009.

[72] 焦李成，谭山，刘芳. 脊波理论：从脊波变换 Curvelet 变换[J]. 工程数学学报，2005，22(5)：761 – 773.

[73] 李根强，黄永东，蒋肖. 基于小波变换和脊波变换的自适应图像去噪算法[J]. 计算机应用研究，2012，29(8)：3.

[74] 刘成明，王德利，王通，等. 基于 Shearlet 变换的地震随机噪声压制[J]. 石油学报，2014，35(4)：8.

[75] 刘广林. 基于小波和脊波变换的模式识别[D]. 青岛：中国海洋大学. 2016

[76] 宋江山，徐建强，司书春. 改进的曲波变换图像融合方法[J]. 中国光学，2009，002(002)：145 – 149.

[77] 徐畅. 基于 Shearlet 变换和深度 CNN 的图像去噪研究[D]. 南京：南京信息工程大学，2018.

[78] 薛秀鸾. 基于曲波变换的图像去噪研究[D]. 汕头：汕头大学，2014.

[79] 杨冠雨，栾锡武，孟凡顺等. 基于 Shearlet 变换和广义全变分正则化的地震数据重建[J]. 地球物理学报，2020，63(9)：13.

[80] 张强，郭宝龙. 应用第二代 Curvelet 变换的遥感图像融合[J]. 光学精密工程，2007.

[81] 张选德，宋国乡. 基于脊波变换的图像压缩算法[J]. 现代电子技术，2006.

[82] 张选德. 脊波分析及其在图像压缩中的应用[D]. 西安：西安电子科技大学，2006.

[83] 赵凯. 基于轮廓波变换的图像融合算法研究[D]. 哈尔滨：哈尔滨工业大学，2013.